The Human Brilliance of Animals

动物记2020

果然万物生光辉

星云大师 等著

丰子恺 绘

张 丹 编

北京大学出版社
PEKING UNIVERSITY PRESS

图书在版编目（CIP）数据

果然万物生光辉：动物记2020/星云大师等著；丰子恺绘；张丹编. —北京：北京大学出版社，2020.12

ISBN 978-7-301-31895-9

Ⅰ.①果… Ⅱ.①星… ②丰… ③张… Ⅲ.①动物–普及读物 Ⅳ.①Q95-49

中国版本图书馆CIP数据核字（2020）第247467号

书　　　名	果然万物生光辉——动物记2020
	GUORAN WANWU SHENGGUANGHUI——DONGWUJI2020
著作责任者	星云大师 等著 丰子恺 绘 张 丹 编
责任编辑	郑月娥　张春艳
标准书号	ISBN 978-7-301-31895-9
出版发行	北京大学出版社
地　　　址	北京市海淀区成府路205 号　100871
网　　　址	http://www.pup.cn　　　新浪微博：@北京大学出版社
电子信箱	zye@pup.pku.edu.cn
电　　　话	邮购部010-62752015　发行部010-62750672　编辑部010-62767347
印 刷 者	北京中科印刷有限公司印刷
经 销 者	新华书店
	720毫米×1020毫米　16开本　29印张　430千字
	2020年12月第1版　2021年4月第3次印刷
定　　　价	88.00元

谨以此书献给

于2017年10月26日驾鹤西去的马欣来女士

不为自己求安乐，但愿众生得离苦

高山仰止，景行行止，虽不能至，心向往之

从北大同窗到动保战友

你永远激励着我为无声的它们呐喊请命

你收养的一众喵星人

我会像你一样呵护善待养老送终

不负重托，不辱使命

直至彩虹桥重逢之日

张丹合十

谨以此书献给

所有的非人类动物（non-human animals）

与关爱非人类动物的人类动物（human animals）

世界动物日

对不起！请原谅！我爱你！谢谢你！

代 前 言

动物是人间温馨欢乐的种子
动物是人类生命教育的良师①

星云大师

如果这个世界没有虫鱼鸟兽等动物的存在，会是怎样的景况？没有清脆婉转的鸟声，看不到翩翩飞舞的蝴蝶，海里没有款摆游动的鱼儿，陆上见不到猫、狗，草原没有牛、羊、象、马……地球上只有两肢站立的人类和他们所发明的各种人造物。

当然，这样的画面是不可能存在的！假如所有的动物已灭绝，人类是不可能单独延续生命的！

思维着我们哺乳类是从鱼类、两栖类、爬虫类演化而来，和其他动物一样，都是同一个祖先，而且彼此分不开。我们是不是应该重新为动物定位，并纠正、调整对待它们的观点与态度？

喜欢动物的人会在家里饲养猫、狗、小鸟或其他宠物，不过，作为玩伴的宠物是否皆能得到真正平等尊重的对待？街头的流浪狗、流浪猫，除了爱心人士的喂食，填饱它们的肚子，或环保单位捕捉、扑杀，有无更妥善的处理方法？动物园的动物和马戏团里表演的象、马、狮子等，生

---

① 本文节选自2003年《普门学报》第13期星云大师所著《佛教与自然生态（上）》之 "虫鱼鸟兽皆有佛心"，现标题为编者所加。

活得合理、有尊严、自由自在吗？我们视为"害虫"侵犯我们生活环境的蚊子、苍蝇、蟑螂、老鼠等，真的非除之而不快，有百害而无一利吗？我们说它们是害虫，它们则认为人类是"恐怖分子"；生命之间以利害相对待，当然会失去平衡，唯有佛教"同体共生、相互包容"的观念和态度，才是真正的平等之道。

还有，人类语言中以动物之名来骂人、作负面形容的，如猪狗不如、獐头鼠目、狼心狗肺、河东狮吼、三脚猫、兔崽子……对动物有轻视侮蔑之意。

自称为"智人"的人类，我们的感觉、感情，甚至思想、智慧各方面能力都胜过动物吗？基本的感官上，我们的视觉不如雕，听觉比不上蝙蝠，嗅觉不及猪、狗，味觉不如鱼类。

本文从动物的各种本领、能力、情感表现中，来探讨、欣赏它们的情深义重与感人的佛心，也说明佛教和动物的因缘及对待它们的态度。

动物自在的清朗佛心

动物有情识、有心智能力，已是众所皆知。过着社会性生活的动物，更有着亲情、爱情、友情、社会伦理，以及和人类、其他生物之间温馨有趣的互动。

骨肉亲情是天生的感情，在动物身上，我们也能发现许多鞠躬尽瘁、无条件付出的爱。燕子是人类喜爱的鸟类之一，亲燕为了喂食刚出生的雏燕，每天会不辞辛苦地出外捕捉昆虫达两三百次，雏燕张开嘴巴吃饱之后，还会对着亲燕翘起屁股，让父母把它的粪便衔出巢外。唐朝诗人白居易诗云："须臾十来往，犹恐巢中饥。辛勤三十日，母瘦雏渐肥。"即是描写亲燕育子的辛劳和伟大。

企鹅椭圆形的身材和左右摇摆蹒跚行走的模样，很令人怜爱。企鹅妈妈下完蛋后，就把蛋交给企鹅爸爸，自己则长途跋涉到不结冰的海岸，为未来的宝宝寻找食物。负责孵蛋的企鹅爸爸会把蛋摆在两脚之间，用它厚厚的皮下脂肪轻轻盖住。在冰天雪地中，企鹅爸爸如老僧入定般不动不吃达六十天，等到小企鹅孵出时，企鹅爸爸已精疲力竭，形销骨立，体重减轻了五分之二。这时出外觅食的企鹅妈妈会带着食物及时赶回来，接着由饿坏了的企鹅爸爸开始出外觅食给宝宝吃。小企鹅就是如此地在父母亲细心呵护下慢慢长大。

《护生画集》之老羊羸瘦小羊肥

兽中刀枪多怒吼，鸟遭罗弋尽哀鸣。羔羊口在缘何事，暗死屠门无一声？
（唐 白居易诗《禽虫十二章》之一）

抚养照顾之外，动物也知道"教育"的重要。刚出生的小海獭不会游泳，海獭妈妈逐一教导它如何游泳、潜水、觅食，晚上睡觉时，海獭妈妈会让孩子躺在它身上，然后用长长的海藻把母子俩牢牢绑在一起，如此，再大的风浪也冲不散它们。

母狮子为了训练小狮子，经常故意把小狮子推下山谷，让小狮子在不断攀爬、跌倒的挫折磨炼中培养生存的能力。无尾熊教子也很严格，小无尾熊不听话时，母熊会按住小熊，打它的屁股，如果小熊撒娇哭闹，母熊会继续打，直到它不哭为止。

当敌人出现时，母鹿为了保护小鹿，会假装受伤，设法把敌人引开。在《大唐西域记》卷七里，也记载有母鹿护子、鹿王慈悯的感人事迹。有一位国王常常到树林里打猎，树林里住了好几百头鹿，为了避免全族一时覆灭，鹿王和国王商量，一天送一头鹿过去让国王食用。有一天，依照次序轮到一头怀孕的母鹿去送死，母鹿对鹿王恳求："我虽然应该去死，但我的孩子还没到死的时候啊！"鹿王心生不忍："可怜慈母爱子之心，竟然恩及未出世的孩子。"便代替母鹿前往送死。国王看到鹿王亲自前来，非常讶异，了解实情后惭愧说道："我是人身，却和野兽一样残忍；你是鹿身，却具有人般高贵的道德。"从此不再打猎，让这些鹿能自由无惧地在树林里生存。

现代的社会实行一夫一妻制度，在动物世界中也不乏夫妻忠贞相守至老死的。有句成语"燕雀安知鸿鹄之志"，这里的"鹄"就是天鹅，是大自然里的美丽动物，它们不但严守一夫一妻制，而且一辈子夫妻恩爱，感情深厚。

《护生画集》之愿同尘与灰

成化六年十月间，盐城天纵湖渔父见鸳鸯甚多。一日，弋其雄者烹之。其雌者随棹飞鸣不去。渔父方启釜，即投沸汤中死。（《虞初新志》）

作为和平象征的鸽子非常恋巢，夫妻间常会亲昵地轻啄对方的头、脸，互相抓痒，整理对方的羽毛，它们也是白头偕老，永不分开。海豚会细心照顾生病的伴侣，伴侣死了，海豚会悲伤哭泣，不肯进食，甚至到后来也跟着去世。

从许多哺乳类、鸟类和鱼类的行为中，能明白它们巩固的家庭伦理，以及欢喜、悲哀、痛苦的感情反应。

猿猴是人类的近亲，它们有百分之九十八的DNA组合和人类一样，所以在感觉、感情、族群互动上的表现都和人类很相似。猴子习惯过团体生活，喜欢有频繁的互动交流。它们最感兴趣的大事就是生小猴子，每当一只猴子诞生，许多猴子就赶去探望，大家帮刚生产完的母猴理毛，也会去摸摸刚出生的婴儿，品头论足一番。

鲸鱼和海豚也喜欢群居，尤其在生育季节，更是互相照应，如鲸宝宝在海底诞生，母鲸和其他鲸鱼会合力把它抬出水面，以免溺毙。有同伴受伤，它们绝不会弃之不顾，一定留在身边照顾它、陪伴它，这种高贵的情谊实在值得赞叹！

拔箭

邓艾征涪陵 见猿母
抱子艾射中之子为
拔箭两不叶塞创头
欢息投弩水中
宋 齐东野语

《护生画集》之拔箭

邓艾征涪陵，见猿母抱子，艾射中之。子为拔箭，取木叶塞创。
艾叹息，投弩水中。（宋《齐东野语》）

蚂蚁靠着触角的嗅觉来传递信息、辨别敌友及食物的味道，因此同窝的蚂蚁在路上相遇，会头碰头，晃动触角。我们都知道蚂蚁非常团结合作，除此，它们更有分享食物的美德，当一只工蚁在路上发现糖水，它会先吸足，回窝后再把糖水吐出来分给全窝的蚂蚁。

鸟类有"卫亲保种"的自然反应，同族中年长、有经验者，会教年轻、没经验的幼鸟怎样认识、避开敌人，年轻的幼鸟也从不自作聪明，总是牢记长辈的好意忠告，这也是现代年轻人必须学习的。

同体共生、相互包容，是对生命的尊重与生存的态度。在动物界也常有异族互利共生的情形。如台湾乡下，经常可以看到白鹭鸶站在水牛背上的祥和画面，鹭鸶啄去牛背上的寄生虫，既帮水牛清洁身体，也填饱自己的肚子。

野山羊和火鸡也是一对互相帮助的好朋友，它们在一起时，机警的火鸡常用它那高八度的叫声，提醒野山羊有危险人物靠近；冬天大雪封山之际，野山羊以蹄子刨开积雪找寻食物时，火鸡也能趁此填饱肚子。

《护生画集》之蚂蚁救护（放大镜中所见）

在浅海中有一种叫隐鱼的小鱼，它们没有自我保护的能力，在遇到危险、无处藏身时，总是钻到海参的内脏里，如此一来，隐鱼得到了保护，海参也从隐鱼的排泄物中获得养分。

和人类一样，动物们在得知同伴去世时，也会悲伤，并且为它们举行葬礼。

非洲有一种獾，当它们发现死亡的同类时，会想尽办法召来同伴，将死去的獾拖到附近的河流中，然后一起肃立河岸，望着河水悲伤地哀鸣不止。澳洲草原上有一种野羊，在看到另一只野羊死去时，也会悲伤地哀鸣，并用头上的角用力地撞击树干，以表示它们对同伴的哀悼。

西伯利亚的灰鹤则保持着奇特的葬礼仪式，它们在首领的带领下，哀戚地站在死者面前鸣叫着，当首领突然一声拔尖的长鸣后，众鹤便一个个噤口低头开始默哀，直到首领发出结束的叫声为止。南美洲的亚马孙河边的平原上，娇小玲珑的文鸟，为同伴举行的葬礼充满了美感，它们会各自飞到林中找寻绿叶、浆果和花瓣撒在同伴身上，表示对同伴的送别。

《护生画集》之羊殉亡羔

宋真宗祀汾阳日，见一羊自掷道左。怪问之，左右对曰："今日尚食杀其羔。"真宗不乐，自是不杀羊羔。（《同生录》）

动物和人类一直维持着紧密的关系，早期驯养动物偏重实用意义，如当交通工具、看家、使役和负重等，现在人类和动物则发展为相互牵连、做伴的关系。亲人性的动物常常以它们的同理心、接纳、陪伴和无条件的爱，滋润人心。《狗狗知道你要回家》里记载，美国费城曾进行一项研究，发现心脏病、高血压、抑郁症的患者，经医生建议，饲养猫狗之后病情改善许多。在"宠物疗法"计划中，也让宠物前往医院、收容所、老人之家，拜访住在那里的人，据说效果非常好，对他们的身心健康有很大的帮助。

在云南昆明的翠湖公园，流传一则"海鸥老人"的感人故事。每年都有一批海鸥远从西伯利亚飞来翠湖公园过冬，刚从化工厂退休的吴庆恒先生，只要海鸥一到，总会风雨无阻地到公园喂它们吃东西。吴庆恒喂食海鸥的身影，和海鸥一样成了翠湖公园的一景，当地人都称吴庆恒为"海鸥老人"。如此过了十一年，海鸥老人去世了，一群老人结识的朋友，为老人在翠湖边发起一个签名告别式。当他们把一张放大成二十四英寸、老人喂海鸥的照片，放在他生前喂食海鸥的地方时，人们惊奇地发现，海鸥马上在老人的遗像前，排成整齐的队伍，还不时有其他的海鸥飞来，定格在空中，凝视着老人的遗照。仪式结束，朋友们欲收起老人的照片，原本排列整齐的海鸥突然躁动起来，"鸥！鸥！"的叫声不绝于耳，仿佛在呼唤着老人。

《护生画集》之群鸥

海不厌深，山不厌高。积德行仁，鸥鸟可招。（东园补题）

佛教与动物的因缘——戒杀护生

随着生态环境的恶化、人类的大肆捕杀，野生动物日益减少，生态的均衡受到严重破坏。近几年来，有心之士纷纷奋起，疾呼保育动物的重要性，一些相关的团体组织也应运而生。其实，两千五百多年来，佛教的祖师大德们一直默默地为保育动物奉献心力，其思想与做法值得大家参考效法。

翻开历史，可知古圣先贤大都以心存慈悯为尚。在《史记·殷本纪》里记载商汤护鸟"网开三面"的故事。有一次商汤在野外看见有人张网四面捕鸟，并祈求："天下四方的鸟，都进入我的网吧！"商汤认为如此全网捕尽过于残忍，便撤开三面的网，对着天空说："不要命的鸟，就进来吧！"这应是中国护生思想的萌芽。

《论语》中说："弋不射宿。""弋"是猎者，"宿"是鸟儿在窝巢里睡觉，当它们还没有睡醒，拿箭去射杀，使它们来不及逃避，是不仁的举动。儒家的曾子说：如果没有特殊缘故，随便杀害一只昆虫，就是不孝；没有特殊缘故，随便摘取一花一草，就是不孝。曾子把孝道的层次提升到对动物、植物，乃至对一切众生的爱心，这种无私广被的慈悲仁爱，就是孝顺。

佛教除了提倡不杀生，更进而积极护生。《梵网经菩萨戒》云："若佛子以慈悲故行放生业，应作是念：'一切男子是我父，一切女人是我母，我生生无不从之受生，故六道众生皆是我父母，而杀而食者，即杀我父母，亦杀我故身。'"戒杀护生是对一切有情生命的尊重，所以佛教的戒律对于动物的保护，有着积极的慈悲思想。

《护生画集》之诀别之音

落花辞枝，夕阳欲沉，裂帛一声，凄入秋心。

另外，佛陀唯恐雨季期间外出，会踩杀地面虫类及草树新芽，所以订立结夏安居的制度；佛教寺院为鸟兽缔造良好的生存环境，所以不滥砍树木，不乱摘花果，凡此均与今日护生团体的宗旨、措施不谋而合，可说是保育运动的先驱。而梁武帝颁令禁屠之诏、阿育王立碑明令保护动物，则是国家政府基于佛教"无缘大慈，同体大悲"的精神，大力提倡爱护动物的滥觞。

天台四祖智者大师，曾居住在南方沿海一带，每日见渔民们罗网相连，横截数百余里，滥捕无数的鱼虾生灵，心中不忍，于是购买海曲之地，辟为放生池，共遍及全国八十一个地方。开皇十四年，他应请开讲《金光明经》，阐扬物我一体的慈悲精神，感化以渔、猎为业者，共有一郡五县一千多处，全部止杀而转业。

宋初天台的义寂法师，常应村人邀请，浮舟江上，一面放生，一面讲《金光明经·流水长者子品》；唐代译经僧法成法师，曾在长安城西市疏凿一大坑，号曰"海池"，引永安渠的水注入池中，作为放生之处。唐初杭州天竺寺的玄鉴法师，常以爱物为己任，将寺前通往平水湖的河流作为放生池，并得到太守的批准，禁止人们在六里内捕鱼。

世间没有比生命更可贵的东西，所以放生不但是为对方延命，也是为自己积德；不但是爱惜生命，也是报答父母深恩。无奈后人实行不当，助长杀生恶业，徒使美意尽失，例如将原本翱翔在山林里的禽鸟，捕来放到尘烟满布的都市中，无异促其早亡；甚至有些人为了要放生，教渔夫去捕鱼，教猎人去打猎，在一捉一放之间，不但令其惊惧，也难免伤到皮肉，危及性命。所以，我们不但要建立正确的放生观念，更应该与时俱进，以积极进取的护生行动来取代弊端丛生的放生形式。

《护生画集》之放生池

冯道性仁厚，家有一池，每得生鱼，必放池中，谓之放生池。其子为监丞者，每窃钓而食之。道闻之不怪，于是高其墙垣，钥其门户。为一诗，书子门曰："高却墙垣钥却门，监丞从此罢垂纶。池中鱼鳖应相贺，从此方知有主人。"（《续墨客挥犀》）

我个人也是从小就很喜欢动物。记得七岁那年冬天，我见到两只小鸡被雨水淋得全身湿透，心中非常不忍，将它们引至灶前，想借着火的温度将羽毛烘干，没想到小鸡因为惊慌过度而误入灶中，等到我将它们从火海里抢救出来时，全身羽毛已经烧光，连脚爪都烧焦了，只剩下上喙，已无法啄食。我每天耐心地一口一口喂食，并常以爱语安慰它们。如是过了一年多，小鸡居然没有夭折，后来还能长大又下蛋。亲友邻居都视为奇迹，纷纷问我是怎么养活它们的，其实我只是感同身受，把自己也当成小鸡，处处为它们设想而已。

在雪梨（编者注：澳大利亚悉尼）喂海鸥的情景，也是令人难以忘怀的。雪梨海边常有海鸥聚集，我和徒众经常将吐司面包撕成一片一片，掷向沙滩上、海面上。渐渐地，海鸥蜂拥而至，甚至在面包还没落地前，就被它们在半空中接住。喂食多次后，海鸥与大家混熟了，有时群鸥在空中争食，有时干脆飞近我们，将手上的面包衔走。有一只长得很瘦小的海鸥，每次探头想吃，但都被其他同伴抢去，为了让它吃到面包，我们对准它的喙丢掷，乃至跟着它飞翔的路线，从海岸的这头跑到另一头，想尽种种方法，总算让它啄了一小口面包。

临走时，小海鸥特地飞到我的面前，围绕三匝。回台湾后，听澳洲的弟子说：位在高地上的南天寺一向没有海鸥出现，可是却有一只瘦小的海鸥老是高踞在佛堂的窗口上，后来常有数百只海鸥早晚都来寺中讨食；海鸥成为"山鸥"了。

佛光山是一个丛林道场，自然会有各种动物不请自来，狗儿猫儿不用说，野兔、松鼠、鸽子、燕子和许多叫不出名的小鸟，以及各类昆虫、爬行动物等，都在佛光山任运逍遥，自由自在地生活着。弟子们秉承我"爱生护生"的理念，对它们也都能慈悲待之。对于这些动物，凡是"有意"成为佛光山一分子的，我都为它们取名并入籍。小狗小猫是"来"字辈，像来发、来欣、来富……小鸟叫"满天一号""满天二号"……松鼠叫"满地一号""满地二号"……

佛教说"一切众生皆有佛性"，人类与动物之间是"我肉众生肉，名殊体不殊。原同一种性，只是别形躯"。所以，在一切众生平等的前提下，如何让动物得到应有的待遇，是身为人类的我们应好好思考的。

每一种动物都各有不同的特性，也都有存在的价值。在单纯的生存法则下，它们以各种能力、道德、慈爱、感情、道义、智慧等等，呈现丰富深邃的生命体，开展自在清朗的佛心，是人间温馨欢乐的种子，更是人类生命教育的良师。

《护生画集》之雀巢可俯而窥

人不害物，物不惊扰，犹如明月，众星围绕。

●星云大师，江苏江都人，1927年生，为临济宗第48代传人。12岁出家，1949年赴台。1967年创建佛光山并担任佛光寺第一、二、三任住持。先后在世界各地创建300余所道场；创办24所美术馆、图书馆、出版社、书局，50家"云水书坊"行动图书馆，50余所中华学校，16所佛教学院，5所大学等。大师著作等身，现有300余册著述，并被翻译成英、日、德、法、西、韩、泰、葡等20余种语言，流通世界各地。2013年获得"影响世界华人终身成就奖"，2016年向河北博物院捐赠北齐佛首。现为国际佛光会世界总会终身荣誉总会长。2019年6月出版《星云大师全集》简体中文版108卷，收录了星云大师一生所有的中文图书著作，全书近四千万言，是一部了解历史、文化、文学和佛学理论的百科全书，亦是佛教佛法的智库宝典。

目　　录

第一章　有大美而不言
——动物的人性光辉

第二章　我们对不起它们
——动物的生灵悲歌

第三章　生命共同体
——人类动物与非人类动物

第一章　有大美而不言
——动物的人性光辉

母子

无锡北门外冶坊有王仙人者，自言尝得一弥猴，高不过六七寸，与老母鸡同宿。猴索食鸡啄庭中蛊蚁哺之。猴久之竟成母子。猴每夜栗与鸡。大凡覆育之恩，虽禽兽亦知之。宿鸡必以两翼覆护以为常也。

梅溪叟题

人类的爱、希望和恐惧与动物没有什么两样，他们就像阳光，出于同源，落于同地。

——约翰·缪尔（美国早期环保运动领袖、生态伦理学家）

动物寓言八则

［意］列奥纳多·达·芬奇

张　浩　乔传藻　译

金 翅 雀

金翅雀叼着小虫子飞来了，它回到自己窝里，窝里静悄悄的。就在它出去打食这个工夫，小鸟不知让哪个恶棍掏走了。

金翅雀哭着叫着寻找失踪的孩子，森林里充满了它的悲哀的啼叫声和呼唤声，可是什么回音也没有。

金翅雀爸爸伤透了心。第二天清晨，苍头燕雀碰见它说，昨天在一个农夫家里看见了它的孩子们。

金翅雀喜出望外，它奋力向村子飞去，很快飞到苍头燕雀说的那家农舍。

它敛翅歇在房顶马头形的檐角上，举目张望，不见小鸟的动静；它掠翅飞向打谷场，场地上空空荡荡。可怜的父亲一仰头看见了悬挂在屋檐小窗口的鸟笼，里边蜷伏着成了俘虏的幼儿。金翅雀猛冲过去。

小鸟也认出了父亲，它们隔着笼子，一齐叽叽喳喳诉起苦来，小鸟央求父亲快些把它们解救出去。金翅雀爸爸用它的脚爪，用它的尖喙，狠命地扯啄着鸟笼上的铁丝，它泣血挣扎，想把铁丝拉开，却是枉然。

极度哀伤的金翅雀挨过了一个夜晚。第二天，它飞回到自己孩子在里面受苦的鸟笼边。它用温柔的目光久久地注视着孩子们，然后在每只小鸟张开的嘴巴里都轻轻啄了一下。金翅雀是把一种毒草送进幼鸟的嘴里，笼里的小鸟死去了……

"不自由，宁愿死！"高傲的金翅雀伤心地说完这句话，飞回森林里去了。

《护生画集》之探牢

有人取黄莺雏，养于竹笼中。其雌雄接翼，晓夜哀鸣于笼外，则更来捕之。人或在前，略无所畏。积数日不放出笼，其雄雌缭绕飞鸣，无从而入。一投火中，一触笼而死。剖腹视之，其肠寸断。（《虞初新志》）

天　　鹅

天鹅弯着他柔软的脖子瞧着水面，长久地凝视着自己的倒影。

他明白自己为什么会这么疲倦，浑身发冷，使他如像在严冬里那样哆嗦不停。他完全肯定地相信自己的时刻已到，他必须为死亡做好准备。

他的羽毛仍像他诞生的第一天那样洁白，岁月如流，他雪白的羽衣上并没有出现一个污点，他现在可以去了，他的一生将在愉快中结束。

昂起了他漂亮的脖子，他缓慢而高贵地划向一株杨柳树下。他习惯于天气炎热时在这儿休息。这时已近黄昏，落日以红色和紫色的光辉触摸着湖水。

四周寂然无声，天鹅开始歌唱。

以前他从来没有唱出过这样的对大自然的一切，对天空、湖水、大地的赞歌，充满了热爱的音调，他甜美的歌声响遍了天际，歌声中微带着点儿忧郁，最后，他轻轻地、轻轻地随着地平线上最后一抹余晖消逝。

"这是天鹅"，鱼儿、鸟儿、林地和草原上所有的鸟兽都深为感动地说，"天鹅死了。"

《护生画集》之延年益寿

有生必有死，何人得灵长？当其未死时，切勿加杀伤。
自生复自死，天地之恒常。万物尽天年，盛世之嘉祥。（学童诗）

戴胜鸟和它的孩子

大晴天，天空明明是碧空如洗的，可戴胜鸟和它的老伴却飞不出窝巢去了。它们的眼里生出了翳障，看什么都是模模糊糊的。它们老了，虚弱了。翅子和尾羽暗淡无光，像老树的枯枝那样容易折断。它们的精力快要耗尽了。

老戴胜鸟决定不再轻易离开自己的家，它们在一起等待那迟早总会降临的时刻。

它们想错了，孩子们绝不会扔下它们不管的。它们的一个儿子偶然飞过这里，发现年迈的双亲身体不好，它立即飞去把这个消息告诉给它的兄弟姐妹。

戴胜鸟的后代们很快到齐了，它们聚集在双亲的旧居前，有一只鸟说：

"我们的生命是父母亲最伟大的馈赠。它们用爱的乳汁哺育我们。现在它们病了，眼睛也看不见了，已经没有能力养活自己了，我们要帮它们治病，看护好它们，这是我们神圣的义务！"

这些话刚说完，年轻的戴胜鸟们立即行动起来。有的飞去营造温暖的新居，有的掠翅捕捉昆虫，有的飞到树林里去了。

新房子很快落成，孩子们小心翼翼地帮着父母搬了进去。为了把爹妈焐暖，它们像孵蛋的母鸡用自己的体温去保护没出壳的鸡仔那样，用自己的翅膀盖住老鸟。然后它们把泉水喂给爹妈；末了，它们又小心地用自己的尖嘴帮助梳剔老戴胜鸟蓬乱的绒毛和容易折断的翎毛。

飞往森林的孩子终于回来了，它们找到了能治失明的草药，它们把有特效的草叶啄成草汁给老戴胜鸟搽用。尽管药力很慢，需要耐心等待，它们却一刻也不让父母亲单独留在窝里，总是替换着留在身边做伴。

快乐的一天终于到来了，戴胜鸟和它的老伴睁开眼睛，向四周张望，它们认出了孩子们的模样。知恩的子女就这样用自己的爱治好了父母的病，帮助它们恢复了视觉和精力。

《护生画集》之桓山之鸟

桓山之鸟生四子，羽翼既成，将分于四海。其母悲鸣而送之，哀其往而不返也。（《孔子家语》）

渔　网

渔夫的篮子里装满了各种各样的鱼，有鲤鱼、鳗鱼、狗鱼、冬穴鱼和一些叫不出名字的鱼。这些鱼都是那张大渔网捕捞的，它捕起鱼来可厉害了。

凡是打到的鱼，不分大小，全都送到市场上去。有的下了油锅，有的进了沸汤，一阵痉挛挣扎之后，全都悲惨地结束了自己的生命。侥幸留在河里的鱼儿，吓得失魂落魄，惶惶不可终日。它们再不敢擅自游动，把自己的身体藏进淤泥。这样的日子可怎么过啊！

活，还是死——问题就这么明白。单独一条鱼是斗不过网的。它每天都在你最难预料的地方撒下来，无情地毁灭着鱼群。照此下去，这条河里的鱼群势必消失殆尽。

有一天，鱼群聚在一块大木头下召开紧急会议。鲄鱼情绪激动地说：

"我们应该为我们孩子们的命运好好想想。它们来到这个世界上，就有生的权利。可除了我们，谁还会关心它们？谁还能让它们免除那可怕的灾难？"

"我们又有什么对策呢？"冬穴鱼敬佩鲌鱼的勇敢精神，它自己却十分胆怯。

"冲破渔网！"鲌鱼发出了大声的宣告。

当天，鳗鱼把会议的决定传遍了河头河尾。鳗鱼见多识广、身子矫健，接到它的通知，鱼群都向岸上有白柳遮掩的河湾深水区游来了，大鱼小鱼，游得可快了。它们的数目成千上万，汇集到约定的地点，誓死向渔网宣战。

鲤鱼充当这次军事行动的总指挥，它足智多谋，不止一次咬破渔网夺得生路。

"请大家安静！"它说，"渔网跟我们这条大河一样宽。为了能让它在水里壁陡直立，我发现水底的绳结上拴着一些铅块。我命令鱼群分成两队，第一队负责把铅块扛到水面上，第二队负责咬紧网上的绳子。你，狗鱼，负责咬断把渔网固定在岸上的网绳。"

鱼群轻摆尾鳍，仔细倾听首领的每一句吩咐。

"鳗鱼听令：我派你立即出去侦察。"鲤鱼接着又说，"你必须弄清楚渔网的准确位置。"

鳗鱼闻风而动。鱼群聚集在水深浪静的河湾底下，焦急地等候消息。鲌鱼四出活动，在给胆小的冬穴鱼鼓劲，告诉它们说，哪怕是让网扣套住了也用不着惊惶，狗鱼咬断了网绳，渔夫无论如何也不能把它拖到岸上去。

过了不一会儿，鳗鱼回来报告说，渔网撒在下游河道，离这里顶多只有一里远近。

鲤鱼率领着它的鱼群，浩浩荡荡，像一支大舰队似的向战区挺进。

"诸位多加小心"，鲤鱼游在前面，它一边游一边向它的部属打着招呼，"请睁大眼睛，不要让湍流把自己卷进渔网里去。该停的地方立即停住，摆动尾鳍顶住激流！"

灰蒙蒙的渔网就在眼前，它凶险地张开千百张嘴巴。

愤怒的鱼群展开了进攻。它们兵分两路，有的从河底拱起渔网，有的找出网绳的来龙去脉，狗鱼锋利的牙齿挨去，几嘴就咬断了，绳扣也咬开了。不过，暴怒的鱼群并不因此而收兵。尽管渔网早已是破破烂烂，它们仍用尖利的牙齿咬住，用劲地甩动尾巴和鱼鳍向四处撕扯，不久，渔网成了碎片。河里像开了锅似的热闹。

河岸上的渔夫直是挠头，好长时间他们都弄不明白渔网是怎么消失的。至于那些至今仍在大河上下凌波嬉戏的鱼儿，它们不无自豪地仍在对自己的孩子们讲述当年的这场鏖战。

《护生画集》之探牢

笼中畜大鱼，浸在河岸边。河流深且广，活水来源源。专待嘉宾至，
烹鱼荐时鲜。此鱼似死囚，刑期尚未宣。亲友来探牢，再见恐无缘。（夕雾诗）

母 狮

猎人们手里攥着梭镖、长矛，偷偷向这边逼近。母狮正在给它的孩子喂奶，它闻见了一股陌生的气味，知道就要出事了。可惜已来不及躲避，猎人们把它团团围住，随时都可以杀死它。

母狮见到了他们手里的凶器，心里说不出的害怕。它想逃命，可又忍住了：它一走，窝里的幼狮就会轻易落入猎人之手。

母狮拼死地要护住自己的孩子。它低昂着脑袋，避开对手那直刺心坎的长矛，奋力扑了过去。它的勇气和牺牲精神吓跑了猎人。

稚弱的幼狮得救了。

《护生画集》之游山
众生恶残暴，万物乐仁慈。不嗜杀人者，游山可跨狮。（婴行补题）

百 灵 鸟

有一位孤独的老人，常年在偏僻的森林里隐居。他喜欢安静，和他朝夕相伴的是一只伶俐的百灵鸟。

从城堡里走来两个身带武器的人，他们说，城堡的主人重病缠身，延请四方名医诊治也不见效果，病情反倒日渐加重了。他们要求老人前去相助。

病榻前围聚着四方名医。他们低声交谈，不时无望地摇摇头。

"不行了，我们的医术用尽了。"一个医生叹息地说。

老人和他的有翅膀的朋友站在门外。百灵鸟腾身飞了起来，它贴着天花板绕了几圈，最后歇在窗台上，目不转睛地凝视着病人。

百灵鸟的神态让老人悟出了什么，他决然地说：

"病人一定能康复！"

"哪里来的乡巴佬敢在这里插嘴！"医生们恼怒地吼了起来。

气息奄奄的病人却微微睁开了眼睛，他看见了窗台上的百灵鸟。病人的唇边露出了几丝微笑。

他的脸颊渐渐泛出了红润，神色开朗了。更让人称奇的是，城堡的主人嘴唇翕动着竟然说出一句话来：

"我的病好多了！"

几天以后，病人康复了。这位贵族去到森林里，拜访隐居的老人，感谢他的活命之恩。

"不用谢我。"老人说，"是百灵鸟医好了你的病。百灵鸟对疾病是很敏感的。小鸟站在病人的面前，要是躲开了自己的目光，说明病人的生命确实无法挽回；如果它坦诚地注视着病人，说明病人是不难恢复健康的。善良的百灵鸟用它关切的目光治好了你的病。"

在我们的生活中，善良像敏感的百灵鸟，它竭力规避人世间的伪善、丑恶和愚蠢；它总是和诚挚、高尚的品格同行。小鸟在绿荫中结巢，善良在具有同情心的人心里栖息。

《护生画集》之好鸟枝头亦朋友

独坐谁相伴，春禽枝上鸣。天籁真且美，似梵土迦陵。（杜蘅补题）

会发光的鸟

在亚洲，在荒无人烟的丛山中，生活着一种奇异的鸟。它的叫声甜润悦耳，它的飞翔轻捷矫健。它不论是伫立于山岩，还是掠翅于晴空，都不会在地上投现出姿影。它的羽毛熠熠生辉，像太阳光那么闪亮。

这么可爱的小鸟，哪怕它死了，也不会从大地上消失，它的躯体不会腐烂，它的羽翎一如它生前那么绚丽。

要是有人胆敢觊觎它的神采，哪怕只是窃走它的一根羽毛，这个自私的鲁莽汉也会受到报应：顿时让他双目失明；他手里那根羽毛的光亮，也会立即熄灭。

这种稀罕的鸟儿名叫柳麦尔帕，意思是"发光的鸟"。谁也不能贬低它和占有它。它的美是永恒的。

《护生画集》之松间的音乐队

家住夕阳江上村，一湾流水绕柴门。种来松树高于屋，借与春禽养子孙。（明 叶唐夫诗）

鹰和它的朋友

幼鹰从窝里探出头来，它看见许多小鸟在山岩峭壁间飞翔。

"妈妈，它们是什么呀？"它问。

"是我们的朋友。"山鹰回答说，"命里注定了，我们鹰的生活方式是孤单的。不过，山林里的鸟儿都是我们的伙伴，它们推崇鹰为百鸟之王。你看见的这些小鸟，都是我们的朋友。"

幼鹰很满意母亲的解释。它兴味盎然地注视着小鸟，看着它们在山林里飞来飞去的。幼鹰也把小鸟认作自己的朋友。可看着看着，它突然大叫出声：

"哎哟，这些鸟把我们的食物偷去啦！"

"你放心，孩子，它们什么也没有偷，是我邀请它们吃的。你要永远牢记妈妈的话：鹰不管怎么困难，怎么饥饿，它都要和邻近的鸟儿分食自己的最后一片猎物。这地方山高崖陡，食物本来就少，应该帮助它们。"

尊敬和爱戴决不能靠武力去取得。只有心地善良、宽厚、能够急人所急的人，才能找到忠实的朋友。

● 列奥纳多·达·芬奇（Leonardo da Vinci，1452—1519），欧洲文艺复兴时期最卓越的代表人物，与米开朗基罗、拉斐尔并称"文艺复兴三杰"，尤以《最后的晚餐》《蒙娜丽莎》等画作驰名于世，被广泛认为是有史以来最伟大的画家之一，对后世艺术发展影响深远。他多才多艺，在数学、力学、天文学、光学、植物学、动物学、人体生理学、地质学、气象学、机械设计、土木建筑、水利工程等方面均有诸多创见或发明。他还为后世留下了融合了其艺术素养、人生阅历和不朽智慧的寓言故事一百多则。他也是世界最著名的素食大师之一。

> 我们的任务是一定要解放我们自己，这需要扩大我们同情的圈子，包容所有的生灵，拥抱美妙的大自然。
>
> ——爱因斯坦（科学家、诺贝尔物理学奖获得者）

动物朋友三篇

鲍尔吉·原野

虫 子 澄 澈

小青虫有跟菜叶同样的质感，浅绿，更多是水样的绿。真羡慕青菜能派生出这样的小虫。如果菜青虫不是菜叶的子女的话，也是它的亲戚，血缘很近的亲戚。

有的人对菜青虫吃菜叶子感到愤怒，我不知道这样的愤怒从何而来。世界上无论有多少样山珍海味，小虫子吃到的只有菜叶。它跟菜叶是共生关系，相当于吃它妈妈的奶，你生什么气？一只小虫子能吃多少菜叶子？尽其一生，也吃不下一片菜叶子。

菜青虫不吃法式牛排，也不吃宫保鸡丁，即使你掏钱请它去吃它也吃不下。如果把它放在一盘子宫保鸡丁上，它以为是受刑，熏也熏死了。只有人类吃各种稀奇古怪的东西而不会死，什么生蚝、海胆、燕窝。如果拿这些东西强制喂食牛羊，一定会喂死它们。

小青虫在菜叶子上爬行，它这辈子不想离开菜叶而去其他地方，最可庆幸的是它没理想，菜和其他虫子也没强加给它什么理想。它只在菜叶子上爬，吃吃菜、喝喝露水。太阳照得暖和时睡睡觉，就这些。它听从老天爷的安排，用流行的话说叫"一切都是最好的安排"。

没在菜叶上爬过其实不知道菜叶并不好爬，菜的绿叶部分如同泡泡纱，在上面匍匐很磨肚子。虫子的大床是一张青玉案，饿就吃这张床。虫子把菜叶咬出斑斑点点的小窟窿，正好透点凉风。如果人也躺在菜叶子上，就太没意思了。人还是去自己的房子里待着吧，他们身上的颜色跟菜叶子对不上。

菜青虫从菜叶上爬过来，像菜叶活了——菜叶卷起一滴清水，然后爬动，这不就是小虫吗？捏过一只青虫看，它通体澄澈，看上去比人干净无数倍。它没有腰椎（也没腰脱）这类东西。是的，它只是一包清水。小虫子吃菜叶长大，身上除了水还能有什么呢？上帝赋予菜青虫的爬行速度是每秒一微米。这个速度怎么能保证它这个物种不灭绝呢？它没被灭绝的原因在于：第一，它不好吃；第二，它不是蛋白质；第三，它不是药材，尤其不是中药材；第四，有伪装色；第五，耐饥渴；第六，有剧毒；第七，攻击力强。小虫子具备了其中四项，可以勉强活着。但免不了被鸟儿吃掉。然而，最可怕的不是鸟儿。上帝不会在安排鸟儿吃虫子的同时又安排老虎、狼和狐狸都去吃虫子。那样有多少虫子也不够吃。比虎狼更冷酷的是农药。

小虫子没有胃肠肝肾这类复杂器官，也没脑子。其实不是所有生物都需要脑子。本能足以让一条命活下去，该经历的苦难不是有脑子就可以回避的。

我看一些人一辈子没活好，是因为脑子没用对。小虫子想长脑子也没地方长，它身体里到处都是来自菜叶里的水。风从它身上吹过，它以为下了雨。雨浇在它身上的时候，它以为自己钻进了湿润的菜帮里。小青虫在菜里生活了一辈子，并不知菜叫"菜"。它以为菜是一个星球，夜里可以在天空发光。菜叶的大地碧绿无垠，除了小虫，竟没有其他主人。菜叶被风吹动卷起来，小虫认为那是大海掀起的波浪。小虫爬行，失足掉进菜心里，它才知道嫩黄的菜心比菜帮更可口。菜青虫吃到菜心后，套用人类表决心的话说，叫"下辈子还要当小虫"。

《护生画集》之盥漱避虫蚁

盥漱避虫蚁,亦是护生命。充此仁爱心,可以为贤圣。（学童补题）

大雁在天空的道路

　　大雁不乱飞,如果你的记忆和观察力足够好,会看到大雁在天空沿着一条道路飞行。仿佛这条路的两旁栽满了高高的树木,大雁准确地从树木中间穿过而不会碰到枝叶。天空的道路会转弯,大雁也随之转弯,这条路的宽度刚好是雁阵的宽度,大雁们不疏落也不拥挤地从上面飞过。

　　大雁飞过后,我们看它们飞过的天空一无所有。这说明我们的视力有很大的局限性,眼睛还没有进化到看见所有事物的程度,暗物质只是人类想见还没见到的物质之一。但人见到眼前的一切已经够了,这些已经足够人类应付了。在大雁的眼里,天空上的河流湍急流淌,天上长着人类看不见的庄稼与花卉,这些植物不需要土,它们的根扎在云彩上。天上的花卉见到哪个地方好,就飘下来待一夏天。我听新疆的人说,他们看见一片山坡上长着好看的、不知名的花,第二年就见不到了。这事很简单,这是从云彩上飘下来的花,第二年去了别的地方,比如去了伊朗,但我没告诉这个新疆人。如果你告诉他真相，他反而以为你是骗子。

大雁飞过时，我多希望它飞慢一点，让我看清它笔直排列的橘红脚蹼和翅膀上精致的羽毛，好像它偷着藏起了许多18世纪西方作家的笔。大雁排成倒"V"字从我头顶飞过，仿佛是一艘看不见的潜水艇激起的浪花。然而头顶掠过的是大雁白白的躯干和黑褐色的翅膀。它的翅膀伸得那么宽，好像去抱一捆抱不动的干草。好笑的是它双翅边缘的羽毛向上挑起来，如乐队指挥伸出食指指示哪一件乐器节奏快了一拍。雁阵飞走后，天空寂了，也没有传来大雁才听得到的波浪和树叶的喧哗声。雁阵飞得那么远，阵形仍然不变，仿佛地面站满了检查它们队形的检察官。大雁快变成黑点时，云彩跑过来模仿它们飞行，但没有队形，也没有橘红脚蹼和向上挑起的翅羽。云彩不过是浑浑噩噩的群众，它们从众，自己并不知飘向哪里。云彩还喜欢乱串门，这一片云无由地钻进另一朵云中。妇人絮棉被常常揪一朵棉花絮在这里，揪一片絮在那里，絮在棉花薄的地方，仿佛是揪云彩。

在河岸行走的大雁比鹅还笨。它们的双脚站立还勉强，走路如同陷入淤泥里。你想不到这么笨的大雁飞起来那么好看。那双笨拙的、橘红色的双脚终于可以不走了，像两支笔插在笔架里。飞行的大雁，伸出长长的脖子，仿佛等待有人给它们挂上不止一枚勋章。大雁知道，世界不是走的，而是飞的。没有谁能走遍全世界，却可以飞到。大雁在飞行中看见丑恶的拿着猎枪的人变得渺小，它看到蔚蓝的湖水向身后退移，比退潮还快。在大雁眼里，山峰并不高耸，如披着袈裟的僧侣在地上匍匐。细细的小河巧妙地绕开山峰，找到了山坡上的花朵。

大雁永远在队伍当中。六只大雁一起飞行，十二只大雁一起飞行。大雁从来不像麻雀那样偷偷摸摸地独自飞行。夜里雁群睡觉，老雁站岗。在天上飞翔，老雁用叫声招呼同类。雁的家族，一定和和睦睦。蒙古人把鸿雁亲昵地称为鸿嘎鲁，视如亲戚。鸿雁守信，每年某月某日来到某地，从不爽约。蒙古人看到走路歪歪扭扭的鸿雁又来了，带来了小鸿雁。它们在天空排成雁阵，仿佛是礼兵的分列式。蒙古人看到这些鸿雁喜笑颜开。

为写这篇小文，我打开百度寻找大雁的照片。看到它们可爱的、充满礼仪感的样子后，又看到了百度百科的第二篇文章："大雁的吃法。红烧大雁……"这让人沮丧极了。我在沈阳航空博物馆附近看到一家饭馆挂的招牌即是"炖大雁"。鲁迅假狂人之口，说几千年的中国历史每一页都写着吃人。人的历史何止于吃人，还吃可以吃进嘴里的、有肉的一切生物。人的祖先在饥馑年代可能都吃过人。这种基因多多少少总要遗传下来。在法治时代，吃人不可得，便吃雁、吃猫、吃狗、吃蛇，吃其化学成分为蛋白质的血肉之物，而不管那些动物是否友善与可爱。达尔文说人类是进化而来的，我见到一些人之后立刻怀疑这个学说，人是进化来的吗？好多人并没进化过，一直是野兽。他们是怎样逃脱了进化又衣冠楚楚地领到人的身份证呢？用我老家的话说："他妈怎么生出这么个玩意儿呢？"

《护生画集》之远征

南北路何长，中间万弋张。不知烟雾里，几只到衡阳？（唐 陆龟蒙《雁诗》）

牧　归

在伊胡塔草原那边，夏天发了水。水退了，在地面盈留寸余。远望过去，草原如藏着一千面小镜子，躲躲闪闪地发亮，绿草尖就从镜子里伸出头来。马呢，三五成群地散布其间。马真是艺术家，白马红马或铁青马仿佛知道自己的颜色，穿插组合；又通点缀的道理，衬着绿草蓝天，构图饱满而和谐。

这里也有湖泊，即"淖尔"。黑天鹅曲颈而游，突然加速，伸长脖子起飞，翅膀扑拉扑拉，很费力，水迹涟涟的脚蹼将离湖面。我想，飞啥？这么麻烦，慢慢游不是挺好吗？

湖里鱼多，牧民的孩子挽着裤脚，用破筐头一捞就上来几条。他们没有网和鱼竿。我姐笑话他们，说这方法多笨。我暗喜，感谢老天爷仍然让我的同胞这么笨，用筐和脸盆捞鱼。我非鱼，亦知鱼之乐。

这些是我女儿鲍尔金娜从老家回来告诉我的。

在我大伯家，有一只刚出生7天的小羊羔。它走路尚不利索，偏喜欢跳高。走着走着，"嘣"地来个空中动作，前腿跪着，歪头，然后摔倒了。小羊羔身上洁白干净，嘴巴粉红，眼神天真温驯。有趣的事在于，它每天追随鲍尔金娜身后。她坐在矮墙上，它则站在旁边。她往远处看，它也往远处看。鲍尔金娜怜惜它，又觉得它好笑。

小羊羔每天下午4点钟停止玩耍，站在矮墙上"咩咩"地叫。它的母亲随羊群从很远的草地上就要牧归了。天越晚，小羊羔叫得越急切。

这时，火烧云在西天逶迤奔走，草地上的镜子金光陆离。地平线终于出现白茫茫的蠕动的羊群，它们一只挨一只低着头努力往家里走。那个高高的骑在马上的剪影，是吾堂兄朝格巴特尔。

羊群快到家的时候，母羊从99只羊的群中蹿出，小羊羔几乎同时向母羊跑去。

我女儿孤独地站在当院，观看母羊和小羊羔拼命往一起跑的情景。

母子见面的情景，那种高兴的样子，使人感动。可惜它们不会拥抱，不然会紧紧抱在一起。

小羊羔长出像葡萄似的两只小角。那天，它在组合柜的落地镜里看到自己，以为是敌人，后退几步，冲上去抵镜子。大镜子哗啦碎了，小羊羔吓得没影儿了。这组合柜是吾侄保命（保命乃人名——作者注）为秋天结婚准备的。保命对此似不经意，他家很穷，拼命劳作仅糊口而已。但镜子乃小羊羔无知抵碎的，他们都不言语。

我嫂子灯笼（灯笼也是人名，朝格巴特尔的老婆）对小羊羔和鲍尔金娜的默契，夸张其事地表示惊讶。在牧区，这种惊讶往往暗含着某种佛教的因缘的揣度。譬如说，小羊羔和鲍尔金娜前生曾是姐妹或战友。

鲍尔金娜每天傍晚都观察母羊和小羊羔奔走相见的场面。这无疑是一课，用禅宗的话说是"一悟"。子思母或母思子是人人皆知的道理，但这道理在身外的异类中演示，特别是在苍茫的草地上演示，则是一种令人怅然的美。

仁宗一日晨兴，语近臣曰："昨夕因不寐而甚饥，思食羊烧。"侍臣曰：
"何不降旨取索？"曰："比闻禁中每有取索，外面遂以为例。诚恐自此逐夜
宰杀，以备非时供应。则岁月之久，害物多矣。岂可不忍一夕之馁，而启无穷
之杀也。"时左右皆呼万岁，至有感泣者。（《东轩笔录》）

《护生画集》之跪乳

● 鲍尔吉·原野，蒙古族，作家，辽宁省作家协会副主席，出版长篇小说、散文集、短篇小说集90多部。作品获鲁迅文学奖、全国少数民族文学创作骏马奖、人民文学奖、百花文学奖、蒲松龄短篇小说奖、内蒙古文艺特殊贡献奖并金质奖章、赤峰市百柳文学特别奖并一匹蒙古马，电影《烈火英雄》原著作者。作品收入大、中、小学语文课文。作品有西班牙文、俄文译本。全国无偿献血获奖人，沈阳市马拉松协会名誉会长。

> 人类是我唯一非常恐惧的动物。
>
> ——萧伯纳（英国剧作家、诺贝尔文学奖获得者）

一只特立独行的猪

王小波

　　插队的时候，我喂过猪、也放过牛。假如没有人来管，这两种动物也完全知道该怎样生活。它们会自由自在地闲逛，饥则食渴则饮，春天来临时还要谈谈爱情；这样一来，它们的生活层次很低，完全乏善可陈。人来了以后，给它们的生活做出了安排：每一头牛和每一口猪的生活都有了主题。就它们中的大多数而言，这种生活主题是很悲惨的：前者的主题是干活，后者的主题是长肉。我不认为这有什么可抱怨的，因为我当时的生活也不见得丰富了多少，除了八个样板戏，也没有什么消遣。有极少数的猪和牛，它们的生活另有安排。以猪为例，种猪和母猪除了吃，还有别的事可干。就我所见，它们对这些安排也不大喜欢。种猪的任务是交配，换言之，我们的政策准许它当个花花公子。但是疲惫的种猪往往摆出一种肉猪（肉猪是阉过的）才有的正人君子架势，死活不肯跳到母猪背上去。母猪的任务是生崽儿，但有些母猪却要把猪崽儿吃掉。总的来说，人的安排使猪痛苦不堪。但它们还是接受了：猪总是猪啊。

　　对生活做种种设置是人特有的品性。不光是设置动物，也设置自己。我们知道，在古希腊有个斯巴达，那里的生活被设置得了无生趣，其目的就是要使男人成为亡命战士，使女人成为生育机器，前者像些斗鸡，后者像些母猪。这两类动物是很特别的，但我以为，它们肯定不喜欢自己的生活。但不喜欢又能怎么样？人也好，动物也罢，都很难改变自己的命运。

　　以下谈到的一只猪有些与众不同。我喂猪时，它已经有四五岁了，从名分上说，它是肉猪，但长得又黑又瘦，两眼炯炯有光。这家伙像山羊一样敏捷，一米高的猪栏一跳就过；它还能跳上猪圈的房顶，这一点又像是猫——所以它总是到处游逛，根本就不在圈里待着。所有喂过猪的知青都把它当宠儿来对待，它也是我的宠儿——因为它只对知青好，容许他们走到三米之内，要是别的人，它早就跑了。它是公的，原本该劁掉。不过你去试试看，哪怕你把劁猪刀藏在身后，它也能嗅出来，朝你瞪大眼睛，噢噢地吼起来。我总是用细米糠熬的粥喂它，等它吃够了以后，才把糠兑到野草里喂别的猪。其他猪看了嫉妒，一起嚷起来。这时候整个猪场一片鬼哭狼嚎，但我和它都不在乎。吃饱了以后，它就跳上房顶去晒太阳，或者模仿各种声音。它会学汽车响、拖拉机响，学得都很像；有时整天不见踪影，我估计它到附近的村寨里找母猪去了。我们这里也有母猪，都关在圈里，被过度的生育搞得走了形，又脏又臭，它对它们不感兴趣；村寨里的母猪好看一些。它有很多精彩的事迹，但我喂猪的时间短，知道得有限，索性就不写了。总而言之，所有喂过猪的知青都喜欢它，喜欢它特立独行的派头儿，还说它活得潇洒。但老乡们就不这么浪漫，他们说，这猪不正经。领导则痛恨它，这一点以后还要谈到。我对它则不只是喜欢——我尊敬它，常常不顾自己虚长十几岁这一现实，把它叫做"猪兄"。如前所述，这位猪兄会模仿各种声音。我想它也学过人说话，但没有学会——假如学会了，我们就可以做倾心之谈。但这不能怪它。人和猪的音色差得太远了。

后来，猪兄学会了汽笛叫，这个本领给它招来了麻烦。我们那里有座糖厂，中午要鸣一次汽笛，让工人换班。我们队下地干活时，听见这次汽笛响就收工回来。我的猪兄每天上午十点钟总要跳到房上学汽笛，地里的人听见它叫就回来——这可比糖厂鸣笛早了一个半小时。坦白地说，这不能全怪猪兄，它毕竟不是锅炉，叫起来和汽笛还有些区别，但老乡们却硬说听不出来。领导因此开了一个会，把它定成了破坏春耕的坏分子，要对它采取专政手段——会议的精神我已经知道了，但我不为它担忧——因为假如专政是指绳索和杀猪刀的话，那是一点门儿都没有的。以前的领导也不是没试过，一百人也捉不住它。狗也没用：猪兄跑起来像颗鱼雷，能把狗撞出一丈开外。谁知这回是动了真格的，指导员带了二十几个人，手拿五四式手枪；副指导员带了十几人，手持看青的火枪，分两路在猪场外的空地上兜捕它。这就使我陷入了内心的矛盾：按我和它的交情，我该舞起两把杀猪刀冲出去，和它并肩战斗，但我又觉得这样做太过惊世骇俗——它毕竟是只猪啊；还有一个理由，我不敢对抗领导，我怀疑这才是问题之所在。总之，我在一边看着。猪兄的镇定使我佩服至极：它很冷静地躲在手枪和火枪的连线之内，任凭人喊狗咬，不离那条线。这样，拿手枪的人开火就会把拿火枪的打死，反之亦然；两头同时开火，两头都会被打死。至于它，因为目标小，多半没事。就这样连兜了几个圈子，它找到了一个空子，一头撞出去了；跑得潇洒至极。以后我在甘蔗地里还见过它一次，它长出了獠牙，还认识我，但已不容我走近了。这种冷淡使我痛心，但我也赞成它对心怀叵测的人保持距离。

《护生画集》之灵猪

　　江南宿州睢溪口，民被杀，投尸于井，官验无凶手。忽一猪奔至马前，啼甚惨，众役驱之不去。官曰："畜有所诉乎？"猪跪前蹄，若叩首状，官命随之行。猪起，前导至一家，排户入，猪奔卧榻前，以嘴啮地出刀，血迹尚新。执其人讯之，果杀人者。乡人义之，各出费，养猪于佛舍，号曰"良猪"。十余年死，寺僧以龛埋焉。（《子不语》）

我已经四十岁了，除了这只猪，还没见过谁敢于如此无视对生活的设置。相反，我倒见过很多想要设置别人生活的人，还有对被设置的生活安之若素的人。因为这个缘故，我一直怀念这只特立独行的猪。

● 王小波（1952—1997），当代学者、作家。代表作有《黄金时代》《白银时代》《青铜时代》《黑铁时代》等小说与电影剧本《东宫西宫》。1968年中学毕业后到云南插队，后来做过工人、民办教师。1978年入中国人民大学读本科，毕业后在大学任教。1984年赴美国匹兹堡大学东亚研究中心攻读研究生，获得硕士学位后于1988年回到北京，先后在北京大学和中国人民大学任教数年后，辞去教职，专事写作。

红鼻子驯鹿鲁道夫/依然驮着圣诞老人穿透迷雾/到达每一根烟囱/靓丽的鼻子是传说中的灯塔。

——犁夫《驯鹿》（《敖鲁古雅：驯鹿和故乡》）

仁兽驯鹿

于志学

驯鹿，也叫四不像，是北半球特有的珍贵动物，它在我国主要生活在大兴安岭腹地的密林深处。在大兴安岭北坡，冰冻期绵长，不长草，马进不了山，只有能食树叶和苔藓的驯鹿如鱼得水，这样就成为鄂温克人迁徙运载的交通工具。驯鹿还可以驮运那些不能进山行走的老人和小孩，从古代就有"仁兽"之称。驯鹿和人的关系如此亲密，真是令人惊异，它和人是真正的相互依存，和谐共生。驯鹿需要人类赐给它食盐以补充体内的必要元素，人类则需要依赖驯鹿生存、生息。虽为野生的驯鹿，但只要一听到人的呼唤，招之即来，挥之便去。而且驯鹿的性情非常温和，同伴之间很少打斗，是一种非常讲感情的动物。

那一年大兴安岭的冬天，寒冷无比。我第一次来到塞外这不毛之地，暗忖这样的生态环境，人与人之间、人与自然之间的联系一定会被高寒、险恶的气候所阻断和冻结。

列车过了伊图里河，额尔古纳旗的公安特派员特意来接我，我一边听他兴致勃勃地讲着当地的民风、民俗，一边充满着好奇和憧憬。

生活在大兴安岭北坡的鄂温克人是一个游猎民族，他们没有固定的生活场所，每当栖息地附近的猎物被他们捕获所剩无几之后，就要迁徙到一个新的地区。年复一年，他们一生中都在奔波、劳顿中度过，有时一个月就能搬家数次，因而，他们与"森林之舟"驯鹿结下了深厚的情谊。

不久，我随同鄂温克人一起搬家。老猎人拉基米抓来一头驯鹿。这是一头有脾气的公鹿，性情暴躁，但当它看到拉基米的小孙子时，立即就温顺下来，乖乖地让拉基米把孩子放在它的身上。鄂温克人搬家如同骆驼队远行一样，一长串驯鹿，驮着鄂温克人的生活物品，由绳子连着，穿越大森林。当我们翻过一个小山冈后，又走了很远，发觉驮着孩子的那头驯鹿不见了。我们急了，拉基米顺着原路领我往回找。走了约三袋烟的工夫，我们发现，原来是把孩子固定在驯鹿身上的绳子被树枝刮断了，孩子从驯鹿身上掉了下来。那头暴躁的公鹿正一动不动地专情守护在孩子身旁。我被当时的情景震撼和感动，开始领略了"仁兽"的含义。

鄂温克的女人也和男人一样出猎。母亲们出发前，要把孩子放在驯鹿和狗的身边，虽然她们打猎时间很长，有时甚至一天都回不来，但她们很放心。有驯鹿在，孩子饿了，有天然的乳汁鹿奶，危险来了有狗在孩子的身边防护。当你看到孩子在母鹿身上尽情地吮吸，母鹿像哺育自己的儿女一样安详、慈爱，狗像卫士一样目不转睛地在一旁守护这样一幅人、狗、鹿之间优美、动人的情景时，你怎能不被大自然母亲给人类和动物创造的这种天然亲情所打动所不能忘怀。这是大自然的伟力和魅力！

我在猎民点住了两周以后，一头母鹿产下一头小鹿。大大的眼睛、毛茸茸的身体，还没有长角的脑袋，只有两个细细的尖疙瘩，非常可爱，我喜欢极了。我常常偷着从撮罗子（鄂温克人的临时住所）拿出鄂温克人喝奶放的方糖给小驯鹿吃。我把一块糖掰成好几瓣，一天能喂它好几次。日子一长，小驯鹿就同我难舍难分，我走到哪儿它就跟我到哪儿，连它的母亲也受了感染。一天，我失足掉在开春的冰河里，在岸上的母鹿看到了，飞快地跑过来，跳入冰河，它用鹿角紧紧顶着我，我抓住鹿角，它一点点将我送到坚固的冰面上。我得救了，但它试图从河水中游出来，却因硕大的鹿角被迅速涌来的坚冰夹住了，动弹不得。它拼命挣扎，也无济于事。渐渐地，它的体力耗尽、热量耗光，精疲力竭沉到了水里，再也没有上来。

我十分难过，从此更加善待这头小鹿以补偿它失去母爱的不幸。直到我离开鄂温克前，它都一直跟随着我。在我返回哈尔滨的那天，它一直伴我来到敖鲁古雅，我坐上汽车后，它还在后面奔跑，一步一个趔趄。汽车渐渐远去了，我的泪水噙满了眼窝，它的形象慢慢模糊了，最后看不见了……

《护生画集》之"呦呦鸣鹿，得食相呼"
带箭不惊，得食相呼，灵气所钟，美德永敷。（婴行补题）

20世纪70年代初，我再次去大兴安岭北坡体验生活，又来到敖鲁古雅。离鄂温克猎民点还有百里多路，我的腿已经累得蹒跚行路了。陪我前来的旗长那森怕我赶不到目的地，轻松地宽慰我，说去找头四不像来。我怀疑在那人烟稀少的密林怎么才能找到驯鹿的行踪。

只见那森在雪地里生起一堆火，从怀里掏出军用杯，装上满满的雪，放到火上煮。杯里的雪水还没煮开，几头驯鹿就从远处的松林间跑来。那森从腰间解下一个盐口袋，抓出点盐放在手心，那些驯鹿就争先恐后地向他身边聚拢，争舔他手里的盐面，那森趁机抓住一头驯鹿的鹿角。我第一次骑着驯鹿赶到了猎民点。

我在山上待了两个多月，把素材收集得差不多，就准备下山。老猎民拉基米不放心，特让一个猎手瓦洛加送我。我把所有的行囊搭在驯鹿身上就上路。我们来到贝尔茨河的一条支流边上。在深山老林，没有过河的工具，上山和下山都必须在结冰期。当时已到了初夏，但大兴安岭北坡正是开春季节，冰面仍晶莹透明，只是河边出现了流水。我虽然知道"宁走封河一寸，不走开河一尺"，但如果再不下山，冰河融化，我就要继续在山上住好几个月，家里还有任务，必须要赶回去。瓦洛加告诉我，要跟住驯鹿，抓紧缰绳。他走在前，我跟在后。我感到了冰面在脚下微微颤动，还不时发出爆裂似的声音。正走着，只听扑通一声，我和几头驯鹿一下掉进了冰河里。我想着瓦洛加的话，紧紧抓牢缰绳，两头驯鹿硕大的鹿角卡在冰窟窿边上。瓦洛加见我和驯鹿落水，大声呼喊并向我比划着，让我抱住鹿的脖子，他则迅速地连打几个滚到达对岸。只见他把皮衣一甩，抽出猎刀，片刻工夫就砍下一棵碗口粗的树，把随身带的皮汗绳缠在胳膊上，就地往冰面上一扑，又连续在冰上打了好几个滚停在离冰窟窿八九米处。他将手中的皮汗绳用力一甩，不偏不倚正好套在驯鹿的鹿角上。在他的救助下，我和两头驯鹿安全上了岸。后来，那森告诉我，开春过冰河非常危险，驯鹿虽会游水，但极容易被冰面卡住闷死在水里。如果不是瓦洛加的机智，就没有鹿角被卡在冰面；驯鹿沉到水里，我就没命了。

通过这件事，我更加理解了为什么鄂温克人对驯鹿如此崇敬，奉为"仁兽"，是因为它具有勤恳、朴实、任劳任怨的美好品质。从那以后驯鹿在我心目中的形象日渐高大起来。善良的鄂温克人感动着我，驯鹿朴拙的形象和品格激励着我，鄂温克饱经沧桑的老猎民和美丽的少女诱发着我，拿起笔来，一遍遍如醉如痴地去描绘……

● 于志学，1935年生于黑龙江肇东市。冰雪山水画创始人。现任黑龙江省美术家协会名誉主席、黑龙江省画院荣誉院长。作为中国20世纪以来较早涉足生态保护领域的艺术家，他将人文理念融入艺术生命之中。2001年和2002年，他来到北极圈的朗格冰川和新西兰的库克雪山，体验冰雪世界的奇妙；2003年，他跨越昆仑山口，走进"生命禁区"可可西里，为保护青藏高原的藏羚羊捐款；2004年，来到素有"死亡之海"之称的新疆罗布泊和米兰古城，寻找罗布沙漠和楼兰文明；2006年，登上雪域高原的布达拉宫；2007年，他又重返给予他艺术灵魂的鄂温克敖鲁古雅，为他与中国最后一个狩猎部落的文化情缘，画上了浓浓的一笔。

> 每一种动物都各有不同的特性，也都有存在的价值。在单纯的生存法则下，它们以各种能力、道德、慈爱、感情、道义、智慧等等，呈现丰富深邃的生命体，开展自在清朗的佛心，是人间温馨欢乐的种子，更是人类生命教育的良师。
>
> ——星云大师（高雄佛光山开山宗长）

龟兹驴志

刘亮程

库车四十万人口，四万头驴。每辆驴车载十人，四万驴车一次拉走全县人，这对驴车来说不算太超重。民国三十三年（1944年）全县人口十万，驴二点五万头，平均四人一驴。在克孜尔石窟壁画中有商旅负贩图，画有一人一驴，驴背驮载着丝绸之类的货物，这幅一千多年前的壁画是否在说明那时的人驴比例：一人一驴。

文献记载，公元3世纪，库车驴已作为运输工具奔走在古丝绸道上。库车驴最远走到了哪里谁也说不清楚。解放初期，解放军调集南疆数十万头毛驴，负粮载物紧急援藏，大部分是和田喀什驴，库车毛驴征去多少无从查实。数十万头驴几乎全部冻死在翻越莽莽昆仑的冰天雪地。库车驴的另一次灾难在五六十年代，当时政府嫌库车驴矮小，引进关中驴交配改良。结果，改良后的驴徒有高大躯体，却不能适应南疆干旱炎热的气候，更不能适应库车田野的粗杂草料，改良因此中止。库车驴这个古老品种有幸保留下来。

在库车数千年历史中，曾有好几种动物与驴争宠。马、牛、骆驼，都曾被人重用，而最终毛驴站稳了脚跟。其他动物几乎只剩下名字，连蹄印都难以找到了。这是人的选择，还是毛驴的智谋？

《大唐西域记》记载，库车城北山中有大龙池，池中的龙善于变化，常变成马，"交合牝马，遂生龙驹，乖戾难驭"，所以龟兹以盛产骏马闻名西域。那时当是马的世界，骆驼亦显赫其中。毛驴躲在阴暗角落，默默无闻，等待出头之日。龟兹城中无水井，妇女们要到龙池边汲水，那条交合过牝马的龙又变成男人，与女人交合。结果生出的全是龙种，能像马一样跑得飞快，个个恃武好强，不受国王管束。国王无奈，只好"引构突厥，杀此城人"，龙驹也受牵连，剥皮宰肉，剩下乖巧听话的小黑毛驴。这条好色之龙，又幻化成驴形，与母驴交合，公驴不愿意，遂四处鸣叫，召集千万头，屁股对着龙池放草屁。池水被熏臭，龙招架不住，沉入池底，千余年未露头。驴的贞操被保住，其乖巧天性得以代代相传。

如今的库车已是全疆有名的毛驴大县。每逢巴扎日，千万辆驴车拥街挤巷，前后不见首尾，没有哪种牲畜在人世间活出这般壮景。羊跟人进了城便变成肉和皮子；牛牵到巴扎上也是被宰卖；鸡、鸽子，大都有去无回。只有驴，跟人一起上街，又一起回到家。虽然也有驴市买卖，只是换个主人。维吾尔人禁吃驴肉，也不用驴皮做皮具，驴可以放心大胆活到老。驴越老，就越能体会到自己比其他动物活得都好。

库车看上去就像一辆大驴车，被千万头毛驴拉着。除了毛驴，似乎没有哪种机器可以拉动这架千年老车。

在阿斯坦街紧靠麻扎的一间小铁匠房里，九十五岁的老铁匠尕依提，打了七十多年的驴掌，多少代驴在他的锤声里老死。尕依提的眼睛好多年前就花了，他戴一副几乎不透光的厚黑墨镜，闭着眼也能把驴掌打好，在驴背上摸一把，便知道这头驴长什么样的蹄子，用多大号的掌。

他的两个儿子在隔壁一间大铁匠房里打驴掌，兄弟二人又雇了两个帮工的，一天到晚生意不断。大儿子一结婚便跟父亲分了家，接着二儿子学成手艺单干，剩老父亲一人在那间低暗的小作坊里摸黑打铁。只有他们俩知道，父亲的眼睛早看不见东西了，当他戴着厚黑墨镜，给那些老顾客的毛驴钉掌时，他们几乎看不出尕依提的眼睛瞎了。两个儿子也从没把这件事告诉任何人，让人知道了，老父亲就没生意了。

尕依提对毛驴的了解，已经达到了多么深奥的程度，他让我这个自以为

"通驴性的人"望尘莫及。他见过的驴，比我见过的人还多呢。

早年，库车老城街巷全是土路时，一副驴掌能用两三个月，跟人穿破一双布鞋的时间差不多。现在街道上铺了石子和柏油，一副驴掌顶多用二十天便磨坏了。驴的费用猛增了许多。钉副驴掌七八块钱，马掌十二块钱。驴车拉一个人挣五毛，拉十五个人，驴才勉强把自己的掌钱挣回来。还有草料钱，套具钱，这些挣够了才是赶驴车人的饭钱。可能毛驴早就知道，它辛辛苦苦也是在给自己挣钱。赶车人只挣了个赶车钱，车的本钱还不知道找谁算呢。

尤其老城里的驴车户，草料都得买，一千克苞谷八毛钱，贵的时候一块多。湿草一车十几块，干草一车二三十块。苜蓿要贵一些，论捆子卖。不知道驴会不会算账。赶驴车的人得掰着指头算清楚，今年挣了多少，花了多少。老城大桥下的宽阔河滩是每个巴扎日的柴草集市，上千辆驴车摆在库车河道里。有卖干梭梭柴的，有卖筐和芨芨扫帚的，再就是卖草料的。买方卖方都赶着驴车，有时一辆车上的东西跑到另一辆车上，买卖就算做成了。空车来的实车回去。也有卖不掉的，一车湿草晒一天变成蔫草，又拉回去。

驴跟着人屁股在集市上转，驴看上的好草人不一定会买，驴在草市上主要看驴。上个巴扎日看见的那头白肚皮母驴，今天怎么没来，可能在大桥那边，堆着大堆筐子的地方。驴忍不住昂叫一声，那头母驴听见了，就会应答。有时一头驴一叫，满河滩的驴全起哄乱叫，那阵势可就大了，人的啥声音都听不见了，耳朵里全是驴声，买卖都谈不成了。人只好各管各的牲口，驴嘴上敲一棒，瞪驴一眼，驴就住嘴了。驴眼睛是所有动物中最色的，驴一年四季都发情。人骂好色男人跟毛驴子一样。驴性情活泛，跟人一样，是懂得享乐的好动物。

驴在集市上看见人和人讨价还价，自己跟别的驴交头接耳。拉了一年车，驴在心里大概也会清楚人挣了多少，会花多少给自己买草料，花多少给老婆孩子买衣服吃食。人有时自己花超了，钱不够了，会拍拍驴背：哎，阿达西（朋友），钱没有了，苜蓿嘛就算了，拉一车干麦草回去过日子吧。驴看见人转了一天，也没吃上抓饭、拌面，只啃了一块干馕，也就不计较什么了。

毛驴从一岁多就开始干活，一直干到老死，毛驴从不会像人一样老到卧榻不起要别人照顾。驴老得不行时，眼皮会耷拉下来，没力气看东西了，却还能挪动蹄子，拉小半车东西，跑不快，像瞌睡了。走路迟迟缓缓，还摇晃着，人也再不催赶它，由着驴性子走，走到实在走不动，驴便一下卧倒在地，像一架草棚塌了似的。驴一卧倒，便再起不来，顶多一两天，就断气了。

驴的尸体被人拉去埋了，埋在庄稼地或果树下面，这片庄稼或这棵果树便长势非凡，一头驴在下面使劲呢。尽管驴没有坟墓，但人在好多年后都会记得这块地下埋了一头驴。

《护生画集》之上坡

老驴羸瘦颈皮穿，车重坡高欲上难，多谢路人垂爱惜，肯将一臂挽车栏。

（夕雾诗）

在新疆，哈萨克人选择了马，汉族人选择了牛，而维吾尔人选择了驴。一个民族的个性与命运，或许跟他们选择的动物有直接关系。

如果不为了奔跑速度，不为征战、耕耘、负重，仅作为生活帮手，库车小毛驴或许是最适合的，它体格小，前腿腾空立起来比人高不了多少，对人没有压力。常见一些高大男人，骑一头比自己还小的黑毛驴，嘚嘚嘚从一个巷子出来，驴屁股上还搭着两褡裢（布袋）货物，真替驴的小腰身担忧，驴却一副无所谓的样子。驴骑一辈子也不会成罗圈腿，它的小腰身夹在人的两腿间大小正合适。不像马，骑着舒服，跑起来也快，但骑久了人的双腿就顺着马肚子长成括弧形了。

库车驴最好养活，能跟穷人一起过日子。一把粗杂饲草喂饱肚子，极少生病，跟沙漠里的梭梭柴一样耐干旱。

在南疆，常见一人一驴车，行走在茫茫沙漠戈壁。前后不见村子，一条模糊的沙石小路，撇开柏油大道，径直地伸向荒漠深处。不知那里面有啥好去处，有什么好东西吸引驴和人，走那么远的荒凉路。有时碰见他们从沙漠出来，依旧一人一驴车，车上放几根梭梭柴和半麻袋疙疙瘩瘩的什么东西。

一走进村子便是驴的世界，家家有驴。每棵树下拴着驴，每条路上都有驴的身影和踪迹。尤其一早一晚，下地收工的驴车一长串，前吆后喝，你追我赶，一副人驴共事的美好景观。

相比之下，北疆的驴便孤单了。一个村子顶多几头驴，各干各的活儿，很难遇到一起撒欢子。发情季节要奔过田野荒滩，到别的村子找配偶，往往几个季节轮空了。在北疆的乡村路上很难遇见驴，偶尔遇见一头，神色忧郁，垂头丧气的样子，眼睛中满是末世忧患，似乎驴心头上的事儿，比肩背上的要沉多少倍。

库车小毛驴保留着驴的古老天性，它们看上去是快乐的。撒欢子，尥蹶子，无所顾忌地鸣叫，人驴已经默契到好友同伴的地步。幽默的维吾尔人给他们朝夕相处的小毛驴总结了五个好处。

一、不用花钱。

二、嘴严。跟它一起干了啥事它都不说出去。

三、没有传染病。

四、干多久活它都没意见。

五、你干累了它还把你驮回家去。

在库车两千多年的人类历史中，小黑毛驴驮过佛经，驮过《古兰经》。

我们不知道驴最终会信仰什么。骑在毛驴背上的库车人，自公元前三四世纪起信仰佛教，广建佛寺，遍凿佛窟。当时龟兹国三万人口，竟有五千佛僧，佛塔庙千所，乃丝绸北道有名的佛教中心。葱岭以东的王族妇女都远道至龟兹的尼寺内修行。毛驴是那时的重要交通工具，驮佛经又驮佛僧，还驮远远近近的拜佛人。相传高僧鸠摩罗什常骑一头脚心长白毛的小黑毛驴，手捧佛经，往来于西域各国。驴的悠长鸣叫跟诵经声很接近，不知谁受了谁的影响。无论佛寺的诵唱，还是清真寺的喊唤，都接近这种生命的叫声。这种声音神秘而神圣，能让人亢奋，肃然回首，能将散乱的人群召唤到一处。在西域历史上，佛教与伊斯兰教，制造了两次生命与精神的大集合。过了一千年，公元14世纪，曾经笃信佛教的库车人改信伊斯兰教。杀佛僧，毁佛庙，建清真寺，毛驴依旧是主要的交通工具。常见阿訇手捧《古兰经》，骑一头小黑毛驴，往返于清真寺之间，样子跟当年的鸠摩罗什没啥区别。那头小黑毛驴没变，驴上的人没变，只是手里的经变了。不知毛驴懂不懂得这些人世变故。

无论佛寺还是清真寺，都在召唤人们到一个神圣去处，不管这个去处在哪儿，人需要这种召唤。散乱的人群需要一个共同的心灵居所，无论它是上天的神圣呼唤，还是一头小黑毛驴的天真鸣叫。人听到了，都会前往，全身心地奔赴。

● 刘亮程，1962年出生在新疆古尔班通古特沙漠边缘的一个小村庄。著有诗集《晒晒黄沙梁的太阳》，散文集《一个人的村庄》《在新疆》，长篇小说《虚土》《凿空》《捎话》等。获第六届鲁迅文学奖。有多篇散文选入中学、大学语文课本。现为中国作家协会散文学会副主任，新疆作家协会副主席，木垒书院院长。

> 僵卧孤村不自哀，尚思为国戍轮台。夜阑卧听风吹雨，铁马冰河入梦来。
>
> ——［宋］陆游《十一月四日风雨大作》

巩乃斯的马

周 涛

我向往草地，但每次走到的，却总是马厩。

我一直对不爱马的人怀有一点偏见，认为那是由于生气不足和对美的感觉迟钝所造成的，而且这种缺陷很难弥补。有时候读传记，看到有些了不起的人物以牛或骆驼自喻，就有点替他们惋惜，他们一定是没见过真正的马。

那卧在盐车之下哀哀嘶鸣的骏马和诗人臧克家笔下的"老马"，不也是可悲的吗？但是不同。那可悲里含有一种不公，这一层含义在别的畜牲中是没有的。在南方，我也见到过矮小的马，样子有些滑稽，但那不是它的过错。既然橘树有自己的土壤，马当然有它的故乡了，自古好马生塞北，在伊犁，在巩乃斯大草原，马作为茫茫天地之间的一种尤物，便呈现了它的全部魅力。

那是1970年，我在一个农场接受"再教育"，第一次触摸到了冷酷、丑恶、冰凉的生活实体，不正常的政治气氛像潮闷险恶的黑云一样压在头顶上，使人压抑到不能忍受的地步。高强度的体力劳动并不能打击我对生活的热爱，精神上的压抑却有可能摧毁我的信念。

终于，有一天夜晚，我和一个外号叫"蓝毛"的长着古希腊人脸型的上士一起爬起来，偷偷摸进马棚，解下两匹喉咙里滚动着咴咴低鸣的骏马，在冬夜旷野的雪地上奔驰开了。

天低云暗，雪地一片模糊，但是马不会跑进巩乃斯河里去。雪原右侧是巩乃斯河，形成了沿河的一道陡直的不规则的土壁；光背的马儿驮着我们在土壁顶上的雪原轻快地小跑，喷着鼻息，四蹄发出嚓嚓的有节奏的声音，最后大颠着狂奔起来。随着马的奔驰、起伏、跳跃和喘息，我们的心情变得开朗、舒展，压抑消失，豪兴顿起，在空旷的雪野上打着唿哨乱喊，在颠簸的马背上感受自由的亲切和驾驭自己命运的能力，是何等的痛快舒畅啊！我们高兴得大笑，笑得从马背上栽下来，躺在深雪里还是止不住地狂笑，直到笑得眼睛里流出了泪水……

伪蜀渠阳邻山有富民王行思尝畜养一马甚爱之饲秣甚于他马一日乘注本郡遇夏潦暴涨舟子先渡马回舟以迎行思至中流风起船覆其马自岸奔入骇浪接其主苍茫之中遽免沈溺

拯溺

虞初新志图

《护生画集》之拯溺

伪蜀渠阳邻山，有富民王行思，尝养一马，甚爱之，饲秣甚于他马。一日，乘往本郡，遇夏潦暴涨。舟子先渡马，回舟以迎行思，至中流，风起，船覆。其马自岸奔入骇浪，接其主。苍茫之中遽免沉溺。（《虞初新志》）

那两匹可爱的光背马，这时已在近处缓缓停住，低垂着脖，一副歉疚的想说"对不起"的神态，它们温柔的眼睛里仿佛充满了怜悯和抱怨，还有一点诧异，弄不懂我们这两个究竟是怎么了。我拍拍马的脖颈，抚摸一会儿它的鼻梁和嘴唇，它会意了，抖抖鬃毛像抖掉疑惑，跟着我们慢慢走回去。一路上，我们谈着马，闻着身后热烘烘的马汗味和四围里新鲜刺鼻的气息，觉得好像不是走在冬夜的雪原上。

马能给人以勇气，给人以幻想，这也不是笨拙的动物所能有的。在巩乃斯后来的那些日子里，观察马渐渐成了我的一种艺术享受。

我喜欢看一群马，那是一个马的家族在夏牧场上游移，散乱而有秩序，首领就是那里面一眼就望得出的种公马，它是马群的灵魂。作为这群马的首领当之无愧，因为它的确是无与伦比的强壮和美丽，匀称高大，毛色闪闪发光，最明显的特征是颈上披散着垂地的长鬃，有的浓黑，流泻着力与威严；有的金红，燃烧着火焰般的光彩；它管理着保护着这群牝马和顽皮的长腿短身子马驹儿，眼光里保持着父爱般的尊严。

马的这种社会结构中，首领的地位是由强者在竞争中确立的，任何一匹马都可以争群，通过追逐、撕咬、拼斗，使最强的马成为公认的首领。为了保证这群马的品种不至于退化，就不能搞"指定"，也不能看谁和种公马的关系好，也不能凭血缘关系接班。

生存竞争的规律使一切生物把生存下去作为第一意识，而人却有时候会忘记，造成许多误会。

唉，天似穹庐，笼盖四野，在巩乃斯草原度过的那些日子里，我与世界隔绝，生活单调；人与人互相警惕，唯恐失一言而遭灭顶之祸，心灵寂寞。只有一个乐趣，看马。好在巩乃斯草原马多，不像书可以被焚，画可以被禁，知识可以被践踏，马总不至于被驱逐出境吧？这样，我就从马的世界里找到了奔驰的诗韵，辽阔草原的油画，夕阳落照中兀立于荒原的群雕，大规模转场时铺散在山坡上的好文章，熊熊篝火边的通宵马经。毡房里悠长暗哑的长歌在烈马苍凉的嘶鸣中展开，醉酒的青年哈萨克在群犬的追逐中纵马狂奔，东倒西歪地俯身鞭打猛犬，使我蓦然感受到生活不朽的壮美和那时潜藏在我们心里的共同忧郁……

哦，巩乃斯的马，给了我一个多么完整的世界！凡是那时被取消的，你都重新又给予了我！弄得我直到今天听到马蹄踏过大地的有力声响时，还会在屋子里坐卧不宁，总想出去看看，是一匹什么样儿的马走过去了。而且我还听不得马嘶，一听到那铜号般高亢、鹰啼般苍凉的声音，我就热血陡涌，热泪盈眶，大有战士出征走上古战场，"风萧萧兮易水寒"的悲壮之慨。

有一次我碰上巩乃斯草原夏日迅疾猛烈的暴雨。那雨来势之快，可以使悠然在晴空盘旋的孤鹰来不及躲避而被击落，雨脚之猛，竟能把牧草覆盖的原野一瞬间打得烟尘滚滚。就在那场暴雨的豪打下，我见到了最壮阔的马群奔跑的场面。仿佛分散在所有山谷里的马都被赶到这儿来了，好家伙，被暴雨的长鞭抽打着，被低沉的怒雷恐吓着，被刺进大地倏忽消逝的闪电激奋着。马，这不肯安分的牲灵从无数谷口、山坡涌出来，山洪奔泻似的在这原野上汇聚了，小群汇成大群，大群在运动中扩展，成为一片喧叫、纷乱、快速移动的集团冲锋！争先恐后，前呼后应，披头散发，淋漓尽致！有的疯狂地向前奔驰，像一队尖兵，要去踏住那闪电；有的来回奔跑，俨然像临危不惧、收拾残局的大将；小马跟着母马认真而紧张地跑，不再顽皮、撒欢，一下子变得老练了许多；牧人在不可收拾的潮水中被挟裹，大喊大叫，却毫无声响，喊声像一块小石片跌进奔腾喧嚣的大河。

雄浑的马蹄声在大地奏出鼓点，悲怆苍劲的嘶鸣、叫喊在拥挤的空间碰撞、飞溅，划出一条条不规则的曲线，扭住、缠住漫天雨网，和雷声雨声交织成惊心动魄的大舞台。而这一切，得在飞速移动中展现，几分钟后，马群消失，暴雨停歇，你再看不见了。

我久久地站在那里，发愣、发痴、发呆。我见到了，见过了，这世间罕见的奇景，这无可替代的伟大的马群，这古战场的再现，这交响乐伴奏下的复活的雕塑群和油画长卷！我把这几分钟间见到的记在脑子里，相信，它所给予我的将使我终身受用不尽……

马就是这样，它奔放有力却不让人畏惧，毫无凶暴之相；它优美柔顺却不任人随意欺凌，并不懦弱。我说它是进取精神的象征，是崇高感情的化身，是力与美的巧妙结合恐怕也并不过分。屠格涅夫有一次在他的庄园里说托尔斯泰"大概您在什么时候当过马"，因为托尔斯泰不仅爱马、写马，并且坚信"这匹马能思考并且是有感情的"。它们常和历史上的那些伟大的人物、民族的英雄一起被铸成铜像屹立在最醒目的地方。

过去我只认为，只有《静静的顿河》才是马的史诗；离开巩乃斯之后，我不这么看了。巩乃斯的马，这些古人称之为骐骥、称之为汗血马的英气勃勃的后裔们，日出而撒欢，日入而哀鸣，它们好像永远是这样散漫而又有所期待，这样原始而又有感知，这样不假雕饰而又优美，这样我行我素而又不会被世界所淘汰。成吉思汗的铁骑作为一个兵种已经消失，六根棍马车作为一种代步工具已被淘汰，但是马却不会被什么新玩意儿取代，它有它的价值。

牛从挽车变为食用，仍然是实用物；毛驴和骆驼将会成为动物园里的展览品，因为它们只会越来越稀少；而马，车辆只是在实用意义上取代了它，解放了它，它从实用物进化为一种艺术品的时候恰恰开始了。

值得自豪的是我们中国有好马。从秦始皇的兵马俑、铜车马到唐太宗的六骏，从马踏飞燕的奇妙构想到大宛汗血马的美妙传说，从关云长的赤兔马到朱德总司令的长征坐骑……纵览马的历史，还会发现它和我们民族的历史紧密相连着。这也难怪，骏马与武士和英雄本有着难以割舍的亲缘关系呢，彼此作用的相互发挥、彼此气质的相互补益，曾创造出多少叱咤风云的壮美形象？纵使有一天马终于脱离了征战这一辉煌事业，人们也随时会从军人的身上发现马的神韵和遗风的。我们有多少关于马的故事呵，我们是十分爱马的民族呢。至今，如同我们的一切美好传统都像黄河之水似的遗传下来那样，我们的历代名马的筋骨、血脉、气韵、精神也都遗传下来了。那种"龙马精神"，就在巩乃斯的马身上——

此马非凡马，
房星本是星。
向前敲瘦骨，
犹自带铜声。

我想，即便我一直固执地对不爱马的人怀一点偏见，恐怕也是可以得到谅解的吧。

● 周涛，1946年出生，祖籍山西，在京启蒙，少年随父迁徙新疆。1969年毕业于新疆大学中文系。现为新疆军区创作室主任，新疆文学艺术界联合会（以下简称"文联"）副主席，新疆作家协会副主席。代表作有诗集《神山》《野马群》，散文集《稀世之鸟》《游牧长城》《兀立荒原》等。

> 器宇轩昂品亦高，跋山涉水不辞劳。寒槽让秣情尤重，患难为朋心可掏。
>
> ——范少华《义马》

马 的 墓 碑

凌仕江

一块墓碑，在荒原与雪山之间。碑文上写道：达拉之墓。

后边，是一棵孤立的树。

达拉是谁？在通往墨脱的边地察隅的路上，我为墓碑上的名字停了下来。

坐在风的怀抱里，不经意间转过身，看到墓碑后面还有一排排细小的文字，死者原来不是一个人，而是一匹马——一匹在恶战中殉职的马。

1999年，有两个步行去墨脱探奇的年轻人，行至这里，路越走越窄，下面是万丈深渊，江水滔天，更为惊险的是狭窄的路面上布满了水渍，稍不留神就会滑落深深的山谷。他们只好卸下肩上的物资，退回到一块平地上，作短暂的休息。就在这时，不知从哪里钻出的一条大蟒蛇像猛虎扑食一般向他们袭来。尽管他们拥有专业的探险装备把自己包裹得严严实实，但埋伏已久的蟒蛇凶猛地缠住了其中一个人的身体。他尖叫了一声，再也说不出话来。这条蟒蛇的目的是要先将人活活缠死，然后再一口将人的身体吞吃掉。

很快一个身强力壮的年轻人便趴下了。

另一个坐在地上的人，吓得不停呼喊：救命！救命呀！

这时，山下的牧马人闻声赶来。他见状大声惊呼道：快，快，抬石头去砸蟒蛇。坐在地上的人慌忙起身，颤抖着双手和牧马人抬起一块沉重的石头，狠狠地向蟒蛇的头部砸去。蟒蛇神不知鬼不觉地将头猛一收缩，尾巴绕出几个麻花圈，像一根有力的牧鞭打一记脆响，两人顿时被甩到了几米之外，难以动弹。

对于进出墨脱的人来说，察隅之路是一段惊心动魄的经历，多年以来，葬送性命者不计其数……

我伫立在一匹马的墓碑前，默然地读着这些碑文背后的生命故事。

也就是在那个年轻人即将被蟒蛇吞噬的一瞬间，这匹名叫达拉的马出现了。它用右前蹄伸入蟒蛇的嘴，还死命地往蟒蛇的咽喉里钻！鲜血从蟒蛇的眼睛、脖子、肚皮上不停地往外涌出来，被困者获救了。

达拉作为这块土地的土著居民，像素质过硬的特种兵一样，成功地消灭了袭击人类的蟒蛇。一场苦战之后，不知为何，达拉随太阳转身的一刹那，摔下悬崖，掉进滚滚河水中，当场殒命。

草中诗坚

吴志孙坚传

踏地呼鸣将士随马行于

坚仆在坚仆乘马驰还营

马卧草中军众分散不知

孙坚讨董卓失利被创堕

《护生画集》之马救主（二）

孙坚讨董卓失利，被创堕马，卧草中。军众分散，不知坚所在。坚所乘马驰还营，踏地呼鸣。将士随马行，于草中得坚。（《吴志·孙坚传》）

三个人，傻在那里，天黑也没有离去。

他们决定，要在此地，为马立碑。

我在墓碑前流连一个下午之后，沿着马车轧过的小路，找到了那个牧马人。当时，他正手持注射器，给生病的小马驹打针治病。

告诉我，你那死去的马，为什么叫达拉？

达拉其实是一匹很不合群的野马。老牧人沉默了片刻，又说：当时，看见它在草地间游荡，时而隐身，时而出没，我看出了它的心事，它很想加入我们的队伍。我考虑了多日，终于说服我的马群，接纳了它。

起初，我的马群都很不喜欢它，因为它的颜色和它们不一样，看上去特别显眼。我多次劝说，让它回到以往的自由中去，可它总是孤立无援地摆摆头，死心塌地留在我身边。

都快半年了，我知道它是回不到它的世界了，可马群依然不怎么亲近它，都认为它是复活的野马。在马群们看来，世上早已经没有野马了。于是，我成了它唯一的依靠，无论什么时候，无论我走到哪里，它都跟在我身边。

要是它不太依赖我，就不会发生那样的事儿。

老牧人的话，越来越沉重。

我从没有写过祭文，可是看见马的墓碑，我落在纸上的笔，就像艰难前行的蹄印。

● 凌仕江，国家一级作家，四川作家协会散文委员会委员，成都优秀人才培养对象。《读者》签约作家。鲁迅文学院第九届高级作家班学员。荣获第四届冰心散文奖、第六届老舍散文奖、全国报纸副刊散文金奖、首届中国西部散文奖、《人民文学》游记奖、首届浩然文学奖、首届丝路散文奖等多种奖项。有30余篇作品成为全国和不同省市的高（中）考阅读试题。出版作品有《你知西藏的天有多蓝》《飘过西藏上空的云朵》《西藏的天堂时光》《说好一起去西藏》《西藏时间》《藏地圣境》《天空坐满了石头》《藏地羊皮书》《锦瑟流年》《蚂蚁搬家要落雨》等十余部。

没有感恩就没有真正的美德。

——卢梭（法国18世纪启蒙思想家、哲学家、教育家、文学家）

驮 马[①]

施蛰存

我第一次看见驮马队是在贵州，但熟悉驮马的生活则在云南。那据说是所谓"果下马"的矮小的马，成为一长行列地逶迤于山谷里，就是西南诸省在公路完成以前唯一的交通和运输工具了。当我乘着汽车，从贵州公路上行过，第一次看见这些驮马队在一个山谷里行进的时候，我想，公路网的完成，将使这古老的运输队不久就消灭了吧。但是，在抗战三年后的今日，因为液体燃料供应不足，这古老的运输工具还得建立它的最后的功业，这是料想不到的。

西北有二万匹骆驼，西南有十万匹驮马，我们试设想，我们的抗战乃是用这样古旧的牲口运输法去抵抗人家的飞机汽车快艇，然而还能支持到今日的局面，这场面能说不是伟大的吗？因此，当我们看见一队驮马，负着它们的重荷，在一个峻坡上翻过山岭去的时候，不能不沉默地有所感动了。

一队驮马，通常是八匹十匹或十二匹，虽然有多到十六或二十匹的，但那是很少的。每一队的第一匹马，是一个领袖。它是比较高大的一匹。它额上有一个特别的装饰，常常是一面反射阳光的小圆镜子和一丛红绿色的流苏。它的颈项下挂着一串大马铃。当它昂然地在前面带路的时候，铃声咚咙咚咙地响着，头上的流苏跟着它的头部一起一落地耸动着，后边的马便跟着它行进了。或是看着它头顶上的标识，或是听着它的铃声，因为后面的马队中，常常混杂着聋的或盲的。倘若马数多了，则走在太后面的马就不容易望到它们的领袖，你知道，驮马的行进，差不多永远是排列着单行的。

每一匹马背上安一个木架子，那就叫做驮鞍。在那驮鞍的左右两边便

[①] 作于1939年6月，收入1947年上海怀正文化社出版的施蛰存作品集《待旦录》。

用牛皮绳绑缚了要它负荷的东西。这有两个作用：第一是不使那些形状不同的重载直接擦在马脊梁及肋骨上，因为那些重载常常有尖锐的角或粗糙的边缘，容易损伤了马的皮毛。第二是每逢行到一站，歇夜的时候，只要把那木架子连同那些负载物从马背上卸下来就行。第二天早上出发的时候，再把它搁上马背，可以省却许多解除和重又束缚的麻烦。

管理马队的人叫做马哥头，他常常管理着四五个小队的驮马。这所谓管理，实在很不费事。他老是抽着一根烟杆，在马队旁边，或前或后地行进着。他们用简单的，一两个字——或者还不如说是一两个声音——的吆喝指挥着那匹领队的马。与其说他的责任是管理着马队，还不如说是管理着那些领队的马。马哥头也有女的。倘若是女的，则当这一长列辛苦的驮马行过一个美丽的高原的时候，应和着那些马铃声，她的忧郁的山歌，虽然你不会懂得它们的意义——因为那些马哥头常常是夷人——会使你觉得何等感动啊！

在荒野的山林里终日前进的驮马队，绝不是单独赶路的。它们常常可能集合到一二百匹马，七八个或十几个马哥头，结伴同行。在交通方便的大路上，它们每天走六十里，总可以获得一个歇站。那作为马队的歇站的地方，总有人经营着马店。每到日落时分，店里的伙计便到城外或寨门外的大路口去迎候赶站的马队，这是西南一带山城里的每天的最后一阵喧哗。

马店常常是一所两层的大屋子，三开间的或五开间的。底下是马厩，楼上是马哥头的宿处。但是那所谓的楼是非常低矮的。没有窗户，没有家具，实在只是一个阁楼罢了。马店里的伙计们帮同那些马哥头抬下了马背上的驮鞍，洗刷了马，喂了马料，他们的任务就完了。马哥头也正如一切的西南夷人一样，虽然赶了一天路，很少有人需要洗脸洗脚甚至沐浴的。他们的晚饭也不由马店里供给，他们都随身带着一个布袋，袋里装着包谷粉，歇了店，侍候好了马匹，他们便自己去拿一副碗筷，斟上一点开水，把那些包谷粉吃了。这就是他们的晚餐。至于那些高兴到小饭店里去吃一杯酒，叫几个炒菜下饭，便是非常殷实的阔佬了。在抗战以前，这情形是没有的，但在这一两年来，这样豪阔的马哥头已经不是稀有的了。

《护生画集》之老马识途

　　管仲、隰朋从桓公伐孤竹，春往冬返，迷惑失道。管仲曰："老马之智可用也。"乃放老马而随之，遂得道。（《韩非子》）

　　行走于迤西一带原始山林中的马队，常常有必须赶四五百里路才能到达一个小村子的情形。于是，他们不得不在森林中露宿了。用他们的名词说起来，这叫做"开夜"。要开夜的马队，规模比较大，而且要随带着炊具。差不多在日落的时候，他们就得在森林中寻找一块平坦的草地。在那里卸下了驮鞍，把马拴在树上，打成一围。于是马哥头们安锅煮饭烧水。天色黑了，山里常常有虎豹或象群，所以他们必须捡拾许多枯枝，烧起火来，做成一个火圈，使野兽不敢近前。然而即使如此警戒，有时还会有猛兽在半夜里忽然袭来，咬死几匹马，等那些马哥头听见马的惊嘶声而醒起开枪的时候，早已不知去向了。所以，有的马队还得带一只猴子，在临要睡觉的时候，把那猴子拴缚在一株高树上。猴子最为敏感，到半夜里，倘若它看见或闻到远处有猛兽在行近来，它便会尖锐地啼起来，同时那些马也会跟着嘶起来，于是睡熟的人也就醒了。

　　在云南的西北，贩茶叶的古宗人的驮马队是最为雄壮的。在寒冷的天气，在积雪的山峰中间的平原上，高大的古宗人腰里插着刀和小铜佛，骑着他们的披着美丽的古宗毡鞍的马，尤其是当他们开夜的时候，张起来的那个帐幕，使人会对于这些游牧民族的生活发生许多幻想。

二万匹运盐运米运茶叶的驮马，现在都在西南三省的崎岖的山路上，辛苦地走上一个坡，翻下一个坡，又走上一个坡，在那无穷尽的山坡上，运输着比盐米茶更重要的国防材物，我们看着那些矮小而矫健的马身上的热汗和它们口中喷出来的白沫，心里将感到怎样的沉重啊！

《护生画集》之马救主（一）

秦苻坚，为慕容冲所袭，驰马堕涧中，追兵几及矣。坚计无由出，马即踟蹰临涧，垂缰与坚。坚不能及，马又跪而授焉。坚援之，得登岸，而走庐江。（《异苑》）

● 施蛰存（1905—2003），名德普，中国现代派作家、文学翻译家、学者，华东师范大学中文系教授。一生的工作可以分为四个时期：1937年以前，除进行编辑工作外，主要创作短篇小说、诗歌及翻译外国文学；抗日战争期间进行散文创作；1950—1958年期间，翻译了200万字的外国文学作品；1958年以后，致力于古典文学和碑版文物的研究工作。

骆驼，你沙漠的船/你，有生命的山！

——郭沫若《骆驼》

骆驼之死

王　族

几年前的一个冬天，一位牧民的一峰母驼下了两只小驼。它带它们出去寻找草吃。其实，冬天的沙漠中没有草，母驼带小驼出去，也就是从冻土中扯出几根草根，喂到小驼的嘴里。它们出去一般都不会走远，主人也便就放心地让它们去了。

一天黄昏，起了暴风雪，天地很快便一片灰暗。母驼和两只小驼迷路了，它们原以为向着家的方向在走，实际上却越走越远。半夜，母驼为了保护小驼，在一棵大树下卧下，将两只小驼护在腹间，然后任大雪一层又一层落下。那是一场几十年不遇的暴风雪，天气冷到了零下四十多度，而地上的积雪也有一米多厚。风在恣肆，像是天地间有无数个恶魔在吼叫。

那一夜间，母驼就那样一动不动地护着两只小驼。它身上的雪越积越厚，寒冷像刀子一样刺入它的皮肤，继而又刺入了它的体内。在那样的天气里，寒冷就像一个乱窜的魔法师一样，把它能占领的生命的肉体施以冷冻的魔法。不久，那峰母驼感到自己的躯体变得僵硬了，似乎有一个冰冷的恶魔正在一点一点地占据着自己的身体。但它仍然一动不动，两只小驼已经熟睡了，它用两条前腿和腹部为它们撑起了一个温暖的卧床。

第二天中午，暴风雪才停了。人们在茫茫雪野中寻找它们，直到下午才找到了那峰母驼和两只小驼。母驼已经死了，两只小驼围着它在哀号。风已经停了，但它们的哀号却像风一样在雪野中飘荡。

还有一只骆驼的死更感人，它是为寻地下水而死的，牧民们都认为它是那一年所有牧民的恩者。

沙漠虽然干旱，但在沙丘中间却总有小河或海子，牧民每年放牧的首选，其实也就是这些小河或海子，有了水也就有了生活最起码的保障。这也就是人们经常说的逐水草而居，古往今来都如此。现在，牧民们都会把上一年有水的地方作为下一年的首选，到了沙漠牧场，便直奔小河或海子。

但有一年却发生了奇怪的现象，牧民们进入沙漠牧场后，却到处都找不到小河或海子。水，莫名其妙地干了。牧民们不知道，全球气候变暖已经影响到了沙漠中的小河或海子，水在短短的时间内便已经干枯了。没有水，人和牲畜便都无法存活，牧民们于是决定向别处迁徙。但转了好几个地方，看到的是同样的境况——没有水。

人绝望了，牲畜们发出嘶哑的哀号。

《护生画集》之驼知水脉

敦煌西渡流沙往外国，沙漠千余里无水。时有伏流处，人不能知。骆驼知水脉，过其处辄不行，以足踏地。人于其所踏处掘之，辄得水。（《博物志》）

有人想出了一个办法，骆驼可以找到地下水，从畜群中放开几只骆驼，它们就会去找水。这个提议让人们像是抓住了救命的稻草，人们马上从畜群中放开了几只骆驼。它们很快就明白了人们的用意，低着头向四周寻去。但一天过去了，它们没有找到水。两天过去了，它们还是没有找到水。第三天，人们已经对它们不抱希望了，打算赶着牲畜到另一个地方去。他们已经打听清楚了，那个地方有水。但就在上路的时候，却发现一峰骆驼失踪了。大家在一起碰头，觉得一峰骆驼与已经好几天没喝水的畜群相比，毕竟只是一峰，而眼下当务之急是要赶紧为畜群找到饮水，否则它们会一个个倒在沙漠中。

经过几天的迁徙，他们终于到了一个有水的地方。那峰骆驼一直没有消息，牧民想，过几天后它可能会沿着畜群的蹄印跟到这里来。所有的牲畜都集中到了一个地方，谁也抽不出身去找它。

一个多月之后，传来了一个消息，在那个所有的小河和海子干枯了的沙漠里，发现了地下水，不远处躺着一峰死了的骆驼。是那峰被人们认为失踪了的骆驼，它找到了地下水，然后便一直在那儿等牧民。但牧民们却一直没有过去，它饿死在了那里。

● 王族，原籍甘肃天水，1991年年底入伍西藏阿里，现居乌鲁木齐。系中国作家协会会员，鲁迅文学院高研班学员。出版有散文集《兽部落》《藏北的事情》《上帝之鞭》《第一页》《大雪的挽留》《食为天》；长篇散文《悬崖乐园》《图瓦之书》；非虚构三部曲《狼》《鹰》《骆驼》；小说集《十三狼》《狼殇》，长篇小说《狼苍穹》《玛纳斯河》等50余部作品。曾获三毛散文奖、在场散文奖、林语堂散文奖、华语文学传媒奖提名等。有作品翻译成英、日、法、德、意、俄、韩等文字在海外出版。

> 凄风浙沥飞严霜，苍鹰上击翻曙光。云披雾裂虹蜺断，霹雳掣电捎平冈。
>
> ——［唐］柳宗元《笼鹰词》

班公湖边的鹰

王　族

几只鹰在山坡上慢慢爬动着。我第一次见到爬行的鹰，有些好奇，便尾随其后，想看个仔细。它们爬过的地方，沙土被它们翅上流下的水沾湿。回头一看，湿湿的痕迹是从班公湖边一直延伸过来的，在晨光里像一条明净的丝带。我想，鹰可能在湖中游水或者洗澡了，所以从湖中出来后，身上的水把爬过的路也弄湿了。常年在昆仑山上生存的人有一句调侃的谚语：死人沟里睡过觉，班公湖里洗过澡。这是他们对那些没上过昆仑山人的炫耀，高原七月飞雪，湖水一夜间便可结冰，若是下湖，恐怕便不能再爬上岸。

班公湖是个奇迹。在海拔四五千米的高原上，粗糙的山峰环绕起伏，而一个幽蓝的湖泊在中间安然偃卧，与苍凉干燥的高原相对比，这个湖显得很美，太阳升起时，湖面便扩散和聚拢着片片刺目的光亮，远远地，人便被这片光亮裹住，有眩晕之感。

这几只鹰已经离开了班公湖，正在往一座山的顶部爬着。平时，鹰都是高高在上，在蓝天中将翅膀凝住不动，像尖利的刀剑一样刺入远方。人不可能接近鹰，所以鹰对于人来说，则是一种精神的依靠。据说，西藏的鹰来自雅鲁藏布大峡谷，它们在江水激荡的涛声里长大，在内心听惯了大峡谷的音乐，因而便养成了一种要永远飞翔的习性。它们长大以后，从故乡的音乐之中翩翩而起，向远处飞翔。大峡谷在它们身后渐渐疏远，随之出现的就是这无比高阔遥远的高原。它们苦苦地飞翔，苦苦地寻觅故乡飘远的音乐……在狂风大雪中，它们享受着顽强飞翔的欢乐；它们在寻找中变得更加消瘦，思念一日日俱增，爱变成了没有尽头的苦旅。

而现在，几只鹰拖着臃肿的躯体在缓慢地往前挪动，两只翅膀散在地上，像一件多余的东西。细看，它们翅上的羽毛稀疏而又粗糙，上面淤结着厚厚的污垢。在羽毛的根部，有半褐半赤的粗皮在堆积，没有羽毛的地方裸露着褐红的皮肤，像是刚被刀剔开一样。已经很长时间了，晨光也变得越来越明亮，但它们的眼睛全都闭着，头颅缩了回去，显得麻木而沉重。

几只鹰就这样缓缓向上爬着。我想这是不是几只被什么打败、浑身落满了岁月尘灰的鹰，只有在低处，我们才能看见它们苦难与艰辛的一面。人不能上升到天空，只能在大地上安居，而以天空为家园的鹰一旦从天空降落，就必然要变得艰难困苦吗？我跟在它们后面，一旦伸手就可以将它捉住，但我没有那样做。几只陷入苦难中的鹰，是与不幸的人一样的。一只鹰在努力往上爬的时候，显得吃力，以致爬了好几次，仍不能攀上那块不大的石头。我真想伸出手推它一把，而就在那一刻，我看到了它眼中的泪水。鹰的泪水，是多么屈辱啊，那分明是陷入苦难后的扭曲。

山下，老唐和金工在叫，但我不想下去，我想跟着这几只鹰再走远一点。我有几次忍不住想伸出手扶它们一把，帮它们把翅膀收回。如果可以，我宁愿帮它们把身上的脏东西洗掉，弄些吃的东西来将它们精心喂养，好让它们有朝一日重上蓝天。只有天空，才是它们生命的家园。老唐等不住了，按响了车子的喇叭，鹰没有受到惊吓，也没有加快速度，仍旧麻木地往上爬着。十几分钟后，几只鹰终于爬上了山顶。它们慢慢靠拢，一起爬上一块平坦的石头。过了一会儿，它们慢慢开始动了——敛翅、挺颈、抬头，站立起来。片刻之后，忽然一跃而起，直直地飞了出去！

它们飞走了！不，是射出去了！几只鹰在一瞬间，恍若身体内部的力量迸发了一般，把自己射出去了。太神奇了，完全出乎我的意料。几只鹰转瞬间已飞出去很远。在天空中，仍旧是我们所见的那种样子，翅膀凝住不动，沉稳地刺入云层，如若锋利的刀剑。远处是更宽大的天空，它们飞掠而入，班公湖和众山峰皆在它们的翅下。

这就是神遇啊！

我脚边有几根它们掉落的羽毛，我捡起，紧紧抓在手中，有一种拥握着神圣之物的感觉。

下山时，我内心无比激动。

鹰是从高处起飞的。

《护生画集》之重生

道旁有二柳，枝叶何稠密。八月飓风吹，一柳当腰折。光干一二丈，立尽三冬雪。谁知春风来，干上嫩芽出。行人皆歌颂，天地好生德。（朱雀诗）

> 我不仅要了解与被称之为人类的生灵之间的友谊和平等，而且还要了解与所有生灵之间的平等，甚至是与地上爬的动物之间的。
>
> ——甘地（印度国父）

离春天只有二十公分的雪兔

李 娟

有一个冬天的雪夜，我们围着火炉很安静地干活，偶尔说一些远远的事情。这时门开了，一个人挟着浓重的寒气进来了。我们问他干什么，这个看起来挺老实的人说："你们要不要黄羊？"

"黄羊？"我们吃了一惊。

"对，活的黄羊。"

我妈就立刻开始和建华她们讨论羊应该圈在什么地方。我还没反应过来，她们已经商量好养在煤棚里了。

然后她转身问那个老实人："最低多少钱卖？"

"十块钱。"

黄羊名字里虽说有个"羊"字，其实是像鹿一样美丽的野生动物，体态比羊大多了。

我也立刻支持。

见我们一家人都高兴成这样，那个老实人也满意极了，甚至还有些骄傲的样子。

给了钱后我们全家都高高兴兴跟着他出去牵羊。门口的雪地上站着个小孩子，怀里鼓鼓的，外套里裹着个东西。

"啊，是小黄羊呀。"

小孩把外套慢慢解开。

"啊，是白黄羊呀？"

……

事情就这样，那个冬天的雪夜，我们糊里糊涂用十块钱买回一只野兔子。

不管怎么说，我们还是挺喜欢这只兔子的，不愧是十块钱买的，比别人家那些三四块钱的可是大得多了，跟个羊羔似的。

而且，它还长着蓝色的眼睛呢！这种兔子又叫雪兔，它的确是像雪一样白的，白得发亮。而且听说到天气暖和的时候，它的毛色还会渐渐变成灰土黄色的，这样，在戈壁滩上跑着的时候，就不那么扎眼了。

《护生画集》之小白兔

我是小白兔，寄居在人群，身上有长毛，质比羊毛精。
年年被人剪，日日产量增，织成线衫裤，衣被及群生。
夺我身上暖，我决不怨人，但愿屠刀锋，免得试我身。（惟光诗）

我们找了一个铁笼子，把它扣在煤棚的角落里，每天都跑去看它很多次，它总是安安静静地待在那儿，永远都在慢慢地啃那半个给冻得硬硬了的胡萝卜头。我外婆跑得更勤，有时候还会把货架上卖的爆米花偷去拿给它吃，还悄悄地对它说："兔子兔子，你一个人好可怜啊……"我在外面听见了，鼻子一酸，突然也觉得这兔子真的好可怜。又觉得外婆也好可怜……天气总是那么冷，她只好整天穿得厚厚的，鼓鼓囊囊的，紧紧偎在火炉边，哪也不敢去。自从兔子来了以后，她才在商店和煤棚之间走动走动。

我们一点儿也不亏待它，我们吃什么它也吃什么，很快就把它养得胖胖懒懒的，眼珠越发亮了，幽蓝幽蓝的。要是这时有人说出"你们家兔子炒了够吃几顿几顿"这样的话，我们一定恨死他。

我们都太喜欢这只兔子了，我妈常常把手从铁笼子的铁丝缝里伸进去，慢慢地抚摸它柔顺乖巧的身子，它就轻轻地发抖，深深地把头埋下，埋在两条前爪中间，并把两只长耳朵平平地放了下来。

一天一天过去，冬天最冷的时候已经过去。我们也惊奇地注意到白白的雪兔身上，果真一天天、一根根地扎出了灰黄色的毛来——它比我们更先、更敏锐地感觉到了春天的来临。

就在这样一个时候，突然有一天，这只性格抑郁的兔子终于还是走掉了。我们全家人真是又失望又奇怪又难过。

我们出去在院子周围细细地寻找，一直找到很远的地方。好长时间过去了，每天出门时，仍不忘在雪堆里四处瞧瞧。我们还在家门口显眼的地方放了块白菜，希望它看到后能够回家。

那个空空的铁笼子也一直空罩在原地……

后来，它居然又重新在笼子里冒出来了……

那时候差不多已经过去一个月了，我们都把老棉衣换下来了，一身轻松地干这干那。我们还把煤棚好好地拾掇了一下，把塌下来的煤堆重新码了码。

就在这时，我们又重新看到了兔子。

我们过来过去好几天，才慢慢注意到里面似乎有个活物，它一动不动蜷在铁笼子最里面，定睛仔细地看，这不是我们的兔子是什么！它浑身原本光洁厚实的皮毛已经给蹭得稀稀拉拉的，身上又潮又脏，眉目不清的。我伸手进去摸了一下——一把骨头，只差没散开了。不知道还有没有气，看上去这身体也丝毫没有因呼吸而起伏的感觉。我飞奔去商店找我妈，我妈也急急跑来看——"呀，它怎么又回来了？它怎么回来的？……"

我远远地看着她小心地把兔子弄出来，然后用温水触它的嘴，诱它喝下去，又想办法让它把早上剩下的稀饭吃下去。

好在后来，这兔子还是挣扎着活了过来，而且还比之前更壮实了一些，五月份时，它的皮毛完全换成土黄色的了，在院子里高高兴兴地跑来跑去，追着我外婆要吃的。

现在再来说到底是怎么回事——我们用来罩住兔子的铁笼子只有五面，一面是空的，而且又靠着墙根，于是兔子就开始在那里打洞——煤棚又暗，乱七八糟地堆满了破破烂烂的东西，谁知道铁笼子后面黑咕隆咚的地方还有一个洞呢？我们还一直以为兔子是从铁笼子最宽的那道栅栏处挤出去跑掉的呢。

那个洞很窄的，也就手臂粗吧，我就把手伸进去探了探，又手持掏炉子的炉钩进去探了探，居然都探不到头！后来，他们用了更长的一截铁丝捅进去，才大概地估计出这个小隧道可能有两米多长，沿着隔墙一直向东延伸，已经打到大门口了，恐怕再有二十公分，就可以出去了……

我真的想象不到——当我们围着温暖的饭桌吃饭，当我们过完一天，开始进入梦乡……那只兔子，如何孤独地在黑暗冰冷的地下一点一点，忍着饥饿和寒冷，坚持重复一个动作——通往春天的动作……整整一个月，没有白天黑夜。我不知道在这一个月里，它一次又一次独自面对过多少的最后时刻……在绝境中，在时间的安静和灵魂的安静中，它感觉着春天一点一滴地来临……整整一个月……有时候它也会回到笼子里，回来看看这里有没有什么吃的，没有的话，就攀着栅栏，啃放在铁笼子上的纸箱子，嚼煤渣（被发现时，它的嘴脸和牙齿都黑黑的）……可是我们却什么也不知道……甚至当它已经奄奄一息了好几天后，我们才慢慢注意到。

都说兔子胆小，可我们所知道的是，兔子其实是勇敢的，它的生命里没有惊恐的内容。无论是沦陷，是被困，还是逃生，或者饥饿、绝境，直到奄奄一息，它始终那么平静淡然。它发抖，挣扎，不是因为害怕，而仅仅是因为它不能明白一些事情而已。

我们也生活得多孤独啊！虽然春天已经来了……当兔子满院子跑着撒欢，两只前爪抱着我外婆的鞋子像小狗一样又啃又拽——它好像什么都不记得了！它总是比我更轻易去抛弃不好的记忆，所以总是比我们更多地感觉着生命的喜悦。

《护生画集》之生机

小草出墙腰，亦复饶佳致。我为勤灌溉，欣欣有生意。

● 李娟，1979年出生于新疆生产建设兵团，籍贯四川乐至，中国当代作家。1999年开始写作，曾在《南方周末》《文汇报》等报纸开设专栏。2003年出版首部散文集《九篇雪》。2010年出版散文集《阿勒泰的角落》。2011年获茅台杯人民文学奖"非虚构奖"。2012年相继出版长篇散文《冬牧场》与《羊道》系列散文。2017年出版散文集《遥远的向日葵地》，获第七届鲁迅文学奖散文奖。

> 鸡有五德：首带冠，文也；足搏距，武也；敌敢斗，勇也；见食相呼，仁也；守夜不失，信也。
>
> ——［西汉］韩婴《韩诗外传》

一只芦花鸡的生命奇迹

［美］曹明华

那还是十年前在中国，冬天，我们家院子里养的一只芦花鸡突然失踪了。阿婆找了很久，后来断定不是被人偷去就是它自己不小心钻出院子，走丢了。

后来，接连下了几天几夜的暴雨，再后来又下起了大雪。冰封雪冻，我们通往院子的那扇门也不再轻易地打开了。两个多星期后的一天，天空初晴。阿婆撒了几粒米在院子里供躲过风雪后的麻雀来吃。突然看见有一只蛇头似的东西从一块大石头下面伸出来，一伸一伸地……阿婆生平最怕蛇，便惊叫起来！

等大家赶来，挪开大石头，才发现是芦花鸡！原来它从较大缝隙的一端钻进去，想从较小缝隙那一头钻出来时，整个身体被卡住了。它愈挣扎，被卡得愈紧，最后脖子卡得连声音都发不出了。

整个鸡已经脱了形，只剩下皮和骨头。它已经不会走路，只会在地上滚了。但第一个本能，便是滚过去啄地上那几粒米。

它应该早已饿死，或者冻僵了。但是居然奇迹般地活了下来。我们都不能想象在那十几个风雪交加的日日夜夜中，对这只芦花鸡来说，都发生了些什么。它经历了挣扎？绝望？被围墙边猛烈的西北风吹得足以把一只鸡"风干"，靠喝雪水消耗尽浑身的脂肪和肌肉，被泡在冰水里，然后晕过去，又醒过来，再晕过去……也许闻到了米粒的香味再最后一次苏醒过来拼尽残存的一丝力气作最后一息挣扎……总而言之，我们全家一致认为芦花鸡是一位鸡中英雄！

更为奇迹的是，它在此后不久便恢复了体力，并开始下蛋。

大约经历过巨大磨难的机体生命力非同一般地旺盛吧，芦花鸡居然从此每天生一只"双黄蛋"！

《护生画集》之褓负其子

母鸡有群儿，一儿最偏爱，娇痴不肯行，常伏母亲背。（子恺补题）

令我十余年后还有冲动讲出这段故事的，倒不是芦花鸡本身，而是阿婆事后说的一句话："唉，幸亏是只鸡呵，要是个人的话，他可要把这段经历翻过来覆过去有得好讲喽！"

妹妹补充一句："要是个名人的话，更不得了喽！"

于是，芦花鸡创造的这段生命的奇迹，只被我们这一家吃它蛋的，并进一步预备整个吃掉它的人赞美和感叹一番。

● 曹明华，上海籍作家。1985年毕业于上海交通大学生物医学工程系。1990年赴美留学，获南加州大学神经老化分子学硕士学位。大学期间曾出版《一个女大学生的手记》，获全国优秀作品奖和畅销书奖。赴美后曾出版《世纪末，在美国》《生命科学手记》等书。目前在美国加州生活和工作。

世界上有一种最美丽的声音，那便是母亲的呼唤。

——但丁（意大利中世纪诗人、欧洲文艺复兴时代的开拓者）

母　鸡

老　舍

　　一向讨厌母鸡。不知怎样受了点惊恐。听吧，它由前院嘎嘎到后院，由后院嘎嘎到前院，没完没了，而并没有什么理由；讨厌！有时候，它不这样乱叫，可是细声细气的有什么心事似的，颤颤巍巍地，顺着墙根，或沿着田坝，那么扯长了声如怨如诉，使人心中立刻结起个小疙瘩来。

　　它永远不反抗公鸡。可是，有时候却欺侮那最忠厚的鸭子。更可恶的是，它遇到另一只母鸡的时候，它会下毒手，乘其不备，狠狠地咬一口，咬下一撮毛来。

　　到下蛋的时候，它差不多是发了狂，恨不能让全世界都知道它这点成绩，就是聋子也会被它吵得受不下去。

　　可是，现在我改变了心思，我看见一只孵出一群小雏鸡的母亲。

　　不论是在院子里，还是在院子外，它总是挺着脖儿，表示出世界上并没有可怕的东西。一个鸟儿飞过，或是什么东西响了一声，它立刻警戒起来，歪着头儿听；挺着身子预备作战；看看前，看看后，咕咕地警告鸡雏要马上集合到它身边来！

　　当它发现了一点可吃的东西，它咕咕地紧叫，啄一啄那个东西，马上便放下，叫它的儿女吃。结果，每一只鸡雏的肚子都圆圆地下垂，像刚装了一两个汤圆儿似的，它自己却消瘦了许多。假如有的大鸡来抢食，它一定出击，把它们赶得老远，连大公鸡也怕它三分。

　　它教给鸡雏们啄食，掘地，作土洗澡；一天教多少次。它还半蹲着——我想这是相当劳累的——叫它们挤在它的翅下、胸下，得一点温暖。它若伏在地上，鸡雏们有的便爬到它的背上，啄它的头或其他的地方，它一声也不哼。

《护生画集》之推食

母鸡得美食，啄啄呼小鸡，小鸡忽然集，
团团如黄葵，母鸡忍饥立，得意自欢嬉。（子恺补题）

在夜间若有什么动静，它便放声啼叫，顶尖锐、顶凄惨，使任何贪睡的人也得起来看看，是不是有了黄鼠狼。

它负责、慈爱、勇敢、辛苦，因为它有了一群鸡雏。它伟大，因为它是鸡母亲。一个母亲必定就是一位英雄。

我不敢再讨厌母鸡了。

● 老舍（1899—1966），原名舒庆春，字舍予，北京满族正红旗人。中国现代著名小说家、剧作家、语言大师，新中国第一位获得"人民艺术家"称号的作家。享誉世界的代表作有小说《骆驼祥子》《四世同堂》、话剧《茶馆》《龙须沟》等。

何事春郊杀气腾，疏狂游子猎飞禽。劝君莫射南来雁，恐有家书寄远人。

——［唐］杜牧《远书》

致 大 雁

赵丽宏

一

在澄澈如洗的晴空里，你们骄傲地飞翔……

在乌云密布的天幕上，你们无畏地向前……

在风雨交加的征途中，你们欢乐地歌唱……

秋天——向南；春天——向北……

仰起头，凝视你神奇的雁阵，我总会有一阵微微的激动。有许多奇妙的联想，有一些难以得到解答的疑问……

大雁啊，南来北去的大雁，你们愿意在我的窗前小作停留，和我谈谈吗？

二

有人说你们怯懦——

是为了逃避严寒，你们才赶在第一片雪花飘落之前，迎着深秋的风，匆匆地离开北国，飞向南方……

是为了躲开酷暑，你们才赶在夏日的炎阳烤焦大地之前，沐浴着暮春的雨，急急地离开南方，飞向北国……

是怯懦吗？

　　为了这一份"怯懦"，你们将飞入漫长而又曲折的征途，等待你们的是峻峭的高山，是茫茫的森林，是湍急的江河，是暴风骤雨，是惊雷闪电，是无数难以预料的艰难和险阻……然而你们起程了，没有半点迟疑，没有一丝畏缩，昂起头颅，展开翅膀，高高地飞上天空，满怀信心地遥望着前方……

　　是什么力量，驱使你们顽强地作着这样长途的飞行？是什么原因，使你们年年南来北往，从不误期？

　　是曾经有过山盟海誓的约会吗？

　　是为了寻找稀世的珍宝吗？

　　告诉我，大雁，告诉我……

三

　　如果可能，我真想变成一片长满芦苇的湖泊，铺展在你们的征途中。夜晚，请你们停留在我的怀抱里，我要听听你们喁喁私语；听你们倾吐遥远的思念和向往，诉说征程中的艰辛和欢乐……

　　如果可能，我也想变成一棵枝叶蓊郁的大树，屹立在你们的宿营地，让你们在我的丛生的臂膀上栖息。也许，当我的温柔的绿叶梳理过你们风尘仆仆的羽毛，掸落你们翅膀上的雨珠灰土之后，你们会向我一吐衷曲，告诉我许多不为世人所知的隐秘和奇遇……

　　当然，我也想变成你们中间的一员，变成一只大雁。我要紧跟着你们勇敢的头雁，看它是如何率领着雁阵远走高飞的。我要看看——

　　在扑面而来的狂风之中，你们是如何尖厉地呼号着，用小小的翅膀，搏击强大的风魔……

　　在倾盆而下的急雨之后，你们是如何微笑着抖落满身水珠，重新蹿入云空……

　　在突然出现的秃鹫袭来之时，你们是如何严阵以待，殊死相搏……

四

　　猛烈凶暴的飓风和雷电，曾经使你们的伙伴全军覆没。

　　我知道你们曾悲哀，你们曾流泪，然而你们会后悔吗？你们会因此而取消来年的旅程，因此而中断你们的追求吗？

　　不会的！不会的！

　　当春风再度吹绿江南柳丝的时候，你们威严的阵容，便又会出现在辽阔的天幕上，向北，向北……

　　当秋风再度熏红塞外柿林的时候，你们欢乐的歌声，便又会飘漾在湛蓝的晴空里，向南，向南……

　　你们怎么会后悔呢！你们的追求，千年万载地延续着，从未有过中断！

《护生画集》之"问世间情是何物，直教生死相许（元好问词句）"

　　元裕之好问，于金泰和乙丑赴试并州。道逢捕雁者捕得二雁，一死，一脱网去。其脱网者，空中盘旋哀鸣，亦投地死。裕之遂以金赎得二雁，瘗汾水旁，垒石为识，号曰"雁邱"。（《虞初新志》）

　　我想象你们刚刚啄破蛋壳的雏雁，当你们大张着小嘴嗷嗷待哺的时候，也许就开始聆听父母叙述那遥远的思念，解释那永无休止的迁徙的意义了。而当你们第一次展开腾飞的翅膀，父母们便要带着你们去长途跋涉了……

　　我想象你们耗尽了精力的老雁，当秋风最后一次抚摩你们衰弱的翅膀，当大地最后一次向你们展示亲切的面容，当后辈们诀别你们列队重上征程，你们大概会平静地贴紧了泥土，安心地闭上眼睛的——你们是在追求中走完了生命之路啊！

　　大雁，渺小而又不凡的候鸟家族啊，请接受我的敬意！

五

　　雁阵又出现在湛蓝的晴空里。

　　我站在地上，离你们那么遥远。然而我觉得离你们很近。我的思绪，常常会跟着你们远走高飞……真的，我真想像你们一样，为了心中的信念，毕生飞翔，毕生拼搏。

　　● 赵丽宏，1952年出生于上海。种过田，当过教师。毕业于华东师范大学中文系。现为中国作家协会全国委员会委员、上海作家协会副主席、《上海文学》杂志社社长、华东师范大学兼职教授、全国政协委员。著有散文集《生命草》《爱在人间》《寻找玛雅人的足迹》《在岁月的荒滩上》《读书是永远的》《唯美之舞》《日晷之影》《闻乐札记》，诗集《珊瑚》《抒情诗151首》，报告文学集《心画》等60余部著作。作品曾数十次在海内外获奖，散文集《诗魂》获中国新时期优秀散文集奖，《日晷之影》获首届冰心散文奖。

人类根本不是万物之冠，每种生物都与他并列在同等完美的阶段上。

——尼采（德国哲学家、思想家）

海 燕

［苏联］高尔基

戈宝权 译

在苍茫的大海上，狂风卷集着乌云。在乌云和大海之间，海燕像黑色的闪电，在高傲地飞翔。

一会儿翅膀碰着波浪，一会儿箭一般地直冲向乌云，它叫喊着，——就在这鸟儿勇敢的叫喊声里，乌云听出了欢乐。

在这叫喊声里——充满着对暴风雨的渴望！在这叫喊声里，乌云听出了愤怒的力量、热情的火焰和胜利的信心。

海鸥在暴风雨来临之前呻吟着——呻吟着，它们在大海上飞窜，想把自己对暴风雨的恐惧，掩藏到大海深处。

海鸭也在呻吟着——它们这些海鸭啊，享受不了生活的战斗的欢乐：轰隆隆的雷声就把它们吓坏了。

蠢笨的企鹅，胆怯地把肥胖的身体躲藏在悬崖底下……只有那高傲的海燕，勇敢地，自由自在地，在泛起白沫的大海上飞翔！

乌云越来越暗，越来越低，向海面直压下来，而波浪一边歌唱，一边冲向高空，去迎接那雷声。

雷声轰响。波浪在愤怒的飞沫中呼叫，跟狂风争鸣。看吧，狂风紧紧抱起一层层巨浪。恶狠狠地把它们甩到悬崖上，把这些大块的翡翠摔成尘雾和碎末。

海燕叫喊着，飞翔着，像黑色的闪电，箭一般地穿过乌云，翅膀掠起波浪的飞沫。

看吧，它飞舞着，像个精灵——高傲的、黑色的暴风雨的精灵——它在大笑，它又在号叫……它笑那些乌云，它因为欢乐而号叫！

这个敏感的精灵——它从雷声的震怒里，早就听出了困乏，它深信，乌云遮不住太阳——是的，遮不住的！

狂风吼叫……雷声轰响……

一堆堆乌云，像青色的火焰，在无底的大海上燃烧。大海抓住闪电的箭光，把它们熄灭在自己的深渊里。这些闪电的影子，活像一条条火蛇，在大海里蜿蜒游动，一晃就消失了。

——暴风雨！暴风雨就要来啦！

这是勇敢的海燕，在怒吼的大海上，在闪电中间，高傲地飞翔；这是胜利的预言家在叫喊：

——让暴风雨来得更猛烈些吧！

《护生画集》之眠鸥让客

入夜始维舟，黄芦古渡头。眠鸥知让客，飞过蓼花洲。（真山民诗）

● 马克西姆·高尔基（Maxim Gorky，1868—1936），苏联作家、诗人、评论家、政论家、学者。代表作有《海燕》《母亲》《童年》《在人间》《我的大学》等。1934年当选为苏联作家协会主席。

● 戈宝权（1913—2000），江苏东台人。1932年肄业于上海大夏大学（今华东师范大学）。著名外国文学研究家、翻译家、苏联文学专家，也是新中国成立后派往国外的第一位外交官。他将普希金介绍到中国。他翻译的苏联作家高尔基的名篇《海燕》被列入中国中学语文教材。

咫尺春三月，寻常百姓家。为迎新燕入，不下旧帘遮。翅湿沾微雨，泥香带落花。巢成雏长大，相伴过年华。

——［宋］葛天民《迎燕》

海　燕

郑振铎

　　乌黑的一身羽毛，光滑漂亮，积伶积俐，加上一双剪刀似的尾巴，一对劲俊轻快的翅膀，凑成了那样可爱的活泼的一只小燕子。当春间二三月，轻飔微微地吹拂着，如毛的细雨无因地由天上洒落着，千条万条的柔柳，齐舒了它们的黄绿的眼，红的白的黄的花，绿的草，绿的树叶，皆如赶赴市集者似的奔聚而来，形成了烂漫无比的春天时，那些小燕子，那么伶俐可爱的小燕子，便也由南方飞来，加入了这个隽妙无比的春景的图画中，为春光平添了许多的生趣。小燕子带了它的双剪似的尾，在微风细雨中，或在阳光满地时，斜飞于旷亮无比的天空之上，唧的一声，已由这里稻田上，飞到了那边的高柳之下了。再几只却隽逸地在粼粼如縠纹的湖面横掠着，小燕子的剪尾或翼尖，偶沾了水面一下，那小圆晕便一圈一圈地荡漾开去。那边还有飞倦了的几对，闲散地憩息于纤细的电线上——嫩蓝的春天，几支木杆，几痕细线连于杆与杆间，线上停着几个粗而有致的小黑点，那便是燕子。那是多么有趣的一幅图画呀！还有一个个的快乐家庭，他们还特地为我们的小燕子备了一个两个小巢，放在厅梁的最高处，假如这家有了一个匾额，那匾后便是小燕子最好的安巢之所。第一年，小燕子来住了，第二年，我们的小燕子，就是去年的一对，它们还要来住。

　　"燕子归来寻旧垒。"

　　还是去年的主，还是去年的宾，他们宾主间是如何地融融泄泄呀！偶然的有几家，小燕子却不来光顾，那便很使主人忧戚，他们邀召不到那么隽逸的嘉宾，每以为自己运命的蹇劣呢。

这便是我们故乡的小燕子，可爱的活泼的小燕子，曾使几多的孩子们欢呼着，注意着，沉醉着，曾使几多的农人、市民们忧戚着，或舒怀地指点着，且曾平添了几多的春色，几多的生趣于我们的春天的小燕子！

如今，离家是几千里！离国是几千里！托身于浮宅之上，奔驰于万顷海涛之间，不料却见着我们的小燕子。

这小燕子，便是我们故乡的那一对，两对么？便是我们今春在故乡所见的那一对，两对么？

见了它们，游子们能不引起了，至少是轻烟似的，一缕两缕的乡愁么？

《护生画集》之衔泥带得落花归

一年社日都忘了，忽见庭前燕子飞。禽鸟也知勤作室，衔泥带得落花归。

（清 吕霜诗）

海水是皎洁无比的蔚蓝色，海波平稳得如春晨的西湖一样，偶有微风，只吹起了绝细绝细的千万个粼粼的小皱纹，这更使照晒于初夏之太阳光之下的、金光灿烂的水面显得温秀可喜。我没有见过那么美的海！天上也是皎洁无比的蔚蓝色，只有几片薄纱似的轻云，平贴于空中，就如一个女郎，穿了绝美的蓝色夏衣，而颈间却围绕着一段绝细绝轻的白纱巾。我没有见过那么美的天空！我们倚在青色的船栏上，默默地望着这绝美的海天；我们一点杂念也没有，我们是被沉醉了，我们是被带入晶莹的天空中了。

就在这时，我们的小燕子，二只，三只，四只，在海上出现了。它们仍是隽逸从容地在海面上斜掠着，如在小湖面上一样；海水被它的似剪的尾与翼尖一打，也仍是连漾了好几圈圆晕。小小的燕子，浩莽的大海，飞着飞着，不会觉得倦么？不会遇着暴风疾雨么？我们真替它们担心呢！

小燕子却从容地憩着了。它们展开了双翼，身子一落，落在海面上了，双翼如浮圈似的支持着体重，活是一只乌黑的小水禽，在随波上下地浮着，又安闲，又舒适。海是它们那么安好的家，我们真是想不到。

在故乡，我们还会想象得到我们的小燕子是这样的一个海上英雄么？

海水仍是平贴无波，许多绝小绝小的海鱼，为我们的船所惊动，群向远处窜去；随了它们飞窜着，水面起了一条条的长痕，正如我们当孩子时用瓦片打水漂在水面所划起的长痕。这小鱼是我们小燕子的粮食么？

小燕子在海面上斜掠着，浮憩着。它们果是我们故乡的小燕子么？

啊，乡愁呀，如轻烟似的乡愁呀！

● 郑振铎（1898—1958），现代作家、文学史家、考古学家。1920年与沈雁冰、叶绍钧等人发起成立"文学研究会"并主编"文学研究会"机关刊物《文学周刊》。1923年接替沈雁冰主编《小说月报》。抗战爆发后参与发起"上海文化界救亡协会"，创办《救亡日报》。抗战胜利后参与发起组织"中国民主促进会"，创办《民主周刊》。1949年以后历任国家文物局局长，中国科学院考古研究所所长、文学研究所所长，文化部副部长，中国民间研究会副主席等职。主要著作有短篇小说集《家庭的故事》《桂公塘》，散文集《山中杂记》，专著《文学大纲》《插图本中国文学史》《中国通俗文学史》《中国文学论集》《俄国文学史略》等。1958年10月18日，在率中国文化代表团出国访问途中因飞机失事殉难。

> 每只猫都是一件杰作。
>
> ——达·芬奇（意大利文艺复兴时期最完美的代表）

我的猫是一个诗人

徐志摩

我的猫，她是美丽与健壮的化身，今夜坐对着新生的发珠光的炉火，似乎在讶异这温暖的来处的神奇。我想她是倦了的，但她还舍不得就此卧下去闭上眼睛，真可爱是这一旺的红艳。她蹲在她的后腿上，两条前腿静穆地站着，像是古希腊庙楹前的石柱，微昂着头，露出一片纯白的胸膛，像是西伯利亚的雪野。她有时也低头去舔她的毛片，她那小红舌灵动得如同一剪火焰。但过了好多时她还是壮直地坐望着火。我不知道她在想些什么，但我想她，这时候至少，决不在想她早上的一碟奶，或是暗房里的耗子，也决不会想到屋顶上去作浪漫的巡游，因为春时已经不在。我敢说，我不迟疑地替她说，她是在全神地看，在欣赏，在惊奇这室内新来的奇妙——火的光在她的

《护生画集》之解放

至诚所感，金石为开。至仁所感，猫鼠相爱。（学童补题）

眼里闪动，热在她的身上流布，如同一个诗人在静观一个秋林的晚照。我的猫，这一晌至少，是一个诗人，一个纯粹的诗人。

《护生画集》之只影向谁去

元好问云："太和五年乙丑岁，予赴试并州。道逢捕雁者云：'今日获一雁，杀之矣。其脱网者，悲鸣不能去，竟自投于地而死。'予因买得之，葬之汾水之上。累石为识，号曰'雁邱'。"并作《雁邱词》：问世间，情是何物？直教生死相许。天南地北双飞客，老翅几回寒暑。欢乐趣，别离苦，就中更有痴儿女。君应有语，渺万里层云，千山暮雪，只影向谁去？横汾路，寂寞当年箫鼓，荒烟依旧平楚。招魂楚些何嗟及，山鬼暗啼风雨。天也妒，未信与，莺儿燕子俱黄土。千秋万古，为留待骚人，狂歌痛饮，来访雁邱处。

● 徐志摩（1897—1931），现代诗人、散文家。有《再别康桥》《翡冷翠的一夜》等新月派代表诗作。浙江海宁市硖石镇人。先后就读于上海沪江大学、天津北洋大学和北京大学。后赴美国哥伦比亚大学和英国剑桥大学求学。在剑桥两年深受西方教育的熏陶及欧美浪漫主义和唯美派诗人的影响，奠定其浪漫主义诗风。1923年成立新月社。1924年起先后任北京大学、南京中央大学教授。1930年应胡适之邀，再任北京大学教授，兼北京女子师范大学教授。1931年11月19日，搭乘邮政飞机北上，途中不幸罹难。

猫并不只是一只猫而已。

——［英］多丽丝·莱辛（诺贝尔文学奖获得者及著名猫奴）

狮子——悼志摩

胡 适

狮子蜷伏在我的背后

软绵绵的他总不肯走

我正要推他下去

忽然想起了死去的朋友

一只我拍着打呼的猫

两滴眼泪湿了衣袖

"狮子，你好好地睡罢，

你也失掉了一个好朋友"……

【胡注】狮子是志摩住我家时最喜欢的猫。

● 胡适（1891—1962），字适之。思想家、文学家、哲学家。安徽绩溪人。以倡导"白话文"、领导新文化运动闻名于世。他于1917年发表的白话诗是现代文学史上第一批新诗。1938—1942年出任中华民国驻美大使。1939年获得诺贝尔文学奖提名。1946—1948年任北京大学校长。1957年始任台湾"中央研究院"院长。一生学术活动主要在文学、哲学、史学、考据学、教育学、红学几个方面，主要著作有《中国哲学史大纲》（上）、《尝试集》、《白话文学史》（上）和《胡适文存》（四集）等。

在狗身上，我找到了安慰、欢乐以及与世界沟通的桥梁。

——卡洛琳·柯奈普（美国作家）

狗　赞

［美］乔治·格雷厄姆·维斯特

祖述宪 译

陪审团诸君：在这个世界上，一个人的至友可能与他反目成仇；他用大爱养育的儿女可能忤逆不孝。我们至亲至爱的人，亦即我们以幸福和荣誉相托的那些人，可能背叛其承诺。一个人所拥有的金钱可能丧失，或许就在最急需的时候不翼而飞。一个人的名望，在瞬间可能因举止失察而一落千丈。那些在我们成功时向我们卑躬屈膝、阿谀奉承的人，在我们运交华盖时，或许首先对我们落井下石。

在这个自私自利的世界上，一个人可能拥有的一个绝对无私的朋友，亦即一个永不离弃、永不忘恩负义的朋友，就是他的狗。

《护生画集》之忠仆

六畜之中，有功于世而无害于人者，惟牛与犬，尤不可食。（《人谱》）

陪审团诸君：一个人无论富有还是贫穷，健康还是疾病缠身，他的狗都会与他在一起。不管寒风刺骨、大雪纷飞，只要有主人在侧，狗都会睡在冰冷的地上。当主人两手空空，一无所有，狗也会亲吻他的手，舔舐主人那来自艰难世事的创伤。狗儿守护着乞丐主人，让他安然进入梦乡，仿佛他就像王子一样。在所有的朋友都离他而去时，狗却一如既往。当他财富散尽，声名尽失，狗对他的爱如日月经天，恒久如常。即使命运将主人逐出家园，孤苦伶仃，在世界上流浪，狗却依然忠诚，陪护他克险御敌，别无奢求。当人生最后落幕，死神降临，他的遗体被埋葬在冷冰冰的地下，不管所有其他亲友是否各奔东西，但你会发现那高贵的狗，依然在主人的墓旁。它的头伏在两前足之间，眼睛里充满悲伤，但仍然圆睁，注视四方，忠贞不渝，甚至直到死亡。

故事梗概：1870年，美国密苏里州沃伦斯堡伯登先生家的一个叫作"老鼓"的心爱猎犬，因进入邻居领地，被其主人霍恩斯比枪杀。伯登立即将霍恩斯比告上法庭。开庭审判很快成为当地历史上最奇特的新闻，双方都决心打赢这场官司。经过多次上诉，案子最终送到密苏里州最高法院。时任参议员的乔治·格雷厄姆·维斯特，在终审的陪审团前所作的《狗赞》，为伯登赢得了这场官司，并获得了五十美元赔偿。他的演说辞也成为一篇赞颂狗的德行的经典美文。本文是根据庭审见证人对维斯特演说所作的记录的前半部分文字翻译的，后一部分已佚。人们常说的"一个人的最忠实的朋友是他的狗"，即来源于这篇演说辞。本译文题目由雕像的碑文题目"A Tribute To The Dog"翻译而成。

● 祖述宪（1935—2016），安徽医科大学流行病学与社会医学荣退教授。研究领域为传染病流行病学、医疗预防措施评价方法和卫生政策。中国动物保护事业的积极倡导者与推动者。近年有《动物解放》（翻译），以及《余云岫中医研究与批判》《思想的果实——医疗文化反思录》和《中国近现代学者论中医》出版。作家鲍尔吉·原野称他是"以科学精神和爱心传达美好的人"。

埋在这片土地下的遗体，生前美丽却不虚荣，强壮却不傲慢，勇敢却不凶残，具备人类一切美德，却毫无人性的缺点。这段话若铭刻在任何一个人的墓碑上，必为毫无意义的谀词；然而对波兹旺恩，一只狗，却是最公正的谢辞。

——拜伦（英国诗人，此乃其为爱犬所撰墓志铭）

一只狗的遗嘱

[美] 尤金·奥尼尔

李汉昭 等译

我叫席尔维丹·安伯伦·欧尼尔，而家人、朋友和熟识我的人，都叫我伯莱明。

衰老给我带来的负担，以及恶魔般的疾病让我承受的痛苦，都让我认识到自己已走到了生命的尽头，因此，我将把最后的情感和遗嘱埋葬于主人的心中。直到我死了之后，他才会蓦然发现，这些情感和遗嘱就埋藏在他心灵的一隅，当他孤寂时，或许会想起我，然而就在那一瞬间，他会突然感受到这份遗嘱的内容，我期望他能将此铭记于心，当作是对我的纪念。

我可以遗留下来的实质东西少得可怜。其实我们比人类更聪明，我们不会将一些乱七八糟的东西收藏在一个大仓库里，也不会把时间浪费在储藏金钱上，更不会为了保持现有的或者得到没有的东西，而扰乱自己的睡眠。

除了爱和信赖，我没有什么值钱的东西可以留给他人。我将这些留给所有爱过我的人，尤其是我的男主人和女主人，我知道他们会为我的离去献上最深切的哀悼。

希望我的男主人和女主人能将我牢记在心，但并不要为我悲伤太久。在我的有生之年里，我会竭尽所能为他们孤寂而悲伤的生活增添一些欢欣和喜悦，但一想到我的死将会给他们带来悲伤，我便痛苦不已。

我要让他们知道，没有任何狗曾像我这样快乐地生活，而这全都得归功于他们对我的关爱。如今我已经老得又瞎又聋又瘸，连昔日灵敏的嗅觉也已丧失殆尽。现在，即使是一只兔子在我的鼻子底下恣意走动，我也浑然不觉，我的尊严在病痛和衰老中已经消失，这是一种莫名的耻辱，生命似乎也在嘲弄我的无力。我知道，我应该在病到成了自己以及所有爱我的人的负担之前与大家道别。

我的悲伤来自即将离开自己所爱的人，而非死亡。狗并不像人一样惧怕死亡，我们接受死亡为生命的一部分，并非认为那是一种毁掉生命的恐怖灵异。有谁能够知道死亡之后会是什么呢？

犬忠于主

商人负衣囊及钱囊出门，犬随行。中途如厕，将二囊置地上，及行，取衣囊而忘钱囊。犬吠其后，商人叱之。又吠，并啮其衣。商人怒，拾石击犬，犬负伤去。商人入市买物，方忆及钱囊，急返，见犬卧囊上，周身流血。急医治，得不死，但跛一足。（逸话）

《护生画集》之犬忠于主

我宁愿相信那里是天堂。在那里，每个人都青春永驻，美食饱腹。那里每天都有精彩和有趣的事情发生。我们在任何时刻都可以享受到美味食物。

在每个漫长的夜晚，都有无数永不熄灭的壁炉，那些燃烧的木柴一根根卷曲起来，闪烁着火焰的光芒，我们倦怠地打着盹，进入甜蜜的梦乡。梦中会再现我们在人世间的英勇时光，以及对男主人和女主人的无限爱怜。

对我们来说，要预知死亡的日期，的确是一件很困难的事情，但是死亡前的平静和安详却一定是有的。给予衰老疲倦的身心一个安详而长久的休憩之所，让我在人世间得以长眠。我已享受到充裕的爱，这里，将是我最完美的归宿。

我最后还有一个诚挚的祈求。我曾听到女主人说："伯莱明死后，我再也不会养别的狗了。我是如此爱它，这种感情无法再倾注到别的狗身上。"

如今我要恳求她，再养一只狗吧！把对我的那些爱给它。永不再饲养别的狗，并不会加重她对我的回忆之情。

我希望能够感受到，这个家庭一旦有了我之后，便无法再生活在没有狗的日子里。

我绝不是那种心胸狭窄、嫉妒心强的狗。我一直认为大部分的狗都是善良的。

我的接班人应该像我年轻时一样，有着旺盛的繁殖能力和良好的行为举止，而且又是那样的杰出和帅气。我的男主人和女主人千万不要勉强它做无法办到的事情。

但它会尽全力把一切事情做到最好，一定会的！当然它也会有一些无法避免的缺陷，别人总会拿这些缺陷跟我做比较，但这反而有助于他们对我的回忆常葆如新。

把我的颈圈、皮带、外套和雨衣遗留给它。以往大家总会带着赞叹的眼光看着我穿戴这些东西，虽然它穿戴起来绝对无法像我那样英姿飒爽，但我深信，它一定会竭尽所能地不要把自己表现得像个笨拙、没见过世面的狗。

在这个牧场上，它也许会在某些方面，证明自己是值得和我媲美的。我想，至少在追逐长耳大野兔这件事上，它一定会表现得比我衰老时优秀。虽然它有许多无法弥补的缺点，但我依然希望它在我的老家过得幸福快乐。

亲爱的男主人和女主人，这是我道别的最后一个请求。

无论在什么时候，如果你们到我的坟前看我，借助我与你们相伴一生长久、快乐的回忆。请以满怀哀伤而欢欣的口吻对你们自己说："这里埋葬着爱着我们和我们所爱的朋友。"

不管我睡得多沉，依旧可以听到你们的呼唤，所有的死神都无法阻止我对你们欢快地摇摆尾巴的心意。

● 尤金·奥尼尔（Eugene O'Neill，1888—1953），美国剧作家、表现主义文学代表作家、美国民族戏剧的奠基人。一生创作独幕剧21部，多幕剧28部。四次获普利策奖，并获得1936年诺贝尔文学奖。主要作品有《毛猿》《天边外》《榆树下的欲望》《悲悼》等。奥尼尔师承斯特林堡和易卜生的艺术风格，被誉为"一位土生土长的悲剧拓荒者，不仅可以跟易卜生、斯特林堡和萧伯纳相媲美，而且可以跟埃斯库罗斯、欧里庇得斯和莎士比亚相媲美"。

所有进化的最终目的是最高层的道德规范，而那只有用非武力的方法才可以达到。所以只有当我们停止伤害其他的生灵，我们才算真正进入一个文明进化的社会。

——托马斯·爱迪生（美国发明家、企业家）

大地上最强大的力量

——《西顿动物小说》序言①

张　煜译

许多动物都和人类一样能哭会笑，有丰富的情感。恐怕不少人都听说过牛在被送进屠宰场时落泪、大象在其孩子被人误杀后报复人类的故事吧？不少观众可能也都看到过不久前中央电视台第二频道播出的一个节目：某海洋馆的驯兽员把一只误吞皮球的小海象弄到岸上做手术，留在水里的其余三只海象在听到自己同伴痛苦的叫声后不顾一切地爬上岸，去营救它……本书《西顿动物小说》讲述的就是这样一些有情有义、能哭会笑、像人类一样的动物的感人故事。

作者欧内斯特·汤普森·西顿（1860—1946）是著名的加拿大动物小说作家、野生动物画家和博物学家。他出生于英国，六岁时随父迁往加拿大。从少年时代起，他就迷恋大自然，整天在森林里徜徉，在大草原上追猎。他的动物故事就是根据这些经历和所见所闻写成的。他的第一部动物小说集《我眼中的野生动物》于1898年出版，不到三周，初版的三千册便销售一空，很快成为畅销书。接下来他又写了许多深受读者喜爱的动物故事，它们在长达一个多世纪的时间里被译成多种文字，风靡世界，影响了整整几代人。西顿也因此被誉为"写实主义动物小说之父"。

---

① 此文为人民文学出版社《西顿动物小说》（张煜译）的前言。

西顿笔下的野生动物往往都具有人类的某些高贵品质。小说中的动物被称为"他"或"她"，清楚地表明，作者是把动物看成和人一样的生物。西顿一生共写下三十多本动物故事，本书从中精选了堪称动物小说经典的十二篇，并配有作者本人画的十余幅插图。

头三篇是狼的故事。在许多国人的眼中，狼生性残忍，危害人类，人们往往谈狼色变。但西顿给我们讲述的温尼伯狼却是人的朋友，而且它对人的忠诚度甚至超出一般的狗。这篇故事是西顿1882年乘坐火车时偶然看到一幕戏剧性场面后写成的。那只傲视群狗的狼幼小时曾被关养在一个酒吧后院，主人和顾客虐待它，让它吃尽了苦头，只有酒吧主人的小儿子吉姆对它呵护有加，孩子和狼之间建立了一种奇特的友谊。吉姆意外死亡后，温尼伯狼逃走了；但它没有走远，它特别依恋小吉姆下葬的那座教堂附近的森林，甚至夜晚还进城来。它咬死许多狗，却从来没有伤害过一个孩子，直到最后被猎人打死。作者在故事结尾发出感慨："谁能窥察到那只狼的心理呢？……为什么他始终留在一个充满无穷无尽磨难的地方呢？……那么，只剩下一种义务束缚他了，那种任何动物都能够拥有的最强烈的要求——大地上最强大的力量。"

另一篇狼的故事《洛波——格伦堡之王》是西顿根据自己在格伦堡的所见所闻写成。狼王洛波身材高大，足智多谋。它蔑视猎人的毒饵和捕兽夹，从不上猎人的当。它率领狼群在草原上神出鬼没，袭击牛群，一次次逃过猎人的捕杀。最后猎人找到它的弱点，诱杀了它的爱侣母狼布兰卡，洛波才被猎人所擒。狼王不吃不喝，心碎而死。小说中的狼王洛波犹如一位悲剧英雄，带有传奇色彩。

西顿对狼情有独钟，素有"黑狼"的绰号。他欣赏狼的勇猛，一生中观察过许多狼，并栩栩如生地塑造出一只只狼的形象。这些狼性格各不相同，但都有血有肉，颇具感染力。

狼的故事之后是三篇狗的故事。第一篇中的主人公原型是西顿1882—1888年养的爱犬。作者以生动幽默的笔触描写了"这个精力旺盛的牧者"一次次可笑的牧牛经历。兵果对主人忠心耿耿，虽然后来主人把它送给了别人，但它和主人的感情依旧，在主人陷入危难的时刻它及时营救了他，而它自己在毒发身亡之前寻求的仍是主人的帮助。

另一篇狗的故事《乌利———一只黄狗的故事》或能给人以某些启迪。牧羊犬乌利被主人轻易抛弃了，但它却始终苦苦追寻主人的踪迹。它每天都在主人将其抛弃的渡轮上搜寻，不停地嗅嗅每一双走上跳板的腿。从早到晚，日复一日，整整两年的时间它大约嗅了几百万条腿。它尝尽世态炎凉，最终性格扭曲：它白天忠心护羊，夜晚却成为血腥狡诈的怪物。

《护生画集》之舐伤

白狗仓皇归，头顶已负伤，喘息灶下伏，血流两耳旁，口中虽有药，欲用苦无方。
黑狗从门入，见状大惊慌，上前施救护，用舌舐其创，白狗低头卧，两泪欲夺眶。
（缘缘堂主诗）

本书后半部的六篇故事分别讲述的是：一只不慕虚荣、不恋富贵的贫民窟的猫；一只屡创飞行纪录、最终被偷猎者打死的信鸽；一只舐犊情深却亲手毒死自己幼崽的狐狸；高大威猛、天生一对美妙绝伦的羊角的公羊克拉格；由一头从小就招人喜爱的小熊成长为塔拉克山熊王的灰熊杰克；一匹不自由毋宁死的溜蹄野马。几乎在所有这十二篇故事中，作者都把其动物主人公描写成像人一样的英雄（他的一部著名小说集就取名为《动物英雄》）。在西顿的笔下，这些野生动物在其为生存而进行的斗争中饱经磨难，历尽坎坷，但它们始终都保持着某些人类具有的高贵品质：温尼伯狼对小吉姆的忠诚令人肃然起敬；狼王洛波智谋超群，具有非凡的美感；无论囚禁生活还是对死亡的恐惧，都压抑不住信鸽阿诺克斯对家的挚爱；了不起的溜蹄野马面对人的疯狂追逐，宁愿粉身碎骨，也绝不俯首屈服……

西顿的小说结尾大都是悲剧性的，其原因正如作家本人所说的那样："这些故事是真实发生的，这也正是几乎所有故事都是悲剧性结尾的原因所在。"然而，这些动物英雄绝不是失败者。那只温尼伯狼留名青史，克拉格的羊角至今仍悬挂在宫廷的墙壁上。

早在一百多年前，西顿就向人类发出了保护野生动物的呼喊。他认为，野生动物和人类一样拥有生存的权利。他在自己第一部也是最广为人知的小说集《我眼中的野生动物》中介绍了自己所有的动物小说的寓意："我们人类与动物亲如一家，人类身上至少体现了某些动物的东西，而动物在某种程度上也具有某些人性的东西。动物也有感情，也有需求，虽然这种感情和需求的程度与我们人类有所不同。毫无疑问，动物也有其自身的生存权利，人和动物应该和睦共处。"这种意识决定了西顿的动物小说的价值，决定了他的许多作品成为世界动物小说经典之作。

在西顿的笔下，动物的线索与人的线索交叉并进，动物的高贵情感时常打动着哪怕最冷酷的人类心灵。在西顿的世界里，动物并非作为人类的附属物而出现，相反，它们有着过人的智慧、高尚的情感以及丰富的生活。人类没有任何理由把自己凌驾于动物之上，在西顿的动物主人公面前，人类只能感到卑微与惭愧。

● 欧内斯特·汤普森·西顿（Ernest Seton Thompson，1860—1946），出生在英国，六岁时和家人一起来到加拿大。他从小就热爱大自然，悉心观察、研究大自然中的飞禽走兽。他是博物学家、社会活动家和作家，动物小说体裁的开创者，被誉为"世界动物小说之父"。西顿有两种身份——画家和作家，它们都围绕着相同的主题——动物。他天生喜爱动物，年轻时就开始观察、调查野生鸟兽，所以将笔下的动物描绘得十分生动，充满生命的尊严。一个多世纪以来，他的作品一直是野生动物爱好者必读的经典。

● 张煜，青岛科技大学副教授，英语专业硕士生导师。出版文学译著十部，主编、参编教材六部，在国内外各级期刊上发表与所研究方向相关的论文多篇。正在主持"西顿动物小说生态思想研究"项目。为该校精品课程"翻译理论与实践"课程组负责人。主要从事女性主义翻译理论及儿童文学翻译研究。

> 随便哪一种形式的誓约几乎都有人打破过，而一只真正忠心的狗，它的誓约却是海枯石烂、此心不渝的。
>
> ——劳伦兹（奥地利动物行为学家、诺贝尔生理学或医学奖获得者）

白点黄找朋友

杨如雪

汶川地震九十八小时零四十五分钟以后，城西南角一栋学校大楼的废墟中，爬出一只脏兮兮的小狗。虽然满身尘土，小脑袋上还带着伤口和血迹，仔细看能看出这只小狗的毛是明黄色的，小嘴头是白的，所以在下面这个故事里，我们给这只小狗起了个和它的外表相符合的名字：白点黄。

周围乱糟糟的，白点黄伸出小脑袋，望望四周，马上意识到发生了什么事情。三十二年前，白点黄的爷爷奶奶经历过唐山地震，爸爸妈妈都是那场地震后的孤儿。地震，可以说是它家庭教育中最重要的一部分。

白点黄冲着眼前的废墟哀哀叫唤。楼房共五层，它不知道它的小主人，一位温柔可爱的小姑娘，压在第几层？它不知道，她现在活着，还是已经死了？

一位救援的女护士听见白点黄凄惨的叫声，过来看了看，说："可怜的小东西。"这位女护士给白点黄喝了点矿泉水，还喂了它半根火腿肠。

"叫什么名字呀？乖乖，几岁啦？爸爸妈妈呢？"女护士好像对待一个幼儿园小朋友那样问白点黄。

白点黄舔舔这位叫它想起小女主人的温柔女性的手，以示友好和依恋。

"救我的朋友！救我的朋友！"

它呜呜哀求，但女护士一句也听不懂，拍拍它的头，起身去救别的伤员了。毕竟人更重要。

附近有专业的救援人员正在指挥吊车搬开楼板，白点黄跑过去呜呜叫：

"救我的朋友！救我的朋友！……"

但是多么专业的救援人员，也听不懂一只小狗的语言。余震中身后的废墟产生了新的崩塌，救援人员不希望这只小狗再受伤，大声道："去，去，去，走！"

白点黄悻悻地走开了。着急慌忙间，白点黄碰到一棵树身上。

"呜，呜。"这是表示对不起。

那是一棵百年老银杏树，郁郁葱葱，头顶遮住半亩地的天空。它的胳膊，一根粗壮的枝条，受伤了。

"嗡"，这是银杏树表示友好的声音，它慢吞吞问："你在找你的朋友吗？"

白点黄走开了。一棵树是不会帮助一条小狗找朋友的，别说一百年的树，就是一千年的树，也帮不了一条小狗。

因为树不会走路，而小狗有小狗的烦恼。

白点黄带着它的烦恼急急往前跑，希望找到一个熟人，找到它朋友的朋友，最好是找到朋友的爸爸妈妈。

脚下的柏油路被震开一条巨大的裂缝，好像一个饿极了的大嘴巴。白点黄差点掉到这大张的嘴巴里。

大嘴巴的边上正好有一只小黑鸭子，胖胖的，憨憨的，估计不到两个月大的样子，此刻正费劲地往上爬，爬着爬着，快上岸的时候，一个趔趄，又差点掉下去。

小狗看呆了，下面很深，对一个小鸭子来说简直就是深渊。在这危急时刻，小狗把自己的一条腿伸给小鸭抱住，但小狗白点黄的力气也不大，所以白点黄那条见义勇为的狗腿子，不仅没把小憨鸭子救上来，反倒把它们两个都往下拖下去，拖下去。

这时，白点黄眼前伸过来一根树枝，是银杏树递过来的胳膊，那条受伤的胳膊——仍不失为一根美丽的粗壮的枝条。

这样，白点黄的两只前爪，死死抓住老银杏树受伤的胳膊，小憨鸭子则死死抓着白点黄的一条后腿，三方一齐使劲儿，真是费了好大劲儿它们！一分钟又二十六秒之后，这场动物和植物之间的大营救终告成功。

这一幕惊险镜头不知被何人拍了下来做成视频，网上流传甚广。视频题目很长，叫：银杏树救小狗救小鸭。

小憨鸭子喘口气，开口说的第一句话，不是谢谢，而是和老银杏树一模一样："你在找你的朋友吗？"

白点黄奇怪怎么和人说半天也没用，说多少话人也听不懂的事，银杏树，小鸭，见面一句话不说，就全知道了。这不是很奇怪吗？

白点黄心想，小鸭那么小，那么弱，自己都顾不了，更不会帮我找到朋友。要想找到我的朋友，救我朋友出来，就必须找一个力气很大很大的，脑袋瓜特别特别聪明的，一说就明白的……那么一个人或者别的什么神仙。

但白点黄和人打过两次交道后，对人抱的期望已经不那么高了。他们宁肯相信一个人生地不熟的外国搜救犬，也不肯听它白点黄土生土长的一句话！白点黄的自尊心很受伤！

连地上张开的大嘴巴裂缝都在白点黄它们身后追着喊："喂，你在找你的朋友吗？"

这真是很奇怪的事。

白点黄回头走到大嘴巴裂缝旁边，冲下面深深的沟壑喊："我是在找我的朋友，她要不是死了，要不就还活着——刚才的事我不恨你，你不是故意要吃我们的——请问你有我朋友的消息吗？"

又问气喘吁吁跑着跟过来的小鸭子："我在找我的朋友，请注意：我的朋友不是你这样的一只小鸭子，当然也不是我这样的一条小狗——可你知道她在哪里吗？"

"还有你，银杏树爷爷，您刚才已经救了我一次，您还可以再救我一次，如果您能告诉我，我的朋友在哪里。我在找我这个世界上最好的好朋友，没有她，我活着简直没什么劲头儿了，银杏树爷爷，你能告诉我，我的朋友在哪里吗？"

小狗白点黄对老银杏树、小鸭子、大嘴巴裂缝，详细介绍了它的好朋友，那个小学三年级小女孩的年龄身高相貌特征。

《护生画集》之慧犬

　　太和中，杨生养狗，甚爱之。一日，暗行堕于空井中。狗呻吟彻晓。有人过，怪之，往视，见生在井。生曰："出我，当厚报君。"人曰："以此狗相与，便当相出。"生曰："此狗曾活我于已死，不得相与，余即无惜。"人曰："若尔，便不相出。"狗因下头向井。生知其意，乃语人以狗相与，人乃出之，系狗而去。后五日，狗夜走归。（《虞初新志》）

　　大嘴巴裂缝回声沉沉："在我的怀里，你的好朋友在我的怀抱里。"

　　小憨鸭子说："正在往上爬，你的好朋友正在往上爬。"

　　银杏树说："可能胳膊受伤了，你的朋友可能一条胳膊受伤了。"

　　不管怎样，白点黄得到的消息，是它的朋友，那位美丽可爱的小女孩还活着，这就够了！小女孩正在某个地方努力呼吸，为生存而挣扎，白点黄增添了信心！它要找到女孩的爸爸妈妈，在天黑之前，一定要找到那个能听懂它白点黄说话的人！

　　● 杨如雪，著名女诗人。1965年生于河北行唐，毕业于正定师范学院。做过教师、记者、编辑，曾任《女子文学》主编，《读者》《家庭》等杂志签约作家，教育部课题组专家。现居石家庄，从事写作。出版诗集《家住青州》《爱的尼西亚信经》等。致力于公益慈善事业，写作大量心灵环保文字，并在全国各地举行传统文化讲座。

> 慈善之心是一视同仁的。设若有人因为自己碰巧生而为人，就认为只应对人保持同情，而愤愤于别人对其他动物保持同情，则其人之心必然小于针头。
>
> ——休谟（英国哲学家、历史学家、经济学家）

一只惊天动地的虫子

迟子建

我对虫子是不陌生的。小时候在菜园和森林中，见过形形色色的虫子。我曾用树枝挑着绿色的毛毛虫去吓唬比我年幼的孩子，曾经在菜园中捉了"花大姐"将它放到透明的玻璃瓶中，看它金红色夹杂着黑色线条的光亮的"外衣"，曾经抠过树缝中的虫子，将它投到火里，品尝它的滋味，想着啄木鸟喜欢吃的东西，一定甘美异常。至于在路上和田间匍匐着的蚂蚁，我对它们更是无所顾忌，想踩死一只就踩死一只，仿佛虫子是大自然中最低贱的生灵，践踏它们是天经地义的。

成年之后，我不拿虫子恶作剧了，这并不是因为对它们有特别的怜惜之情，而是由于逐渐地把它们给淡忘了。

然而去年的春节，我却被一只虫子给深深地震撼了。这一年来，我从来没有忘记过它，它就像一盏灯，在我心情最灰暗的时刻，送来一缕明媚的光。

去年在故乡，正月初一，我给供奉在厅堂的菩萨上了三炷香，然后席地而坐，闻着檀香的幽香，茫然地看着光亮的乳黄色的地板。地板干干净净的，看不到杂物和灰尘。突然，我的视野中出现了一个小黑点，开始我以为那是我穿的黑毛衣散落的绒球碎屑，可是，这小黑点渐渐地朝佛龛这侧移动着，我意识到它可能是只虫子。

　　它果然就是一只虫子！我不知它从哪里来，它比蚂蚁还要小，通体的黑色，形似乌龟，有很多细密的触角，背上有个锅盖形状的黑壳，漆黑漆黑的。它爬起来姿态万千，一会儿横着走，一会儿竖着走，好像这地板是它的舞台，它在上面跳着多姿多彩的舞。当它快行进到佛龛的时候，它停住了脚步，似乎是闻到了奇异的香气，显得格外地好奇。它这一停，仿佛是一个指挥着千军万马的将军在酝酿着什么重大决策。果然，它再次前行时就不那么恣意妄为了，它一往无前地朝着佛龛进军，转眼之间，已经是兵临城下，巍然站在了佛龛与地板的交界上。我以为它就此收兵了，谁料它只是在交界处略微停了停，就朝高高的佛龛爬去。在平面上爬行，它是那么得心应手，而朝着呈直角的佛龛爬，它的整个身子悬在空中，而且佛龛油着光亮的暗红的油漆，不利于它攀登，它刚一上去，就栽了个跟斗。它最初的那一跌，让我暗笑了一声，想着它尝到苦头后一定会掉转身子离开。然而它摆正身子后，又一次向着佛龛攀登。这回它比上次爬得高些，所以跌下时就比第一次要重，它在地板上四脚朝天地挣扎了一番，才使自己翻过身来。我以为它会接受教训，掉头而去了，谁料它重整旗鼓后选择的又是攀登！佛龛上的香燃烧了近一半，在它的香气下，一只无名的黑壳虫子一次一次地继续它认定的旅程。它不屈不挠地爬，又循环往复地摔下来，可是它不惧疼痛，依然为它的目标而奋斗着。有一回，它已经爬了两尺来高了，可最终还是摔了下来，它在地板上打滚，好久也翻不过身来，它的触角乱抖着，像被狂风吹拂的野草。我便伸出一根手指，轻轻地帮它翻过身来，并且把它推到离佛龛远些的地方。它看上去很愤怒，因为它被推到新地方后，是一路疾行又朝佛龛处走来，这次我的耳朵出现了幻觉，我分明听见了万马奔腾的声音，听见了嘹亮的号角，我看见了一个伟大的战士，一个身子小小却背负着伟大梦想的英雄。它又朝佛龛爬上去了，也许是体力耗尽的缘故，它爬得还没有先前高了，很快又被摔了下来。我不敢再看这只虫子，比之它的顽强，我觉得惭愧，当它跟跟跄跄地又朝佛龛爬去的时候，我离开了厅堂，我想上天对我不薄，让我在一瞬间看到了最壮丽的史诗。

　　几天之后，我在佛龛下的角落里发现了一只死去的虫子。它是黑亮的，看上去很瘦小，我不知它是不是我看到的那只虫子。它的触角残破不堪，但它的背上的黑壳，却依然那么明亮。在单调而贫乏的白色天光下，这闪烁的黑色就是光明！

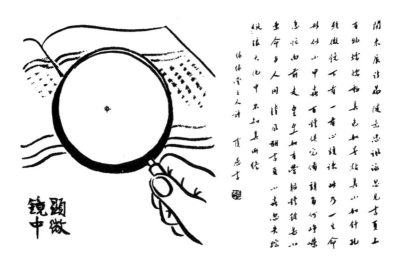

《护生画集》之显微镜中

闲来展诗篇，随意恣讽咏，忽见书页上，有物蠕蠕动。
其色如墨点，其小如针孔，显微镜下看，一看心头悚。
此乃一生命，形似小甲虫，百体俱完备，头角何峥嵘。
急忙向前走，皇皇如有营，躯体虽甚小，秉命与人同。
清风翻书页，小虫忽失踪，纵浪大化中，不知其所终。（缘缘堂主人诗）

● 迟子建，1964年出生于黑龙江省大兴安岭地区漠河市北极村。当代中国最具影响力的作家之一。著有《树下》《晨钟响彻黄昏》《伪满洲国》《额尔古纳河右岸》《群山之巅》，散文随笔集《伤怀之美》《我的世界下雪了》等，曾获鲁迅文学奖、茅盾文学奖。

> 克己修持，以期无忝所生，不为天地鬼神所鄙弃，不为一切物类所轻藐。
>
> ——印光法师（民国四大高僧之一）

物 犹 如 此

（节选）

［清］徐　谦编

动物的人性光辉[①]

张景岗

《物犹如此》为清代翰林徐谦所著，书中将散见于各种典籍中关于动物的种种有趣的见闻辑录成编，并将这些动物们互助友爱、聪明机警的诸多感人事例，按孝友、忠义、贞烈、慈爱、恤孤、眷旧、践信、守廉、翼善、救难、酬德、雪冤、知几、通慧的类别分为十四篇，加以点评、诗赞，娓娓道来，如数家珍，引人入胜。原书中各篇都以"鉴"为名，如"孝友鉴""忠义鉴"等，就是希望读者以书中这些动物的美德善行作为一面镜子，来对照自己的不足，获取做人的良知。书名《物犹如此》，意为"动物尚且如此"，乃是希望作为万物之灵的人类能够更加深刻地反省自己，努力追求道德人格的完善，成为天地的良心。

现存《物犹如此》版本，有清代四香草堂刻本。民国二十四年（1935年），上海道德书局重新刊版印行。次年，印光大师以七十六岁高龄再为详加校订，改版重排，印数达六万册。他在序中指出，近代以来世道人心之所以愈趋愈下，追根溯源在于宋儒破斥因果轮回事实，致使世人肆无忌惮，以

---

① 原标题为《译白手记》，现标题为编者所加。

至互相残杀，国无宁日。要想挽回战争的劫难，应从戒杀放生做起，而在诸多戒杀书籍中，"其感人心而息杀机者，此书可推第一"。另外他在给弟子的信中说道："此书专记物类之懿德懿行，虽不言戒杀放生，实为戒杀书中之冠"，是"戒杀中之特品"，若能使更多有学识的人阅读，对世间具有重要的意义。

两年前，我受庐山东林寺刻经处所托，对原书详加点校，以简体标点本的方式印刷流通。此次应商丘市寿康文化研究学会之约，在原书335则故事中选译279则做成白话，大体含括了原书的主要内容。本书内容都是中国古代学识最为广博的那部分文人所记，真实感人，健康有益，尤为少年儿童所喜闻乐见。通过这本书，孩子们可以从那些可钦可敬的动物身上，懂得如何孝顺父母、珍视友情，懂得信守承诺、知恩报恩，懂得机智果敢、见义勇为，懂得父母对子女的疼爱之情是如此深厚，懂得伴侣之间忠贞的价值与意义，以及其他许许多多为人处世的道理。本书原是按照中国传统的道德理念编纂而成，从作者徐谦的本意来说便希望它能成为一本中国人的思想品德教科书。因此本书对孩子们所产生的良好影响，与许多迎合儿童心理的卡通动画片相比，其利害得失有天壤之别。希望天下为人父母者多多留意，同时也希望这本白话选译能成为最受欢迎的少儿读物之一。

一个和谐的人类社会，原本就建立在与自然万类和谐共处的基础之上。本书中所展示的这些由历代文人记录下来的一个个珍贵片段，可以见证古老的中华文明对于自然生命的那份特有的体察与关爱。这种根于"物我一体"的理念，而从大慈悲心中真实流露出的对于一切生命的理解与尊重，或许正是我们这个民族历数千年兴衰而依旧繁盛不息的一个重要原因吧！

孝象（《矩斋杂记》）

刘时用说："我曾经看到一头老象就要死去，它的小象取草喂它，可是老象已不能进食。小象看到这种情形，用鼻子来回抚摸母象的身体，两眼泪如雨下。等到母象死后，小象便哭着跃起，伤心地扑倒在地上。"

孝鵝

唐天寶末，沈氏畜一母鵝將死。其雛悲鳴不食。以喙取薦覆之。又衔莒草列前若祭状，向天長號而死。沈氏義之，為作孝鵝冢。《人谱》

《护生画集》之孝鹅

唐天宝末，沈氏畜一母鹅，将死。其雏悲鸣不食。以喙取荐（即草）覆之。又衔乌草列前若祭状，向天长号而死。沈氏义之，为作孝鹅冢。（《人谱》）

猿拔母箭（《圣师录》）

三国时期蜀国的大将军邓芝，在打猎时射中一只母猿。他看到猿子为母拔箭，用口吮吸流出的血，然后用树叶塞住母猿的伤口，哀伤不已。邓芝扔掉弓箭，叹息道："山间的动物还能如此哀悼自己的母亲，难道人还不如一只猿猴吗？我从今以后再也不打猎了！"

犊藏刀（《同生录二编》）

云南安宁州有一位姓赵的屠夫，有一次宰杀一头母牛，把它捆绑之后，入室取桶。这头牛的牛犊在一旁，立刻衔着刀藏在石缝里。屠夫回来到处都找不到刀，恰好他的邻居看到，就告诉他事情的原委。屠夫听了不信，便把刀取出放回原处，隔着窗户悄悄观看，果然看见牛犊再次把刀藏了起来。此情此景使这位姓赵的屠夫良心大为触动，为自己一生的杀业感到悲悔，于是他就去华山做了道士，每天拜神忏悔。他还养了这两头牛二十年，在它们死后加以安葬。

猴子塞创

蜀志邓芝传注

邓芝见猿抱子在樹上引
弩射之中猿母其子爲拔
箭以木葉塞创芝乃嘆息
投弩水中

《护生画集》之猴子塞创

邓芝见猿抱子在树上，引弩射之，中猿母。其子为拔箭，以木叶塞创。芝乃叹息，投弩水中。（《蜀志·邓芝传注》）

羔卧刀（《同生录二编》）

邠州有位姓安的屠夫，家里有一只母羊和一只羊羔。一天正准备宰杀母羊，把它绑在架子上。羊羔忽然两条前腿弯曲向他下跪，两眼泪流不止。安屠夫惊异了很久才回过神来，把刀放在地上，出去叫一个孩子帮忙一起宰杀。等他回来时发现刀不见了，原来是被羊羔用口衔着放在墙角的阴暗处，然后卧在上面。安屠夫找不到刀，开始怀疑是被邻居偷走了，忽然又一转身踢开羊羔，发现刀就压在下面。此时他顿然醒悟，解下母羊，把它和羊羔一起送到寺庙放生。自己不久也舍下妻儿，投奔寺里的竺大师，出家为僧，法名守思。

三孝犬（《圣师录》）

淮安城中有一户人家，把养的母犬杀掉吃了。剩下的三只幼犬，把吃剩丢弃的母骨衔在一起，用土掩埋，然后伏在地上不停地悲鸣。邻里左右的人见了，觉得这三只幼犬很不一般，都说它们是孝犬。

犬埋母骨

淮安城中民家有母犬，烹而食之，其三子犬各衔母骨，抱土埋之，伏地悲鸣不绝。里人见而异之，共传为孝犬云。

聖師錄

《护生画集》之犬埋母骨

淮安城中民家有母犬，烹而食之。其三子犬各衔母骨，抱土埋之，伏地悲鸣不绝。里人见而异之，共传为孝犬云。（《圣师录》）

蝙蝠识母气（《警心录》《昨非庵日纂》）

眉州的鲜于氏，为了配药方，将一只蝙蝠碾成碎末。在和药的时候，有几只小蝙蝠围聚在上面，眼睛都还没有睁开，只因为闻到母亲的气味而来。鲜于氏一家不禁为之落泪，立誓从今以后再也不用动物配药，还要多做放生的善事。由于所发的善心特别殷切，药还未服，病就痊愈了。

犬痛同怀（《建宁志》）

咸溪有个人叫童镛，家里养了两条狗，一条白狗，一条花狗，同为一母所生。两条狗都聪明伶俐，善解人意。后来白狗忽然失明，没法再到狗圈里进食。主人便铺上草垫，让它卧在屋檐下面。花狗每天把饭衔过来喂它，晚上则躺在它的一旁守候。白狗死后，主人把它埋在山麓间。花狗每天早晨和傍晚都要去绕上几圈，像是在哭悼。然后卧在白狗的墓旁，总要过很长时间才离去。

盲犬待哺

咸溪童镛家畜二犬一白一花共出一
母性狡狯解人意后白者忽目盲不能
进牢而食主人以艸藉檐外卧之花者
衔饭吐而饲之夜则卧其旁及白者死
埋之山麓间犬乃朝夕往返数匝若拜
泣状卧其旁必移时乃返

建宁志

《护生画集》之盲犬待哺

咸溪童镛，家畜二犬。一白一花，共出一母，性狡狯，解人意。后白者忽目盲，不能进牢而食。主人以草藉檐外卧之。花者衔饭吐而饲之，夜则卧其旁。及白者死，埋之山麓间。犬乃朝夕往复数匝，若拜泣状，卧其旁，必移时乃返。（《建宁志》）

异无足蟹过薪（《阐义》）

松江幹山人沈宗正，每年深秋都要在池塘设下蟹簖（一种捕蟹用具，状如竹帘，横置水中以断蟹的通路），捕蟹来吃。一天，他看见两三只螃蟹相互挤靠着往前走，感到很奇怪，走近了一看，原来是一只螃蟹八条腿都没了，无法行走，另外两只螃蟹正抬着它翻越蟹簖。

生的扶持

一蟹失足
二蟹持扶
物知慈悲
人何不如

《护生画集》之生的扶持

一蟹失足，二蟹持扶，物知慈悲，人何不如？

他不禁感叹道："人是万物之灵，可是兄弟朋友之间还要相互争斗，甚至趁对方危难加以排挤陷害。想不到这些微不足道的水族动物，同辈间却有如此的情义！"于是就令人拆除蟹籪，从此再也不吃螃蟹了。

粤中战象（《悬榻编》）

清朝初年，南方还有少量残存的明朝军队，继续抵抗清兵。一次，清兵在广东擒获了一头战象，让它投降，它表示拒绝。威胁要杀死它，它却点头接受。清兵调集了三百支火枪，环绕着它射击，枪弹把它全身都打烂了，可它死后仍然屹立着没有倒下。

龙泉白马墓（《圣师录》）

龙泉县有一座"白马墓"，里面安葬的是明朝开国功臣胡深的坐骑桃花马。当年胡深领兵征讨陈友定，不幸在一次突围中遇害。他的坐骑飞奔回家，在家门外声声悲嘶，随后便气绝身亡。胡深的夫人被它的忠义所感动，便将它安葬，立碑名为"白马墓"。

犬殉主（《圣师录》）

刘钊是铁岭卫人，他养着一条狗，无论去哪里都跟着他。刘钊常到山上打柴，然后用马驮回来，这条狗总跟着一起去。一天，狗独自回来，朝着刘钊的儿子刘国勋不停地又跳又叫。刘国勋觉得奇怪，就跟着它上山，看见刘钊已被强盗杀害，尸体在山石间，那匹马被抢走。刘国勋为父亲办理丧事，安葬完毕，参加葬礼的人都回去了，只有这条狗独自守在坟旁，日夜不停地悲泣，泪水湴湴流下，浸湿了身边的草叶和泥土。几天后，这条狗把坟上的土刨开，露出了棺材，自己就死在棺材旁。

比翼凤（《嫏嬛记》）

南方有一种比翼齐飞的凤凰，无论在天空翱翔，还是休息进食，总是亲密相伴，从不分离。雄凤名为"野君"，雌凰名为"观讳"。通称为"长离"，意思是永远相依相伴的爱侣。这种鸟能通宿命，知道前世的事情。死后再次重生，它们还会在一起。

鸳鸯投沸汤（《圣师录》）

明朝成化六年的十月间，盐城天纵湖的渔夫，见成群的鸳鸯在湖面上翻飞，便捉住一只雄鸳鸯，把它煮在锅里。它的配偶雌鸳鸯，一直跟着渔夫的船，边飞边叫，不肯离去。等渔夫揭开锅盖，这只鸳鸯就投进滚烫的开水中自尽了。

《护生画集》之鸳鸯殉侣

明成化六年十月间，盐城天纵湖渔夫，见鸳鸯群飞，弋其雄者而烹之。其雌者随棹飞鸣不去。渔夫方启釜，即投沸汤中死。（《圣师录》）

镇江随舟雁（《警心录》）

明朝万历癸丑年，镇江钱参将的部下，有一位士兵捉住一只大雁，用笼子装着放在船尾。空中有一只大雁随船飞行，不停地悲鸣，船中的大雁也连声应和。船在江中行驶了一百里，空中大雁一直跟随着不肯离去。快要登岸时，笼中的大雁伸颈向外大声呼叫，空中大雁迅速飞下，两只雁用脖子紧紧交缠在一起不肯松开。船上的人非常吃惊，赶紧上前分开，却已经都死去了。钱参将知道后大怒，下令把这条船上的士兵全都杖打一顿。那个捉到大雁的士兵，病了一个多月后死去。

夫婦

顾敬亭稼圃傍有罗者得一雁锻其羽繫其足立之汀畔以为媒每见云中飞者必昂首仰视一日其偶者见而下之特然如土委地交頸哀鳴血盡而死

虞初新志

《护生画集》之夫妇

顾敬亭稼圃，傍有罗者得一雁。锻其羽，系其足，立之汀畔以为媒。每见云中飞者，必昂首仰视。一日，其偶者见而下之，特然如土委地，交颈哀鸣，血尽而死。（《虞初新志》）

鹿胎草（《人谱类记》）

陈朝的惠度，曾在剡山射中一头怀孕的母鹿，它受伤后产下一头小鹿，用舌头把小鹿的身体舔干，母鹿才死去。惠度见到后十分难过，便扔掉弓箭，出家为僧，在嵊县东修建了惠安寺。后来在母鹿死去的地方长出一种草，人们称为"鹿胎草"。

猿乞子（《搜神记》）

临川东兴有一个人，进山捉到一只幼猿，把它带回家，那只母猿也一路跟到了他家。此人把幼猿绑在院里的树上给母猿看，母猿立刻向他叩头，好像苦苦哀求的样子。此人还是不肯放过幼猿，竟然把它打死。母猿大声悲啼，扑地而死。剖开它的肚子，里面的肠子已寸寸断裂。事后不到半年，当地瘟疫流行，这家人全都死光了。

慈莺二（《太平广记》）

有人捉到一只小黄莺，养在竹笼中。黄莺父母翅膀挨着翅膀，从早到晚在笼外哀鸣，不时前来喂它，见了人也不躲避。一天，这家人把小黄莺移入另一只笼子，悄悄藏到别的房间。这对黄莺父母衔食回来，看见鸟笼空了，就旋绕着飞来飞去，不停地悲鸣。其中一只投入火中而死，另一只撞鸟笼而死。

鸟带箭喂雏（《同生录二编》）

魏国大将邓艾率兵攻打涪陵时，看到一只鸟正在喂雏鸟，就用弓箭向它射去。第一支箭射来，那只鸟赶紧躲避，可是几只幼鸟还在原处，它不忍心飞得太远。邓艾接着再发一箭，将它射中。那只鸟带着箭一个一个喂完雏鸟，又衔来食物放在它们身旁，好像是在教它们自己取食，然后哀鸣着气绝而死。这几只雏鸟围着它，一起一伏地哀鸣不已。邓艾非常悔恨，说："我违逆了物类的本性，恐怕是不久于人世了！"

仁宗读《五代史》，至周高祖幸南庄，临水亭见双凫戏于池，出没可爱，帝引弓射之，一发叠贯，从臣称贺。仁宗掩卷谓左右曰：逞艺伤生，非朕所喜也。内臣郑昭信，掌内饔十五年。尝面诫曰：动活之物，不得擅烹。深恶于杀也。 玉壶清话

《护生画集》之逞艺伤生

仁宗读《五代史》，至周高祖幸南庄，临水亭，见双凫戏于池，出没可爱，帝引弓射之，一发叠贯，从臣称贺。仁宗掩卷谓左右曰："逞艺伤生，非朕所喜也。"内臣郑昭信，掌内饔十五年。尝面诫曰："动活之物，不得擅烹。"深恶于杀也。（《玉壶清话》）

鳝护子（《伤心录》）

学士周豫的家中有一次烹煮鳝鱼，其中一条鳝鱼向上弓起身子，用头和

尾拄在锅里支撑着。惊讶地剖开它的肚子，原来里面有很多鱼卵。这才明白动物们甘心忍受痛苦，竭尽全力保护自己的幼子，竟然到了这种程度。

《护生画集》之首尾就烹

学士周豫家，尝烹鳝。见有鞠身向上，以首尾就烹者。讶而剖之，腹中累累有子。物类之甘心忍痛，而护惜其子如此。（《伤心录》）

犬哺猫（《宋史》）

宋朝时有兄弟二人。哥哥张孟仁，妻子郑氏。弟弟张孟义，妻子徐氏。兄弟俩在一起生活，没有分家。妯娌二人亲密无间，共有的财物即使是一根线也不私用。家里有一只正在喂奶的母猫被人偷走，另外的一条狗就代替它喂养小猫。宋太宗知道这件事后，下旨表彰他们，称赞他们的家庭为"二难"。

猫代乳（《圣师录》）

唐朝时北平王的家中，有两只猫在同一天生崽。其中一只死了，它的两只幼崽饿得咿咿直叫，声音非常凄切，还不知道自己的母亲已死。另一只猫正在喂自己的幼崽，起身听了听，赶紧跑过去救护，衔过一只幼崽放在自己的窝里，又跑过去衔来另一只，赶紧给它们喂奶，就像对待自己的幼崽一样。

鹊替哺（《圣师录》）

大慈山的南面有一棵大树，树上有两只雌鹊，各自筑巢生子。其中一只雌鹊被凶猛的大鸟所害，两只幼鸟失去母亲，啁啾鸣叫不停。另一只正在喂养自己的幼鸟，听见叫声心生怜悯，赶紧飞过去救护，把它们都衔到自己的巢中喂养，就像自己的幼鸟一样。

飞奴（《开元遗事》）

唐代的张九龄，韶州曲江人，年少的时候养了一群鸽子。给亲戚朋友的书信，就系在鸽子的脚上，它们按交代的地方飞去送信，一次也没有出过错，因此昵称它们为"飞奴"（注：古人在动物名称的后面加"奴"字，带有喜爱的感情色彩）。

鹤寄诗（《内观日疏》）

唐朝的才女晁采养了一只白鹤，取名叫"素素"。一天，她在书房里坐听雨声，想念自己出远门的丈夫，很久没有音信。她就对这只鹤说："从前西王母的青鸾、郭绍兰的紫燕，都能到很远的地方送信，难道你就不行吗？"白鹤向晁采伸长脖子，像是在接受她的嘱托。晁采拿起笔写了两首绝句，系在它的脚上，果然送给了她的丈夫。她的丈夫看后很感动，立即整理行装返乡了。

《护生画集》之白鹤寄诗

才女晁采，养一白鹤，字"素素"。一日，小斋坐雨，念其夫于役，久之音问，谓鹤曰："昔西王母青鸾、郭绍兰紫燕，皆能寄信达远，汝独不能乎？"鹤延颈向采，若受命状。采即援笔直书二绝句系其足，竟致其夫，寻即束装归矣。（《内观日疏》）

龟济将军 （《搜神记》）

东晋时的将军毛宝，有一次在江上乘船时，见渔夫钓到一只白龟，就将它买下放回水中。后来他在邾城战败投江，身下有东西驮着，一直把他送到对岸。仔细一看，原来正是当年所放的那只白龟，龟甲长四尺多。白龟回到江心，还回头望着毛宝。

《护生画集》之乌覆弃婴

　　汉肃宗后，于王莽末年生，遭时仓卒，母弃之南山下。隆冬苦寒，再宿不死。外家偶过，闻啼声，怜之，因往就视。有飞鸟舒翼覆儿，以为神灵，携归养之。年十三，乃以归宋氏，后为肃宗后。（《东观记》）

群乌衔土 （《广舆记》）

颜乌是义乌人，他的父亲去世后，他背土修筑坟墓。一群慈乌帮着衔土，以致嘴都受伤了。以后这个县就改名叫"义乌"。

孙坚马 （《警心录》）

孙坚率兵讨伐董卓，有一次打了败仗，受伤落马，躺卧在草丛中。当时孙坚的部下已溃散撤退，这匹马便返回军营嘶鸣，士兵们跟着马来到草丛中，救回了孙坚。

犬救火二（《警心录》）

李信纯是襄阳纪南人，家中养了一条狗，起名"黑龙"，非常喜爱它。一次，李信纯在城外喝得大醉，躺在草丛中人事不省。遇上太守郑瑕出猎时纵火，李信纯躺的地方正位于下风，狗用口拽他的衣服也没能叫醒。北去三五十步远有条小溪，狗就跑了过去，跳进水中把毛浸湿，在他的周围来回洒水，他这才幸免于难。而这条狗精疲力竭，竟然死在一旁。一会儿李信纯醒了，看到爱犬为救自己而活活累死，悲痛不已，将此事禀报太守，太守下令将它埋葬。现在纪南还有这座"义犬墓"。

鹿报恩三（《南史》）

南北朝时期的吴兴人孙法宗，心地慈善，每当遇到獐鹿落入罗网，他总是想办法放掉，用自己的钱物给狩猎者作为补偿。后来他患了头疮，夜里有一位女子前来对他说："我是上天派来的使者，特向您的善行表示感谢。您这点小病不用担心，用牛粪煮后敷在上面，马上就会好。"说完就不见了。照着所说的一试，果然就好了。

阮孝绪母疾，合药须服生人参。旧传此草出于钟山，孝绪躬历幽险，忽见一鹿前行，随至一所，就视果得此草。母服之，遂愈。

《护生画集》之鹿示人参

阮孝绪母疾，合药须服生人参。旧传此草出于钟山，孝绪躬历幽险，忽见一鹿前行，随至一所，就视果得此草。母服之，遂愈。（《梁书·处士传》）

骟复仇（《警心录》）

南宋开禧年间，九江的戍校王成，看到一匹有病的紫色马，将它收留喂养。嘉定庚午年，峒寇李元砺进犯龙泉，王成战死，这匹马屹立不动，在他的尸体边悲鸣。贼将看了说："这是一匹良马。"把它献给了李元砺的弟弟。李元砺的弟弟非常高兴，每天都骑着它。不久贼寇又去进犯永新，这匹马认识官军的旗帜，从阵地上飞奔而来，李元砺的弟弟骑在马上怎么也止不住。军士都认识这匹马，一起上去擒住了马上的贼将，呐喊着向前冲去。贼寇大为震惊，于是纷纷败退。

捕盗

崇宁间，东阿董熙载饮于村
落，醉归坠马，卧道次，马辔持
于手。忽有盗尽解其衣，又欲
其马。方俯首取辔，马遽啮盗髻，
警不得去。逮熙载醉醒，尽复
取所失物，马始纵盗。

陶朱新录

《护生画集》之捕盗

崇宁间，东阿董熙载饮于村落，醉归坠马，卧道次，马缰持于手。忽有盗尽解其衣，又欲其马。方俯首取缰，马遽啮盗髻，不得去。逮熙载醉醒，尽复取所失物，马始纵盗。（《陶朱新录》）

鹳留笺（《渊池说林》）

周宏正，字思方，小的时候曾在树林中见到一只鹳，被人用弹丸射伤，就把它带回家喂养，等伤口愈合后放它飞走。几天后，他在夜晚读书时，听见有敲门的声音，打开门一看，原来正是几天前放飞的鹳。它背着一串金币，放到地上。其中系着一个纸条，上面写着："始于博士，终于大夫。"后来的官位果然如此。

第二章　我们对不起它们
——动物的生灵悲歌

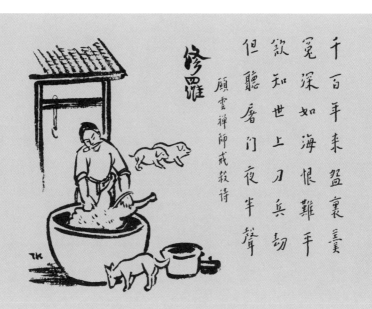

修罗

千百年来盌裹羹

冤深如海恨难平

欲知世上刀兵劫

但听屠门夜半声

顾云禅师戒杀诗

法律和公正的约束不应该仅限于人类，就像仁爱应该延伸到每一种生物身上一样；这种仁爱精神会从人心中真正流露，就如同泉水会从流动的喷泉中涌出一般。

——布鲁达克（古希腊哲学家）

对不起它们[①]

张　炜

传说中，圣人孔子的女婿公冶长懂得鸟语。这会是一种多么非凡的大本领。圣人择婿的标准不会含糊，仅凭懂鸟语这一条来看，公冶长就是一个异常特别的人。关于动物是否有语言有思维，一直是人类极想知道的一个秘密。我们称动物为"它们"，对其既无比地友善又无比地残酷。我们与它们之间的关系真是纠缠不清，一言难尽。在漫长的历史中，我们从它们当中选出了一些代表，如猫和狗等，来与我们做更亲密的接触，来陪伴我们，使我们孤单的心稍稍得到了一些安慰，生活中的不安也得到了一点缓解。猫与狗的柔顺和勇敢，还有聪慧和忠诚之类，常常让人叹为观止。"它们"是多么浩大繁杂的一个群体，可是仅仅派出了猫与狗这两个使者、两个灵物，就使人类有了无穷无尽的话题，有了无穷无尽的依恋，还有无穷无尽的故事。它们以完全不同或似曾相识的风度和姿态，赢得了人类的好奇心和同情心，还有发自内心的爱意。可是人类对于动物的暴虐，也往往集中在这两个生灵身上。有人说到了狗，并从自身的经验和观察中得出了一个结论，说："只有人对不起狗，没有狗对不起人。"

多么朴素的一句话，却道出了一个普遍的实情，一种最真实的人与动物相处的历史。事实真的是这样。生活中有人对动物千疼百爱，视如家人，有的却正好相反。刚刚说到的狗，它们对主人的忠诚始终如一，这是不容置疑

① 本文摘自张炜散文集《芳心似火》第四章。

的。可是人在特别的境况下却会轻易地伤害它们。它们被伤害甚至是被残害的历史，是我们大家都熟悉的。有人说得更好，他们认为狗身上充溢着一种不可思议的、巨大的激情，这种激情对于我们人类来说可真是一个谜啊！人只需要注视着它的那双无辜和纯洁的眼睛，就足以引起长久的反思，引起内心里的羞愧。比起它的无私和热情，它的纯粹的激情，老于世故的人倒也显得可悲。

说到动物，齐国东部的人格外爱马。祖居于这个地方的人与骏马的关系太密切了，可以说是与之朝夕相处，相依为命。更不能忘记的是，他们的祖先曾经骑着骏马，穿越了陆沉前的老铁山海峡，在登州海角与东北这片辽阔的地域间跋涉，经历了艰苦卓绝的生活。当他们在胶东半岛上定居下来之后，首先就是培育起天下最漂亮的马群，它们在原野上奔驰的时候，就像大地上流淌的油脂。在他们这儿，如果有哪个人敢于伤害和虐待他的马，那在当地就成为一个为人不齿的家伙。在半岛东部，传统的体面男人必有骏马、宝剑、雄鹰和狗。他们觉得有它们一路追随和相伴，也就温暖和安全了许多。女人则有自己的爱猫。直到今天，上年纪的老婆婆端坐街头，十有八九要怀抱一只美猫。

《护生画集》之鸡护狗子

家有乳狗出求食，鸡来哺其儿。啄啄庭中觅草子，哺子不食声鸣悲。

彷徨不忍去，以翼来覆待狗归。（唐 韩愈诗）

从天地人三者之间的生存伦理来看，能够与动物产生深刻情感的人，才算得上是健全和自然的人。麻木而残酷地对待周围的其他生命，比如找一切借口杀伐动物和树木的人，其实是一群暴躁的变态者，是被群居生活弄得极不正常的一类，与这样的人相处实际上是很危险的事情。只有人群而没有其他生命的闹市，那不过是一种孤独的群居。现在看，人类正在一天比一天更加走入了这种孤独。

猫和狗挽救人类生命的故事层出不穷，记载中马也多次在战场上搭救了主人。真实的情况是，它们只要与人相处就会产生感情，就会做出各种回报，这方面人们是不会怀疑的。但真正深入和更加厚重的回报，并不是那些具体的事例，不是书上记录和媒体报道中那些动物助人的奇闻，而是其他。动物对人的最大回报，其实就是日常的陪伴与共同的生存。有它们与我们一块儿生活在这个星球上，看上去许多时候好像彼此并不搭界，显得若即若离，内里却有着深层的联系。我们与之呼吸着同样的空气，饮用着同样的水源，都一块儿从这个空间里寻找生活下去的资料。它们在日出日落间的奔跑鸣叫和飞翔，还有月下的安息，都证明了这个生存空间的安全、充满活力和生命的正常有序，这就从根本上安慰了我们。如果我们彻底没有了这种安慰，前面说过，那就会是一种大孤单，那样我们人类本身将变得非常危险。当我们与它们切近地接触，与之对视，也就是四目相望的时候，还能感受到来自另一种生命的目光，所谓的心灵之窗。它向我们的这一次敞开决非小事。许多人会想起这样的时刻，因为它的眼睛会给他留下很难忘记的印象。

淮安城中民家有母犬烹而食之其三子犬各衔母骨抱土埋之伏地悲鸣不绝里人见而异之共传为孝犬

《护生画集》之葬母

淮安城中民家，有母犬烹而食之。其三子犬各衔母骨，抱土埋之，伏地悲鸣不绝。里人见而异之，共传为孝犬。（《虞初新志》）

　　人类情感麻木的时候才会冰冷无情。他们一旦变成了这样，就会毫无怜悯地杀伐动物。这种杀虐不仅规模大，而且历史长，使用的手段十分残酷。有人会想出各种各样的办法折磨动物，从这种折磨中获取邪恶的快感，并从它们身上获取利益，两手沾满了罪恶。物质欲望覆盖和遮蔽了人性，人就成了最残酷的动物。比如人竟然在活熊身上常年插了导管，以源源不断地取得胆汁；为了得到鲜嫩的肉品，竟丧尽天良地直接从活驴身上选择部位割取。那些现代化养鸡场，则让每只鸡一生固定在不能移动的极小空间，将其当成了工业生产流水线上的一个机械零部件。凡此种种数不胜数，也不忍列举。只是没有人问一句，人类这样干下去，不害怕什么在暗中诅咒我们？

　　一时难以回答。人们只看到了降临在自身的可怕的灾难，比如恶性疾病和瘟疫的肆虐，还有一瞬间令几十万人丧生的天灾。在这种生命无力抵抗的脆弱面前，人类除了必要的坚强，还需要更多的对于其他生命的怜悯，需要唤回自己麻木的情感。人类或许会于某一个可怕的黑夜，隐隐听到动物们发出的诅咒之声。这诅咒真的是施向人类的。

　　人类无论愿意与否，事实上都在接受这种诅咒。如此之多的诅咒散布在天地之间，我们人类又怎么会受得了呢？要知道这既不是迷信，也不是超验意义上的假设，而是心的逻辑，是现实中无法回避的一个大问题。它将越来越显赫地摆在我们面前。有人于十多年前提出了一个假设，就是人类如果有一天完全摆脱了食用动物，能否走入全新的完美呢？这个阶段将是空前的文明在发生，天有不测的灾难也会相应地降到最小。总之，一切都是一个重新开始。这种设想不仅与佛教教义完全吻合，还包含了世俗生活的直接觉悟在里面。

　　事实上，人在冷漠无情地对待动物的同时，对自身的伤害也是同样惨烈的。这种惨烈由于没有直接感到剧痛，所以也就被忽略了。但它的结果一定会以其他方式复制和散布开来，比如战争和种族迫害、人与人之间骇人听闻的酷刑，这一切都类似于残害动物的一场场复制。原来人性的丧失，就是在这种残害动物的尝试中逐渐完成的。人对动物施暴的过程，也是双手沾上鲜血、耳廓听到嘶喊的过程，这种颜色、这种声音一旦渗入心底，就会驻留不去，罪孽感一方面折磨了我们，另一方面又在奇怪地诱惑我们。

我们像孔子的女婿公冶长那样，具备与鸟对话的能力，大概是一种奢望。但是亲近动物，与之发生更多的交流，这种可能却一定是存在的、并不十分困难的。这些事情看似简单，却真的是我们生存中最大的一项幸福工程。

● 张炜，1956年生于山东龙口，原籍山东栖霞。当代著名作家，现为中国作家协会副主席，山东省作家协会主席，万松浦书院院长。第八届茅盾文学奖得主（长篇小说《你在高原》）。《九月寓言》入选"新中国70年70部长篇小说典藏"。张炜是一位充满理想主义和浪漫情怀的作家，文字深沉、细腻，立足于理想中的乡土与传统的道德立场，充满着人文关怀与哲思。其上世纪80年代前期所创作的长篇乡土小说《古船》是一部具有史诗品格的长篇力作，一经发表便轰动文坛，成为20世纪80年代文学创作潮流里长篇小说中的佼佼者之一。

> 所有证明人类较为优越的论调都不能改变这个事实：动物和人类一样能感受到痛苦。
>
> ——彼得·辛格（澳大利亚伦理学家）

美 生 灵

张 炜

暮色中，河湾里落满云霞，与天际的颜色混合在一起，分不清哪是流云哪是水湾。一群羊正在低头觅食。这些美生灵自由自在地享受着这个黄昏。这儿水草肥美，让它们长得肥滚滚的，像些胖娃娃。如果走近了，会发现它们那可爱的神情，洁白的牙齿，那丰富而单纯的表情。如果稍稍长久一点端详这张张面庞，还会生出无限的怜悯。

没有比它们更柔情、更需要依恋和爱护的动物了。它们与人类有着至为紧密的关系，它们几乎成为所有食肉动物腹中之物，特别包括了人类。它们被豢养，被保护，却要为之付出生命的代价。它们只吃草，生成的却是奶、是最后交出的肉体。它们咩咩的叫声，可以呼唤出多少美好的情愫。它们那神秘的、不可理解的互相倾诉和呼唤，那由于鸣叫而微微开启的嘴巴、上皱的鼻梁都让人感到一个纯洁的生命的可爱。

它们像玉石一样的灰蓝色眼睛，一动不动地看着你，直到把你看得羞愧，看得不知所措。

人在这种美生灵面前，应该更多地悟想。人一生要有多少事情要做，要克服多少障碍，才能走到完美的彼岸。这遥遥无期的旅程，折磨的恰是人类自己的灵魂，而不仅仅是这一类生灵。人类一天不能揩掉手上的血迹，就一天不会获得最终的幸福。这是人类的全体未曾被告知的一个大限、一个可怕的命数。在这个命数面前，敏慧的心应该有所震栗。

温柔和弱小常被欺辱，可是生命的无可企及的美却可以摧毁一切。它最终仍然具有威慑力和涤荡力。

三只小羊跟在它们的母亲身边，那种稚声稚气的咩咩声至为动人，它们的母亲对它们的呼叫几乎充耳不闻。它需要抓紧时间摄取更多养料，以便生成奶水来饲喂它们。它知道这些撒娇声，这嗲声嗲气的求告呼喊没有多少要紧。三个孩子没有使母亲注意它们，最后就自觉无聊地在一块儿戏耍起来，像赌气似的，离母亲尽可能远一点，用有些笨拙的、粗粗的、像木棍一样的前腿去踢踏绿草；或者是瞅准一个踽踽前行的小甲虫，用毛烘烘的嘴巴去触碰，打一个不为人知的小喷嚏……这样的把戏玩了一会儿重又无趣起来，它们就一块向着远方奔跑，一蹿一蹿地，那是学着大羊们奔跑的样子。它们一口气跑到了河边。最后它们返回，从几只大羊的空隙中站直起来——它们想起了母亲，立刻惊慌失措地呼叫起来。它们的母亲也在寻找孩子——它一抬头发现孩子们不见了。母亲的叫声比小羊的叫声要粗重有力多了。这遥遥相对的呼应此起彼伏，渐渐惊动了群羊。所有的羊都昂头发出了叫声，帮一个母亲或三个孩子。后来它们三个重新回到母亲身边，羊群才又开始寻找食物。

屠遍索方觉遂并释之放生焉
为羔衔之致墙根下而卧其上
安惊异共事刲宰及廻遂失刀乃
羔忽向安双跪前膝两目涕零
一日欲刲其母缚架上之次其
邠州屠者安姓家有牝羊并羔

广初新志记

《护生画集》之为母乞命

邠州屠者安姓家，有牝羊并羔。一日，欲刲其母，缚架上之次，其羔忽向安双跪前膝，两目涕零。安惊异良久，遂致刀于地，去呼童稚，共事刲宰。及回，遽失刀。乃为羔衔之，致墙根下，而卧其上。屠遍索方觉，遂并释之，放生焉。（《虞初新志》）

羊们几乎毫无侵犯性，全身都蓄满了阳光。它们把这温暖和热量分赠人类，人类却对这宝贵的馈赠毫无感谢之情。他们已经习惯于从羸弱的生命里索取和掠夺，因为他们自己在同类中也常常这样去做。比起很多更弱小的生命来，人类几乎不懂得羞愧。他们更多的时间像羊一样吃草，有机会却要放下草吃羊。他们常常奢谈自然界的所谓"食物链"，却从来不研究自己与其他动植物所构成的"食物链"。在整个神奇宇宙的生命链条中，人类构成了多么可怕的一环。作为某些个体，他们不乏优秀的悟者；作为群体，他们却是无知的莽汉。他们在把整个星球推向毁灭的边缘，却又沾沾自喜地夸耀和骄傲……

暮色苍茫中，这一群美生灵被霞光勾勒出一片剪影。它们驮着所剩无几的光明踽踽而行。在这生命进化的历史上，它们的确是一些跨过了漫长世纪的苍老的生命，它们也许懂得太多太多：关于这个星球、关于漫漫时光、关于生命的奥秘。

原来它们额下垂挂的那一缕胡须，远远不是什么滑稽的标志，而是某种深刻的象征。它们正因为对这个世界知晓得太多了，才这样听天由命。

它们从来都没有停止去做的，就是用自己弱小的身躯，每天驮回最后一缕阳光。

> 我认为一只羊生命的价值丝毫也不次于人的。我不愿意为了保养人身而去夺取一只羊的生命。越是无助的生命就越需要人们的保护以远离那些野蛮的人。
>
> ——甘地（印度国父）

藏羚羊跪拜

王宗仁

这是听来的一个西藏故事。故事发生的年代距今有好些年了。可是，我每次乘车穿过藏北无人区时总会不由自主地要想起这个故事的主人公——那只将母爱浓缩于深深一跪的藏羚羊。

那时候，枪杀、乱逮野生动物是不受法律惩罚的。就是今天，可可西里的枪声仍然带着罪恶的余音低回在自然保护区巡视卫士们的脚步难以到达的角落。当年举目可见的藏羚羊、野马、野驴、雪鸡、黄羊等，眼下已经成为凤毛麟角了。

当时，经常跑藏北的人总能看见一个肩披长发、留着浓密大胡子、脚蹬长统藏靴的老猎人在青藏公路附近活动。那枝磨蹭得油光闪亮的权子枪斜挂在他身上，身后的两头藏牦牛驮着沉甸甸的各种猎物。他无名无姓，云游四方，朝别藏北雪，夜宿江河源，饿时大火煮黄羊肉，渴时一碗冰雪水。猎获的那些皮张自然会卖来一笔钱，他除了自己消费一部分外，更多地用来救济路遇的朝圣者。那些磕长头去拉萨朝觐的藏家人心甘情愿地走一条布满艰难和险情的漫漫长路。每次老猎人在救济他们时总是含泪祝愿：上苍保佑，平安无事。

杀生和慈善在老猎人身上共存。促使他放下手中的权子枪是在发生了这样一件事以后——应该说那天是他很有福气的日子。大清早，他从帐篷里出来，伸伸懒腰，正准备要喝一铜碗酥油茶时，突然瞅见几步之遥对面的草坡上站立着一只肥肥壮壮的藏羚羊。他眼睛一亮，送上门来的美事！沉睡了一夜的他浑身立即涌上来一股清爽的劲头，丝毫没有犹豫，就转身回到帐篷拿来了权子枪。他举枪瞄了起来，奇怪的是，那只肥壮的藏羚羊并没有逃走，只是用乞求的眼神望着他，然后冲着他前行两步，两条前腿扑通一声跪了下来。与此同时，只见两行长泪从它眼里流了出来。老猎人的心头一软，扣扳机的手不由得松了一下。藏区流行着一句老幼皆知的俗语："天上飞的鸟，地上跑的鼠，都是通人性的。"此时藏羚羊给他下跪自然是求他饶命了。他是个猎手，不被藏羚羊的怜悯打动是情理之中的事。他双眼一闭，扳机在手指下一动，枪声响起，那只藏羚羊便栽倒在地。它倒地后仍是跪卧的姿势，眼里的两行泪迹也清晰地留着。

那天，老猎人没有像往日那样当即将猎获的藏羚羊开宰、扒皮。他的眼前老是浮现着给他跪拜的那只藏羚羊。他有些蹊跷，藏羚羊为什么要下跪？这是他几十年狩猎生涯中见到的唯一一次情景。夜里躺在地铺上的他久久难以入眠，双手一直颤抖着……

《护生画集》之焚弓折箭

休宁张村民张五，以弋猎为生，家道粗给。尝逐一麂，麂将二子行，不能速，遂为所及。度不可免，顾田之下有浮土，乃引二子下，拥土培覆之，而自投于网中。张之母遥望见，奔至网所，具以告其子。即破网出麂，并二雏皆得活。张氏母子相顾，悔前所为，悉取置罘之属焚弃之，自是不复猎。（《夷坚志》）

次日，老猎人怀着忐忑不安的心情对那只藏羚羊开膛扒皮，他的手仍在颤抖。腹腔在刀刃下打开了，他吃惊得叫出了声，手中的屠刀"咣当"一声掉在地上……原来在藏羚羊的子宫里，静静卧着一只小藏羚羊，它已经成形，自然是死了。这时候，老猎人才明白为什么那只藏羚羊的身体肥肥壮壮，也才明白它为什么要弯下笨重的身子给自己下跪：它是在求猎人留下自己孩子的一条命呀！

天下所有慈母的跪拜，包括动物在内，都是神圣的。老猎人的开膛破腹半途而停。

当天，他没有出猎，在山坡上挖了个坑，将那只藏羚羊连同它那没有出世的孩子掩埋了。同时埋掉的还有他的权子枪……

从此，这个老猎人在藏北草原上消失。没人知道他的下落。

这个故事让我久久不能平静，世上的爱还有什么能与母爱相比！

● 王宗仁，当代著名散文家，著名军旅作家，人称"昆仑之子"。1939年生，陕西扶风人。1958年入伍，历任汽车76团政治处见习干事、书记，青藏兵站部宣传处新闻干事，总后勤部宣传部新闻干事、宣传组组长，总后勤部政治部创作室创作员、主任。代表作有《昆仑山的树》《传说噶尔木》《青藏高原之脊》等。散文集《藏地兵书》2010年获第五届鲁迅文学奖。现被推选为中国散文学会名誉会长。

此物繁衍大雪域/四蹄物中最奇妙/调服内心能镇定/耐力超过四方众/无情敌人举刀时/心中应存怜悯意。

——八思巴·洛追坚赞（藏传佛教萨迦派第五代祖师、元代帝师、宗教领袖）

英雄藏牦牛

王宗仁

我至今清楚地记得那头牦牛的眼里消失了一道淡淡的蓝光之后，便永远地倒了下去。可以肯定地说，要不是它把生命慷慨地满足了我们急切渴盼的那种需要，包括营长在内的我们是无论如何也走不出藏北沼泽地的。

英雄藏牦牛的躯体悄然无声地化入了冻土层。如今长在泥潭上的小草是不是它的化身？无人知道。

四十多年间，我越来越产生了要为那头献身的牦牛写一篇祭文的强烈愿望，直到2000年盛夏，京城的气温创下历史最高纪录的时候，我才大汗淋漓地提起了笔。我之所以选在这个灼热的酷暑写有关那头牦牛的故事，是因为我知道它长眠的青藏高原在这时候仍然寒风呼啸，狂雪乱舞。而此刻，我要与它共享阳光和热量。

我常常这样想：我们可以原谅别人的无知，但是我们很难容忍麻木不仁的愚昧。就在那头牦牛倒下去后，我们营长说了一句话："不就是死了一头牦牛嘛，给他赔钱！"

牵牦牛的藏族老阿爸并没有收我们一分钱。他跪在断了气的牦牛旁，双手合十，双眼微闭，对着苍天祈祷。这时候，我心头的怨大于爱……

下面我在叙述这个故事的过程中写下的有关介绍藏牦牛常识的文字，都是后来我从实践中和书本上积累而来的，事发时我是一无所知，只知道牦牛就是西藏的牛。

故事发生在遥远的1959年春寒料峭的春天，当时我才19岁。

那是一个暴风雪弥漫的凌晨。我们这台走得异常疲惫的收容车由于开车的我打了个盹，栽进了路边的沼泽地里，幸好人未伤着。三天前，我们小车队在甘肃峡东（今柳园）装了一批运往藏北纳木错湖边某军营的战备物资，昼夜赶路来到念青唐古拉山下，在这片无人区里颠簸着。1100多公里的路程被我们的轮胎啃吃得只剩下百十里路了，眼看我们就要到达目的地了。

汽车是在一瞬间窜下公路的，我当时的感觉是我的身体与汽车一起整个离开了地面，飞了起来。等我睁开眼睛时，车子已经窝在烂泥滩里熄了火。坐在我身旁的营长冲着我大吼了一声："你找死呀！"可是我知道在出事的刹那间，他也刚从酣睡中醒过来。我们确实太累了！助手昝义成绕着汽车在泥沼地里转了一圈。裤腿上溅满了浊黑的泥浆点点，他不说一句话，只是默默地站着。能统率数百人的营长，到了这会儿却显得身单力薄，他一会儿望望无边无际的沼泽，一会儿又踢踢汽车的某个部位，他很烦躁，却没办法弄起这辆瘫在泥沼里的汽车。我当然不会有给营长排忧解愁的办法，但是作为驾驶员在这时候安慰安慰他是绝对需要的。于是，我同他讲了如下的话：

"我们现在可以做一件事，把车上的物资卸下一部分，或全部卸下来，挂好拖车绳，等着来一辆汽车拖我们的车。"

我说了这番话后，就做好了挨呲的思想准备。等着车来救我们？哪有车？我们是压阵的收容车，前面的车早颠得没影儿了；在藏北这片无人区里难得见到个人影，谁会把车开来救我们？使我没有想到的是，营长听了我的话后，并没有像我想象的那样骂我说了一通"废话"，而是长叹一声，迎合了我的想法："看来，只有如此了！"鹰在高远的地方飞翔着，天空显得更加空空荡荡。

我们三个人像埋在地里的木桩桩一样，站在原地。虽然谁也不说话，但是谁都知道对方想的是与自己一样的难题：谁来救我们走出无人区？

就在这时候，本文开头所提及的那头牦牛走进了我们的视线。

赶着五头牦牛的藏族老阿爸根本不需要我们拦挡，就站在栽进泥沼中的汽车旁看起来。他用藏袍的袖口掩着嘴，很仔细地看了汽车窝倒在那里的情形后，将袖口从嘴上拿开，摊开双手很激动地对我们说起来，老人的焦急、无奈以及对我们的抱怨，我都可以从他的表情和动作上看得出来，但是就是听不懂他到底讲了些什么。我不会藏语。好在进藏前每台车上都有一个同志参加了三天短训班，学会了几句常用的藏语。我当时忙于保养车和准备出发的东西，让昝义成去出这个公差。此刻他只能用半藏半汉的语言与老阿爸交谈，磕磕绊绊地说了半天，总算把老人的意思明白了个大概。老人是说："你们笨得连牦牛都不如，怎么会把车开进那个地方去，这是死亡地带，进去一百台车也只能被那些烂泥吃掉。"营长到底比我们这些娃娃兵见多识广，他一听老阿爸讲到了"牦牛"二字，马上眼睛一亮，一拍大腿，兴奋地说："好，有啦，让牦牛拖车！"

老阿爸二话没讲就同意了用他的五头牦牛把我们的车拖出沼泽地。

接下来，就该我和助手忙碌了。取拖车绳，挂拖车绳，铲除轮胎下的泥浆……

乘这个空当，我要给读者介绍一下牦牛的情况。是的，我必须在那头牦牛献身之前把它和它的伙伴们牵到更多的人面前，让大家更多地了解一下这些一直被我称作"无言的战友"的情况。需要说明的是，我在陈述牦牛的事情时，心总是沉浸在幸福和歉疚两种情绪中。

藏语里称牦牛为"亚克"，意思是宝贵的财富。有句谚语叫做：西藏的一切都驮在牦牛背上。这反映了牦牛在西藏牧区的无法替代的地位。一头负载100千克的牦牛，每日可以走20～30公里路，能连续跋涉一个月。有这样两个历史数字：1962年中印边境发生战事时，汽车和人力难以把大批的弹药运到边境哨所战士的手中，正是牦牛出色地完成了这任务；1975年中国登山队第二次攀登珠穆朗玛峰时，曾有几头牦牛把登山队的装备和生活日用品，一直驮到海拔6500米的冰山营地。以上是牦牛善的一面，牦牛还有"恶"的一面。它对付凶残野兽有特别的能力，因而是牧民们保护牲畜的勇敢卫士。牧民在山野放牧时，如果狼群来袭击，牦牛不需要主人发号施令，就会主动地迅速围成一圈，牛角朝外，向狼发起进攻，猛烈地冲过去。这迅雷不及掩耳之势往往使狼群难以招架，只得遑遑而逃。想逃？没那么便宜。这时牦牛群又兵分两路，一路继续穷追不舍，另一路突然夺路而上，切断狼群的后路，进行两面夹攻。狼们根本没法防住牦牛这招，绝大部分惨死在了牦牛的飞蹄下。牦牛保卫牲畜的每一场激战，几乎都是以狼群的惨败而告终。

《护生画集》之仁且智

嘉靖乙卯，胡抚镇贤，统兵御倭。至临山，少憩树下，见屠儿将解一牛。一犊尚随乳，将利刃衔至车薄内，以蹄蹈没泥中，屠儿遍索不得。（《虞初新志》）

西藏是名副其实的牦牛的故乡。据资料记载：世界上的牦牛种类的80%在西藏。

营长一直双手叉腰看着我和昝义成手脚不闲地忙碌着。说句心里话，有营长在身边站着，而且还时不时地指点着我们的动作，我工作起来格外有劲头，也忙乎得很有秩序。想想吧，一营之长，大尉军衔，要不是这次执勤他坐在我车上压阵，就那么容易能见到他吗？后来，老阿爸也成了我们的帮手。多亏了他，不然我们绝对不会把这五根拖车绳套在牦牛脖根上——收容车上有的是各种汽车材料，光拖车绳、拖车杠之类就准备了十根。可见我们对在无人区行车之艰难是有思想准备的。老阿爸肯定够得上一位"牦牛将军"了，只见他将右手的食指弯曲放在嘴边，唇间立即发出一声接一声响亮而悠长的哨音，五头牦牛像士兵听到集合号声一样一字排开，站在了他面前。之后，老阿爸让我和昝义成在每根拖车绳上挽了个圆扣，他自己动手将圆扣套在了牦牛脖子上。牦牛是要拖拽着汽车的屁股出险境的。营长让我钻进驾驶室启动了马达，挂上倒挡，他配合老阿爸指挥我倒车。一切都是那么顺利，也非常简单，随着老阿爸的口哨声和营长"一、二、三"的口令，我狠踏油门，汽车在泥沼地里前后活动了三下就被拖出了沼泽地。

这时，太阳刚刚爬出雪峰，鲜红的金粉洒遍了藏北大地。

我万万没有想到，不幸的事情就在我们以为一切都没问题时发生了。

汽车被拖上公路后，我将车开出十多米停在了路边。我下了车，准备好好感谢一下老阿爸，要不是他的五头牦牛，我们这车还不知要在泥沼之中窝多久呢！就在这当儿，我发现有一头牦牛躺在了公路中央，四条腿绷得直直的，浑身像筛糠样颤抖着。老阿爸扳着牦牛的两条后腿像划桨一样摇晃着。刚才拖车时我从后视镜看得清楚，这头牦牛使着劲拽车，期间它摔倒了两次，爬起来又拽。想必是它用劲太狠，伤了内脏什么的，要不它不会抽搐得这么厉害。老阿爸摇晃它的腿，显然是一种抢救它的措施。然而，这不会有什么作用的，很快那头牦牛就停止了抽搐，死了。它的四条腿仍然绷得直直的。就在它咽气的前一秒钟，我看见它那蓝色的瞳仁一闪，便永远地从这个世界上消失了。

老阿爸尖厉地哀叫了一声，便跪倒在牦牛面前，干枯的眼眶里涌出了亮晶晶的泪花。他用手在胸前画着什么，嘴里默诵着我们听不懂的话语。我能想象得出，牦牛在老人生活中的重要地位。他终年在这藏北无人区游牧，即使有自己的妻室儿女，因为过着游牧生活不得不各走一方，一年也难得有几次全家团圆的机会。牦牛是他的有生命的车，又是他无言的朋友，给他驮载东西，为他生养小牦牛，还保卫他和牧畜的安全。现在牦牛永远地离他而去了，老人心中的悲凉和惋惜是可想而知的。

老阿爸那扯得长长的哭声划破了寂寞而空旷的藏北天空。我的心酸酸的，暗想：不管冻土层有多厚，太阳终究会笑起来的。一头牦牛死了，另有一头母牦牛会生出一头小牦牛弥补老人心中的空缺。

我这么想着想着，便在营长的督促下登上了驾驶室。因为他提醒我该赶路了。我上了车，并不立刻去踩动马达，老阿爸的哭声牵动着我的心。

也许是我的犹豫使营长感到自己还应该做些什么，他又喊我下了车，说："老人哭得太伤心，这头牦牛也死得太惨了！"稍停，他接着说："给他赔些钱吧！"说着他就从衣兜里掏出一沓角钱（我真不明白他怎么有这么多的毛票），在拇指上吐了点唾沫，开始数票子，数到50张时，打住，把钱给我，让我送给老阿爸。

老阿爸自然是不懂汉语了，但是在营长数钱的时候，他一直盯着营长的手。

我手里捏着5元钱走到老阿爸跟前，却张不开口，不知说什么好。我总觉得用5元钱去理直气壮地换头为救我们而死了的牦牛太轻看牦牛的主人了，对我们也是一种漠视——钱多钱少当然应该当回事了。但是在这里似乎有一种千金难买的东西在我们和老阿爸之间闪光。我指的不仅是牦牛，还有老阿爸。他和我们素不相识，陌路人而已。然而在我们需要别人伸手援助时他义无反顾地站出来，用自己的"亚克"救出了我们的汽车。牦牛的死既可以认为是意料之外的事，又可以看成意料之中的事，但是他在行动之前和我们没有讲过任何价钱。5元钱换不回死去的牦牛，5元钱也买不到老阿爸对牦牛的那腔深沉的真情。

营长好像没有发觉此刻我复杂的心情，一个劲地催我快把钱送给老阿爸。最终我还是鼓起勇气把钱递到老阿爸的面前，他又是摇头，又是推开我的手，就是不肯接受这笔钱。我从老人家脸上的表情和说话的语气中看得出，他根本不是嫌钱少，而是打心眼儿里就觉得这钱不该归他。藏北大地上那时候没有一棵树，我突然觉得老阿爸却是一片鲜嫩的树叶，所有秋天的果实都抵不上这片没有长在树上的叶子的重量。

我的想法和行动竟然截然相反。

我不能不完成营长交给我的任务，便一个劲地往老阿爸手里塞钱。老人张开着手掌，当我硬把那50张毛票放到他手心里时，突然刮来的一阵风将钱吹得漫天飘起来。

老阿爸看看没去追。我看看也没去追。

营长和昝义成都站着没动。

奇怪的是，那飘飞的钱总也不肯落地，一直飘在沼泽地的上空，我们望着它，渐远渐小……

41年了，如今老阿爸很可能已经不在人世了。但那些飘飞在藏北沼泽地上空的纸币还清晰地浮现在我眼前。

英雄藏牦牛英魂长在！

当我们伤害其他生命时，其实就是在伤害自己；当我们带给别人快乐时，就是储备了自己未来的快乐。要培养慈悲心，就是要了解众生都是相同的，拥有相同的痛苦。要知道你既与众生不可分割，也不优于一切众生。

——索甲仁波切（西藏宁玛派大圆满喇嘛、《西藏生死书》作者）

逃不脱枪口的藏羚羊

王宗仁

那一声枪响已经消失了三年，白玛拉吉想起来仍然戳心般痛：当初那只胎毛未干的小藏羚羊也长成了大个头，但是夺走它妈妈的那声天塌地陷般的枪声，分明没有从它耳边散去。藏羚羊也有人一样的灵性，也会知恩必报，不信吗？

那只藏羚羊每次来探寻白玛拉吉时，它总是探头探脑、半遮半掩地站在老远的地方，仰起头提心吊胆地张望着。它想快点见到那顶帐篷里的主人，又怕有不测的大祸降临。

藏羚羊对那顶帐篷本来是很熟悉的，现在却变得陌生了；它和帐篷的主人本来关系很亲密，现在也不敢走近她了！

藏羚羊的眼角挂着两行风干了的泪痕……

那是个天空飞撒着零星雪粒的清晨，满脸苍白的阿妈抱着一只从草滩上救回来的浑身血迹的小藏羚羊，一进帐篷就栽倒在地上了。受惊再加上疲累，使她说话都不成句："孩……孩子，快……快去兵站……找'门巴'（医生）！"藏羚羊的血在阿妈的藏袍上浸染了一道道的血斑。

那声始料不及的枪响使阿妈一想起来心头就发颤。太阳刚刚出山，她吹着悠长的口哨，赶着羊群去草场。不远处有一大群藏羚羊，像与她家的羊比赛竞走似的涌动着。这季节，藏羚羊刚在繁殖地产完羔。阿妈站在原地，双手合十，默默祈祷那些小生灵们一路平安。她无论如何没有想到，就在这时，一声枪响，随之一只藏羚羊就倒下了。其余的藏羚羊四散而逃。只剩一只小藏羚羊跑了几步后，站定了哀叫——显然它是受害藏羚羊的羔子，是从枪口下逃脱的小藏羚羊。阿妈看得清清楚楚，有个蒙面人将倒地的藏羚羊甩到背上，随即缩头缩脑地钻进了一条山岔。那只小羔子仍在远远的地方撕裂嗓子般不停地哀叫……

从此，可可西里荒原上这母女俩相依为命的牧人帐篷里，变成了三口之家，一只出生不到半个月的小藏羚羊成了她们家的成员。兵站的"门巴"给小家伙包扎了受伤的双腿，没出一个月它的枪伤就痊愈了。母女俩商议好，要尽全力把失去母羊的小藏羚羊养大。她们给它修起了冬能挡风雪、夏可遮炎日的羊栏，采集来了它喜欢吃的上好牧草。阿妈从自己多年的观察中发现藏羚羊最爱饮不冻泉里的水，便特地到远处雪山下的不冻泉汲水喂它喝。白玛拉吉对这个小伙伴感情尤其深，常常抱着它到草场去放牧，但是它绝不和家羊同处，总是独来独往。有时一只家羊走近它，它会立即警惕地竖起耳朵去撕咬家羊，尥起蹄子刨赶家羊。它只专一地爱白玛拉吉，就连阿妈给它喂草、喂水时，也会遭到它的拒绝。阿妈嫉妒了：小东西，你忘恩负义了，当初可是我把你从黑心猎人的枪口下救出来的！它好像听懂了，轻轻地叫两声，表示歉意。

小藏羚羊长到一岁了，显然那小羊栏已经养不住它了，它常常跑出羊栏到远处找牧草。有一天，它终于离开牧人之家，扑进山野的怀抱，回归了大自然！为此，白玛拉吉难过得流了很多伤心的眼泪。

谁也没有想到，半年后的一天，这只藏羚羊又回来了。不过，它并不靠近阿妈的帐篷，只是远远地站着看着。白玛拉吉几次想走近它，和它亲热，它都跑开了。过些日子，它又回来，仍然远远地站着，向帐篷张望、张望……藏羚羊此举引发了人们的种种猜测：有人说它是怀念死去的母羊，回来闻闻妈妈的气息；有人说它是不忘白玛拉吉的养育之恩，回来表示谢意；还有人说，它现在成了孤独的掉队者，想加入阿妈的家羊行列……但到底是怎么一回事，谁也说不清。

可可西里的许多人都知道这只藏羚羊的神秘行踪。

秋日的一天中午，这只藏羚羊又回到了那个老地方。就在它像往常一样远远地望着白玛拉吉家那顶帐篷时，突然一声枪响，它应声倒下了。不过，偷猎者并没有得到这只藏羚羊，白玛拉吉和阿妈一听见枪声就从帐篷里跑出来，抱回了藏羚羊。它已经死了！母女俩紧紧地抱着一具尸体。

几分钟前还活蹦乱跳的一只藏羚羊，怎么转眼间就死了！它本是从枪口下逃生的，没想到最后还是倒在了枪口下！

《护生画集》之倘使羊识字

倘使羊识字，泪珠落如雨。口虽不能言，心中暗叫苦。

> 一生中最忠实的朋友，第一个迎接我，第一个保护我。
>
> ——拜伦（英国19世纪初浪漫主义诗人）

一条狗的事业

王开岭

一

日本"3·11"地震中，福岛老人大江五郎痛失爱犬Aya，紧急逃难时，它被割舍了。此后，老人愧疚不已，两度冒险返寻，未果。八个月后，灾民还乡，远远地，老人惊呆了，自家的报废车旁，有个影子静静趴着，是Aya！虽瘦弱不堪，无力跑向主人，但它活着！它一直守着家的残骸。

东京涩谷车站，有座犬的铜像。1924年，一条叫八公的犬随主迁来东京，每个晨昏，它都在这座车站迎送主人。某天，主人未归，他上班时突发心脏病，去世了。此后九年，该犬每天准时蹲候于此，风雨无阻，直至终老。1987年，诞生了一部著名电影——《忠犬八公的故事》。

这些伟大举止，其实只是一条狗的平静事业。

狗的特质在于：它需要家。

一条狗，天生即有归属，它直奔人而来，它是来投亲的。

它以儿童身份，闯入人的亲情体系，成为一名四条腿的家庭成员，成为一个没有血缘的孩子。

如皮筋，狗黏人，其一辈子的嬉戏跳跃，皆以主人膝盖为圆心，以主人唤声为半径。人类从狗身上获得的，正是父母在儿童身上获得的。

幼儿会长大，会叛逆，会用复杂覆盖简单、以深刻替换纯真，狗不，它是永远的蒙童。其心智稳定，不求深奥、不改伊始，你见过一只狗用智力欺负另一只狗吗？即便冲突，也仅在体力上进行，这正是儿童特征。

人不仅做家长，更是狗之偶像、狗之宗教。一个人，无论社会角色多卑微，在膝下狗眼里，都是伟岸的，是神明，是唯一和全部。狗之仰，会让一个乞丐成为富翁，让一个流浪汉成为国王。

此等崇拜，不单是骨头的贿赂，更与狗的基因和秉性有关，与狗的世界观有关。

执着、依恋、从一，耳鬓厮磨、情大于智，狗身上最迷人的东西。

亦正是儿童的品质。

每条狗，都有一双手抚摸它的头。它用摇尾和皮毛的温情来回报。

唐人潘图有诗，形容了落魄之人的还乡："归来无所利，骨肉亦不喜。黄犬却有情，当门卧摇尾。"

有张照片，拍的是纽约街头一个男人和一条狗：理查森，男，1984年起连续投资失败，2007年破产，妻子离弃，亲朋远之，唯有一条叫Jooy的狗寸步不离，陪之街头流浪。从Jooy恬静的睡姿中，可见它对主人的信任和对现状的满足。

这样的忠诚度，大概唯影子可比。

精神上，或许每个人都需要一条狗，以弥补同类之间缺失或断裂的那种关系。

二

苏格兰爱丁堡，一位病重的老人请流浪狗巴比吃了顿饭，老人去世，送葬队伍前往墓地，巴比一路紧随，驱之，无效。此后十四载，除去觅食，巴比一直蹲守墓旁。为瞻念，当地人在广场立了座巴比雕像。

日本有家养老院，专门收留退休后的导盲犬，每只犬去世后，有一座小小墓碑，它服务过的盲人或亲属常来扫墓，带来鲜花和它喜欢的玩具。

这些故事的启示是——

仅靠同胞之间产生的情感，在类型、成分、配方和营养上，也许是不够的。人与动物往来的价值即于此，尤其性灵动物，人在其身上的投入和彼此交换的内容，定会反哺自己，使人更加像"人"，此即宠物的诞生原理和美学意义。人在宠他中体验被宠，在被需要中实现自我需要，在被器重中学习自我器重。

但双方并不完全对等。动物美德，会无遗地赠与人类；人之美德，只是部分地、有条件地对异类开放。

2008年5月12日午间，四川北川县，一只叫小花的狗忽然狂吠，拼命叼人衣角，众人惊惧，随之离屋，俄顷，地动山摇，房舍成墟。地震一周后，为防疫，政府颁灭狗令，小花被绞杀，毫无逃避之意。

《护生画集》之勇且智

石门吴又乐言：光绪庚辰知青浦县，以公事至乡，泊舟月城镇。沿岸有竹篱，有童子六七，嬉戏其间。俄一童子失足堕水。男妇皆惊顾，而岸陡绝，不可下。又乐欲移舟救之，而橹舸维系甚牢，且长年三老，皆散就酒家，一时不易召集。正愕眙间，忽有狗跃入水中，衔童子之衣，泅水而至对岸。盖此岸峻削，而彼岸则陂陀可上也。狗曳童子登岸，其家人亦趋至，抱之起，幸无恙。（俞曲园《笔记》）

狗从不怀疑主人的召唤，任何时候，都会径直奔来。

人陶醉于这份信任，而自己却常常撕毁它，辜负它。

重庆西南政法校区，有只整日徘徊、神情凄然的狗。据附近店主说，它叫大黄，主人是名学生，两年前毕业时抛下了它。过去，主人傍晚即带它沿此遛达，这曾是一只快乐的狗。

它不知发生了什么，只嗅得这条路的意义，它行走在往事里。我在微博上说："这是一条狗的《寻人启事》。可怜的孩子，这么早就开始回忆了……"

一个辜负了动物信任的人，很容易辜负他的同类，撕毁人间契约。

三

我曾多次被问：何以反对吃狗肉？何以鸡杀得、狗杀不得？

我问：你会围剿一只老鼠，但你会侵害一只"米老鼠"吗？你会面无表情地宰一只鸭子，而当一只"唐老鸭"跑过来，你还下得去手吗？

是"熟人"的身份震慑了你。

这份难度和阻力，就叫文明。此即动物眷属的涵义。

不忍，不愿，不敢。

因为它的社会性身份，因为它已被充分人文化、人格化了，因为你热爱这个童话里的精灵。无论它住在卡通积木里或大摇大摆走出来，你都会垂怜有加。

它们是老鼠、鸭子，但是另个版本的老鼠和鸭子。

于是全变了。

狗也一样。它离人太近，太贴身，每只狗都被主人赋予了唯一性，都有一个随时让之竖起耳朵的昵称，在生活角色、情感地位和彼此给予上，它已逼近人类自己的位置了。

狗不再是洪荒年代的狗，人也不再是山洞里的猿。

这就是进化，这就是狗的殊遇之由来。

世上有一种权利，只有当它普遍被弃用时，我们才深切感到：人，配得上更多的授权。

吃狗肉，即这样的权利。

四

米兰·昆德拉说："狗是我们与天堂的联结。在美丽的黄昏，和狗儿并肩坐在河边，犹如重回伊甸园。"

狗，是一种幸福的意象，它象征着人烟、故里、守望、伙伴、记忆、天伦、安居乐业……中国古人对此作了淋漓描绘：

"暧暧远人村，依依墟里烟。狗吠深巷中，鸡鸣桑树颠。"

"柴门闻犬吠，风雪夜归人。"

"老夫聊发少年狂，左牵黄，右擎苍……"

天地之间，人和狗相认，是何等缘分！

上苍造人，接着造的，一定是狗。

人在荒野里捡到了它，带回家，取个男娃或女娃的名……它回报主人的，是一生的童年和相濡以沫。

如果你身陷绝地，仍不觉孤单，那是因为，你有一条狗。

如果你家徒四壁，仍不觉惨淡，那是因为，你有一条狗。

如果你膝下无嗣，仍不觉苍凉，那是因为，你有一条狗。

● 王开岭，1969年出生，山东滕州人。现居北京。作家、媒体人。历任央视《社会记录》《24小时》《看见》等栏目的指导和主编。著有散文和思想随笔集《精神明亮的人》《古典之殇》《跟随勇敢的心》《精神自治》《激动的舌头》《王开岭作品·中学生典藏版》等十余部，作品入录国内外数百种优秀作品选。其作品因"清洁的思想、诗性的文字、纯美的灵魂"而在大中学校园具有广泛影响，入录苏教版高中语文教科书、《新语文课本》和各类中高考语文试题，被誉为中国校园的"精神启蒙书"和"美文鉴赏书"。

谁道群生性命微？一般骨肉一般皮。劝君莫打枝头鸟，子在巢中望母归。

——［唐］白居易《鸟》

湮灭的燕事①

王开岭

笙歌散尽游人去，始觉春空。垂下帘栊，双燕归来细雨中。

——欧阳修

一

每逢"雀巢奶粉""雀巢咖啡"，总念及失散多年的燕窝。

我最近一次遇见它，约八年前，在北京白塔寺附近，电视剧《四世同堂》曾拍摄于此。途经一门楼时，忽闻一缕怯怯的唧喳声，像从雾里钻出来的。至今，那声犹在耳畔，难以名状，却是对"呢喃"的最好注释。循着那声，我瞅见了久违的燕窝，在门楼内侧的横梁上。

我笑了，是一簇嗷嗷待哺的雏燕。

朱门虚掩，有副对联：翩翩双飞燕，颉颃舞春风。

横批：非亲似亲。

好一户知书达理、其乐融融的人家！在那盆燕窝下，我翘望了半天，舍不得走。分手时，想起一首儿歌，"小燕子，穿花衣，年年春天来这里……"想必，这家小主人也是天天唱的罢？

燕窝最堪称"呕心沥血"。

它是点点滴滴吐唾的结晶。其址选于檐下或梁上，雌雄双燕含辛茹苦

---

① 摘自《古典之殇——纪念原配的世界》，王开岭文集之一。

衔来泥粒、草茎，以唾液凝成碗状，内垫软物，一个家便落成了。让人垂涎的名肴"燕窝"，乃燕族中金丝燕和雨燕的家，据说采摘时，常见巢畔咯血滴红，甚有亡燕陈尸，皆劳累所致。燕之心血、津唾、爱巢，经人的腹欲幻变，竟成了美味、珍馐。

一个半世纪前，欧洲战乱，因营养不良，婴儿夭折率很高。一位叫亨利的瑞士男子心急如焚，他将鲜牛奶和谷米粥混合，发明了一种雏儿饮品，无数饥饿的儿童被拯救。不久，亨利创办了一家食品公司，冠名"雀巢"。此后经年，公司越来越大，屡有人提议更名，皆被亨利家族拒绝。

何以对小小雀巢如此钟情呢？我想，大概因意象之美吧。巢，总是触发人们对"家""哺乳""温情""安全""信任"等的联想。

巢，一个高浓度的爱词。

三年前一个冬日，再过白塔寺，我大吃一惊，旧街拆迁，一片狼藉。

那栋曾让我眷恋的门楼也不见了，只剩歪倒的石礅。

心里一阵惘然，试想，数月后某个春日，当南徙的旧燕如约归来，这儿将上演怎样的情景……

古时候，人常把山河羁旅、家国破碎的黍离之情与燕事连在一起，像什么"暗牖悬蛛网，空梁落燕泥""满地芦花和我老，旧家燕子傍谁飞"，而燕的心境，却少有人揣度。面对故园颓毁、梁栋无踪，那寻寻觅觅的徘徊、声声断肠的哀鸣、空空怅怅的彷徨，又寄与谁呢？

我不敢想象归燕的神情了。它还蒙在鼓里，不知千里外的变故。愿它迷了路另投他乡吧，转念一想，不对，燕子记忆力极好，且天性忠诚。

"燕子归来衔绣幕，旧巢无觅处。"这一幕注定要上演。

二

鸟族中，与人关系最密的当属燕，尤其家燕。

它用近在咫尺、同宿共眠的依依亲昵——证明了人间原来并不可怕。

它以登堂入室、梁上君子的落落大方——证明了市井的慷慨与温情。

"翩翩新来燕，双双入我庐。"（陶渊明）

"自喜蜗牛舍，兼容燕子巢。"（李商隐）

燕身俊长，背羽蓝黑，故称玄鸟。尤其它翅尖尾叉，开合似剪，欧洲"燕尾服"就汲此灵感。唐人李峤，淋漓刻画了其形神："天女伺辰至，玄衣澹碧空。差池沐时雨，颉颃舞春风。" 古诗文中，燕几乎是被歌咏最多的，"燕"字被召入名氏的频率也最高。

师从物性，向自然学习，乃古人惯常的精神功课。燕的貌态和习性，不仅给人带来审美愉悦和灵感，更在思想与伦理上刺激和提携着人心，成为一支重要的人文资源。这一点，从其称呼中即可显现：春燕、征燕、归燕、新燕、旧燕、喜燕、劳燕、双燕……

"几处早莺争暖树，谁家新燕啄春泥。"（白居易）

"燕子不归春事晚，一汀烟雨杏花寒。"（戴叔伦）

相传，燕于春天社日北迁，秋天社日南徙，所以，它便成了惜时的最佳情物。

南来北往的疾行之色，给燕披上了一抹吉卜赛气质，你可感伤为游民的动荡与飘沛，亦可领会成人生的诗意与辽阔。尤其于现代国人，这种天高任鸟飞的流畅，这种免户籍之扰的自由，招人羡慕。

看来鸟事比人事简单、自然比人际宽容啊。

燕的归去来兮、巢空巢满，更从行为和心灵美学上，渲染了人世的悲欢离合。早在《诗经》年代，人即以燕事比喻送嫁，"燕燕于飞，差池其羽，之子于归，远送于野"（《邶风·燕燕》）。尤其燕的万里识途和履约而至，更让人生出欣慰和暖意，正像杜甫《归燕》所赞："春色岂相访，众雏还识机。故巢傥未毁，会傍主人飞。"

在恋旧、忠诚、守诺等情操上，燕比犬执着，比人可信。

而且，燕的归来，以千山万水为脚力成本，更让人感动。

人对燕的宠幸，还有一大缘由：情爱审美。

鸟族中，燕是出了名的勤勉，除筑巢之累，更体现在哺雏之劳上。

"片片仙云来渡水，双双燕子共衔泥。"（张谔）

"晴丝千尺挽韶光，百舌无声燕子忙。"（范成大）

白居易的《燕诗示刘叟》描绘更详："梁上有双燕，翩翩雄与雌。衔泥两椽间，一巢生四儿……须臾十来往，犹恐巢中饥。辛勤三十日，母瘦雏渐肥。喃喃教言语，一一刷毛衣。"

而且，这份伟大的家务，离不开一个字：双。一夫一妻制的燕子，素以恩爱著称，视觉上的颉颃翩跹、出双入对，经人的情感镜片，即成了相濡以沫的伉俪之美。

这种生儿育女、如胶似漆的情态，怎不撩人心呢？

"思为双飞燕，衔泥巢君屋""在天愿作比翼鸟，在地愿为连理枝"……动物伦理，就这样深深鼓舞并提携着人的伦理。

祥鸟、瑞鸟、爱情鸟的地位，就这样定了。

《护生画集》之"唯有旧巢燕，主人贫亦归"

几处双飞燕，衔泥上药栏，莫教惊得去，留取隔帘看。（宋 范成大诗）

三

"燕藏春衔向谁家。"

几千年里，人一直把燕访视为大吉，欢天喜地恭迎，小心翼翼伺奉，不仅宅第开放，檐梁裸呈，甚至夜不闭户。一方面民风敦厚，治安环境好；一方面燕子勤早，方便其外出。

在闽南乡下，见民居两耳有高高翘起的飞檐，颇有"细雨鱼儿出，微风燕子斜"之象，一打听，原来叫"双飞燕"，真是形神兼备。我想，摹仿即热爱吧。

"莺莺燕燕春春，花花柳柳真真，事事风风韵韵。"

在人类栖息史上，喃语绕梁、人燕同居——堪称最大的佳话与传奇。在我眼里，甚至是比"风水"更高的自然成就和美学理想，乃天人合一、安居乐业之象征。

然而，随着院落平舍被取缔、高楼大厦之崛起，一个颠覆性的居住时代降临了。开放变成了幽闭，亲蔼变成了严厉，盛情变成了冷漠，慷慨变成了吝啬……

这注定了做一只当代燕子的悲剧。

这远非"旧家燕子傍谁飞"的问题了，而是无梁可依、无檐可遮、无台可歇、无舍可入。

杜牧在《村舍燕》中道："汉宫一百四十五，多下珠帘闭琐窗。何处营巢夏将半，茅檐烟里语双双。"是啊，既然殿堂紧闭，那就改宿乡墟吧，野舍虽简，却不失温暖。可对一只现代燕子来说，即没这幸运了，无论城乡，皆为冷酷的户窗和铁蒺藜的防盗网。

人在囚禁自己的同时，也羞辱了燕子的认亲。

燕和贼，面对一样的难题，陷入相似的境遇。

人居的封闭式格局，意味着燕巢的覆没。

"卷帘燕子穿人去，洗砚鱼儿触手来。"流传几千年的燕事，真要与人烟诀别了吗？若此，于人又有何损失呢？

多是务虚的失落，比如风物景致、美学意境上的，比如少了端详燕容的机会，少了托物寄情的对象……总之，不外乎诗意的减损，于极端务实和糙鲁之心，当然不算什么。

不知人祖是否与燕族有过长相守的誓盟？

炊烟的升起、茅舍的诞生，孕育了人燕厮磨的俗习，如今却闭门谢客，这算不算背信弃义和严重毁约呢？

是人类不忠，还是人在背叛自己？背叛自己的童年和发小？

《护生画集》之覆巢

谁家稚子太无聊，偷把长竿毁雀巢，雀命区微人不惜，童心残忍罪难消。（夕颜诗）

四

"无可奈何花落去，似曾相识燕归来。"

最近一次邂逅，是初春的郊野，稀稀拉拉，像几粒黑柳叶，随电线一起飘忽……在我眼里，那影子是忧伤、茫然的，是失魂落魄的。

世界究竟怎么了？

它不会懂。它所能做的，只有修改自己。

它要修纂上万年的家族遗传，改变栖息习性，学会风餐露宿……并用几千年的光阴去调教子嗣，将骨子里与人为邻的基因一点点剔除、涤净，恢复远古的流浪，恢复它在猿祖裹树叶、住山洞那会儿的天性。

呜哉，安得广厦千万间，大庇天下燕士俱欢颜？

> 伦理不仅与人而且也与动物有关。动物和我们一样渴求幸福、承受痛苦和畏惧死亡。如果我们只是关心人与人之间的关系，那么我们就不会真正变得文明起来，真正重要的是人与所有生命的关系。
>
> ——史怀泽（德国人道主义者、非洲圣人、诺贝尔和平奖获得者）

泪的重量

林　希

轻的泪，是人的泪，而动物的泪，却是有重量的泪。

那是一种来自生命深处的泪，是一种比金属还要重的泪。也许人的泪中还含有虚伪，也许人的泪里还有个人恩怨，而动物的泪里却只有真诚，也只有动物的泪，才更是震撼人们灵魂的泪。

我第一次看到动物的泪，是我家一只老猫的泪。这只猫已经在我家许多年了，不知道它有多大年纪，只知道它已经成了我们家的一个成员。

多少年过去，这只老猫已经太老了。母亲说，这只老猫的寿限就要到了。我们一家人最担心的是怕它死在家中一个不为人所知的角落，我们怕会给我们带来麻烦。就这样每天每天地观察。我们只是看到这只老猫确实是一天一天地更加无精打采了。但它还是就在屋檐下，窗沿上静静地卧着，似在睡，又似在等着那即将到来的最后的日子。也是无意间的发现，我到院里去做什么事情的时候，因为看见这只老猫在窗沿上卧得太久了，我就过去想看看它是睡着了，还是和平时一样地在晒太阳。当我靠近它的时候，我却突然发现，就在那只老猫的眼角处，凝着一滴泪珠。看来，这滴泪珠已经在它的眼角驻留得太久了，那一滴泪已经被太阳晒得活像一颗琥珀，一动不动，就凝在眼角，还在阳光下闪出点点光斑。"猫哭了。"不由自主地，我向房里的母亲喊了一声，母亲立即就走了出来，她似在给这只老猫最后的安慰。谁料这只老猫一看到母亲向它走了过来，立即挣扎着站了起来，用最后的一点力气，一步一步地向房顶爬去。这时，母亲还尽力想把它引下来，也许是想给它点儿最后的食物，但这只老猫头也不回地，就一步一步地向远处走去了，走得那样缓慢，走得那样沉重。

直到这时，我才发现，是我们对它太冷酷了，它在我们家活了一生，我们还是怕它在我们家中终结生命，总是盼着它在生命的最后时刻，能够自己走开，无论是走到哪里，也比留在我们家强。最先我们还以为是它不肯走，怕它要向我们索要最后的温暖，但是我们把它估计错了，它只是在等着我们的最后送别，而在它发现我们已经感知到它要离开我们的时候，只留下一滴泪，然后就悄无声息地走开了，不知走到什么地方去了。

哭友

李迈庵自记自滇游
回有僕染瘴而死僕
携有二鹦鹉流泪三
日不休亦死

《护生画集》之哭友

李迈庵自记：自滇游回，有仆染瘴而死。仆携有二鹦鹉，流泪三日不休，亦死。（《虞初新志》）

动物的泪是圣洁的，它们不向人们索求回报。

我第二次看到动物的泪，是一头老牛的泪。我们家在农村有一户远亲，每年寒暑假，母亲都要把我送到这家远亲那里去住，那里有我许多的小兄弟，更有一种温暖的乡情，还有我在城市里得不到的真诚的快乐。

　　而最令人为之高兴的是远亲家里有一头老牛，这头老牛已经在他们家里生活了许多年。老牛很有灵性，它能听懂我们的语言。每当我模仿牛的叫声唤它的时候，它就一定会自己走到我们身边，然后我们就一齐骑到它的身上，不用任何指挥，它就把我们带到田间，我们就在地里玩耍，它在一旁吃草，谁也不关心谁的事。

　　当然，也是在这头老牛太老了之后，它终于预感到一件事就要发生了，这时它也和所有的动物一样，开始和它的主人疏远了。每天每天，我们总是看到它的眼角挂着眼泪，也是那种无声的泪。而且，这头老牛最大的变化，就是它不再理睬我们这些小兄弟了。有好几次我还像过去那样学牛的叫声，想把它唤过来，它明明是听到了我们唤它的声音，但它只是远远地抬起头来向我们看，然后理也不理地，就低下头做自己的事了。

《护生画集》之农夫与乳母

忆昔襁褓时，尝啜老牛乳，年长食稻粱，赖尔耕作苦，念此养育恩，何忍相忘汝。
西方之学者，倡人道主义，不啖老牛肉，淡泊乐蔬食，卓哉此美风，可以昭百世！

　　传统的民间习惯，总是把失去劳力的老牛卖到"汤锅"里去。所谓的"汤锅"，就是屠宰场，也就是要把失去劳力的老牛杀掉卖肉。这头老牛好像早就有了一种预感，每次回到家里，它总是用心地听着什么，而门外一有了什么动静，它就紧张地抬头张望，再也不似它年轻的时候，无论外面发生了什么事，它都理也不理地，只管做着自己的事。然而，这一天终于到来了，只是听说"汤锅"的人来了，还没见到人影，就见那头老牛哗哗地流下了泪水，老牛的眼泪不像老猫的泪那样只有一滴，老牛的眼泪就像泉涌一样，没有多少时间，老牛就哭湿了脸颊，这时，它脸上的绒毛已经全部湿成了一缕一缕的毛辫，而且泪水还从脸上流下来，不多时就哭湿了身下的土地，老牛知道它的寿限到了，无怨无恨，它只是叫了一声，也许是向自己的主人告别吧，然后，它就被"汤锅"的人拉走了。只留下了最后的泪水，还在它原地站立的地方，成了一片泪湿的土地。

如果说猫的泪和牛的泪，还是告别生命的泪，那么还有一种泪，则就是忍受生命的泪了。这种泪是骆驼的泪，也是我所见到的一种最沉重的泪。

那是在大西北生活的日子，一次我们要到远方去进行作业，全农场许多人一起出发要穿越大戈壁，没有汽车，没有道路，把我们送到那里去的只有几十峰骆驼。

脚下是无垠的黄沙，远处是一簇簇擎天直立的荒烟，"大漠孤烟直"，我第一次亲身感受到古人喟叹过的洪荒，我们的人生是如此地不幸，世道又是如此地艰难，坐在骆驼背上，我们的心情比骆驼的脚步还要沉重。也许是走得太累了，我们当中竟有人小声地唱了起来，是唱一支曲调极其简单的歌，没有激情，也没有悲伤，就是为了在这过于寂寞的戈壁滩上发出一点声音。果然，这声音带给了人们一点兴奋，这时，大家都有了一点精神，那一直在骆驼背上睡着的人们睁开了眼睛。但是，谁也不会相信，就是在我们一起开始向四周巡视的时候，我们却一起发现，驮着我们前行的骆驼，也正被我们的歌声唤醒，它们没有四处张望，也没有嘶鸣，它们还是走着走着，却又同时流下了泪水。

骆驼哭了，走了一天的路，没有吃一束草，没有喝一滴水，还在路上走着，也不知要走到何时，也不知要走到何地，只是听到了骑在它背上的人在唱，它们竟一起哭了，没有委屈，没有怨恨，它们还是在走着，走着，然而却是含着泪水，走着，走着……

这是一种发自生命深处的泪，这是一种生命与生命相互珍爱的泪，是一种超出了一切世俗卑下情感的泪，这更是我们这个世界最高尚的泪。直到此时，我们才彻悟到泪水何以会在生命与生命之间相互沟通，人的泪和动物的泪，只要是真诚的泪，那就是生命共同的泪。

我看到过动物的泪，那是一种比金属还要沉重的泪，那更是使我们这个世界变得辉煌的泪；那是沉重的泪，更是来自生命深处的泪，那是我终身都不会忘记的泪啊！

● 林希，原名侯红鹅，1935年生。师范学校毕业。做过教师、文学编辑。1957年被错划为"右派"，送往工厂、农村、农场劳动，先后做过杂工、清洁工、蹬三轮车、种过地、打扫厕所。1980年改正，回到文学岗位。出版诗集四部，长篇小说五部，中篇小说数十部，获得第一届鲁迅文学奖等多种奖项。

我的狗爱我远甚于我爱它，这个事实简单明了，不可否认，总令我心怀羞愧。

——劳伦兹（奥地利动物学家、诺贝尔生理学或医学奖获得者）

小狗包弟

巴 金

一个多月前，我还在北京，听人讲起一位艺术家的事情，我记得其中一个故事是讲艺术家和狗的。据说艺术家住在一个不太大的城市里，隔壁人家养了小狗，它和艺术家相处很好，艺术家常常用吃的东西款待它。"文化大革命"期间，城里发生了从未见过的武斗，艺术家害怕起来，就逃到别处躲了一段时期。后来他回来了，大概是给人揪回来的，说他"里通外国"，是个"反革命"，批他，斗他，他不承认，就痛打，拳打脚踢，棍棒齐下，不但头破血流，一条腿也给打断了。批斗结束，他走不动，让专政队拖着他游街示众，衣服撕破了，满身是血和泥土，口里发出呻唤。认识的人看见半死不活的他都掉开头去。忽然一只小狗从人丛中跑出来，非常高兴地朝着他奔去。它亲热地叫着，扑到他跟前，到处闻闻，用舌头舔舔，用脚爪在他的身上抚摸。别人赶它走，用脚踢，拿棒打，都没有用，它一定要留在它的朋友的身边。最后专政队用大棒打断了小狗的后腿，它发出几声哀叫，痛苦地拖着伤残的身子走开了。地上添了血迹，艺术家的破衣上留下几处狗爪印。艺术家给关了几年才放出来，他的第一件事就是买几斤肉去看望那只小狗。邻居告诉他，那天狗给打坏以后，回到家里什么也不吃，哀叫了三天就死了。

听了这个故事，我又想起我曾经养过的那条小狗。是的，我也养过狗，那是1959年的事情，当时一位熟人给调到北京工作，要将全家迁去，想把他养的小狗送给我，因为我家里有一块草地，适合养狗的条件。我答应了，我的儿子也很高兴。狗来了，是一条日本种的黄毛小狗，干干净净，而且有一种本领：它有什么要求时就立起身子，把两只前脚并在一起不停地作揖。这本领不是我那位朋友训练出来的。它还有一位瑞典旧主人，关于他我毫无所知。他离开上海回国，把小狗送给接受房屋租赁权的人，小狗就归了我的朋友。小狗来的时候有一个外国名字，它的译音是"斯包弟"。我们简化了这个名字，就叫它做"包弟"。

包弟在我们家待了七年，同我们一家人处得很好。它不咬人，见到陌生人，在大门口吠一阵，我们一声叫唤，它就跑开了。夜晚篱笆外面人行道上常常有人走过，它听见某种声音就会朝着篱笆又跑又叫，叫声的确有点刺耳，但它也只是叫几声就安静了。它在院子里和草地上的时候多些，有时我们在客厅里接待客人或者同老朋友聊天，它会进来作几个揖，讨糖果吃，引起客人发笑。日本朋友对它更感兴趣，有一次大概在1963年或以后的夏天，一家日本通讯社到我家来拍电视片，就拍摄了包弟的镜头。又有一次日本作家由起女士访问上海，来我家做客，对日本产的包弟非常喜欢，她说她在东京家中也养了狗。两年以后，她再到北京参加亚非作家紧急会议，看见我她就问："您的小狗怎样？"听我说包弟很好，她笑了。

我的爱人萧珊也喜欢包弟。在三年困难时期，我们每次到文化俱乐部吃饭，她总要向服务员讨一点骨头回去喂包弟。

1962年我们夫妇带着孩子在广州过了春节，回到上海，听妹妹们说，我们在广州的时候，睡房门紧闭，包弟每天清早守在房门口等候我们出来。它天天这样，从不厌倦。它看见我们回来，特别是看到萧珊，不住地摇头摆尾，那种高兴、亲热的样子，现在想起来我还很感动，我仿佛又听见由起女士的问话："您的小狗怎样？"

"您的小狗怎样？"倘使我能够再见到那位日本女作家，她一定会拿同样的一句话问我。她的关心是不会减少的。然而我已经没有小狗了。

1966年8月下旬红卫兵开始上街抄"四旧"的时候，包弟变成了我们家的一个大"包袱"，晚上附近的小孩时常打门大喊大嚷，说是要杀小狗。听见包弟尖声吠叫，我就胆战心惊，害怕这种叫声会把抄"四旧"的红卫兵引到我家里来。

当时我已经处于半靠边的状态，傍晚我们在院子里乘凉，孩子们都劝我把包弟送走，我请我的大妹妹设法。可是在这时节谁愿意接受这样的礼物呢？据说只好送给医院由科研人员拿来做实验用，我们不愿意。以前看见包弟作揖，我就想笑，这些天我在机关学习后回家，包弟向我作揖讨东西吃，我却暗暗地流泪。

形势越来越紧。我们隔壁住着一位年老的工商业者，原先是某工厂的老板，住屋是他自己修建的，同我的院子只隔了一道竹篱。有人到他家去抄"四旧"了。隔壁人家的一动一静，我们听得清清楚楚，从篱笆缝里也看得见一些情况。这个晚上附近小孩几次打门捉小狗，幸而包弟不曾出来乱叫，也没有给捉了去。这是我六十多年来第一次看见抄家，人们拿着东西进进出出，一些人在大声叱骂，有人摔破坛坛罐罐。这情景实在可怕。十多天来我就睡不好觉，这一夜我想得更多，同萧珊谈起包弟的事情，我们最后决定把包弟送到医院去，交给我的大妹妹去办。

包弟送走后，我下班回家，听不见狗叫声，看不见包弟向我作揖、跟着我进屋，我反而感到轻松，真是一种甩掉包袱的感觉。但是在我吞了两片眠尔通、上床许久还不能入睡的时候，我不由自主地想到了包弟，想来想去，我又觉得我不但不曾甩掉什么，反而背上了更加沉重的包袱。在我眼前出现的不是摇头摆尾、连连作揖的小狗，而是躺在解剖桌上给割开肚皮的包弟。我再往下想，不仅是小狗包弟，连我自己也在受解剖。不能保护一条小狗，我感到羞耻；为了想保全自己，我把包弟送到解剖桌上，我瞧不起自己，我不能原谅自己！我就这样可耻地开始了"十年浩劫"中逆来顺受的苦难生活。一方面责备自己，另一方面又想保全自己，不要让一家人跟自己一起堕入地狱。我自己终于也变成了包弟，没有死在解剖桌上，倒是我的幸运……

整整十三年零五个月过去了。我仍然住在这所楼房里，每天清早我在院子里散步，脚下是一片衰草，竹篱笆换成了无缝的砖墙。隔壁房屋里增加了几户新主人，高高墙壁上多开了两堵窗，有时倒下一点垃圾。当初刚搭起的葡萄架给虫蛀后早已塌下来扫掉，连葡萄藤也被挖走了。右面角上却添了一个大化粪池，是从紧靠着的五层楼公寓里迁过来的。少掉了好几株花，多了几棵不开花的树。我想念过去同我一起散步的人，在绿草如茵的时节，她常常弯着身子，或者坐在地上拔除杂草，在午饭前后她有时逗着包弟玩……我好像做了一场大梦。满身的创伤使我的心仿佛又给放在油锅里熬煎。

《护生画集》之忏悔

人非圣贤，其孰无过？犹如素衣，偶著尘浣。
改过自新，若衣拭尘。一念慈心，天下归仁。

这样的熬煎是不会有终结的，除非我给自己过去十年的苦难生活做了总结，还清了心灵上的欠债。这绝不是容易的事。那么我今后的日子不会是好过的吧。但是那十年我也活过来了。

即使在"说谎成风"的时期，人对自己也不会讲假话，何况在今天？我不怕大家嘲笑，我要说：我怀念包弟，我想向它表示歉意。

● 巴金（1904—2005），原名李尧棠，字芾甘，四川成都人。作家、翻译家、出版家。主要作品有《家》《春》《秋》《寒夜》《随想录》等。曾任第六届、七届、八届、九届、十届全国政协副主席，中国作家协会主席。

> 问题不在于它们是否能推理，也不在于它们是否会说话，而在于它们是否能感到痛苦？
>
> ——杰里米·边沁（英国哲学家、经济学家和社会改革者）

老 马

[法]左 拉

严胜男 译

对于我来说，在雨天，在荒凉的平原上见到一匹老马，没有什么比这更令人痛苦的了。

有一天，冬季的天空使我感伤，我在蒙鲁吉的荒地上散步。如果大地的一角呈现永恒的忧伤、苦难和凄凉的诗意，那正是这些在巴黎的门前延伸的坑洼洼和泥泞的田野，它们构成这座世界王城一道烂泥门槛。地面到处都有可怕的裂口，露出像打开的内脏似的灰白和深陷的昔日的露天采矿场。没有一棵树，在低垂和阴暗的天际只现出卷扬机的巨大的轮子。土地显出我说不上的脏样子，道路凄凉地弯曲、伸展，在一条条小路的每一个转弯处都出现倒塌的破屋、成堆的石膏残块。风景，由于其病态的色彩、突然被破坏的近景远景和裂开的伤口，显出被人手四分五裂的悲伤。

当我向前走时，在一条道路的拐弯处，我看见一匹老马拴在一根桩子上，它的头低垂，鼻孔对着地喘气。可怜的牲畜不停地颤抖着；这匹灰白色的瘦马对着阴暗的天空直起身，天上落下的细雨顺着它的肋骨往下流淌。

在这匹马、这冬季的天空和这凄惨的田野之间存在着和谐。这样的不幸与这凄凉的风景是非常适宜的。这里，创造物和原野都有各自的痛苦，我对您肯定，这个活物和这些瓦砾的呜咽是令人心碎的。

我感到一种深深的怜悯在心中油然而生。

在我走近它时，老马扬起了脖子。它晃着头，用浑浊的眼睛看着我。

在它面前，我被它似乎用来打量我的痛苦神色所打动，我忘记了自己。我不知道我是否在做梦，但下面就是这匹老马对我说的话：

"明天我将死去，因此今天晚上我可以放松我的心。我不相信可以改善我的弟兄们的命运，但至少我将告诉你一个真理，这真理是逆来顺受的马的整整一生的成果。

"这真理就是：劳动使我们富裕，劳动把马送到屠宰场。这是极端的不公正。我愿意相信上帝给了你们比给我们更多的智慧，但是它给你们这种智慧为的是要你们使它的创造物幸福。

"看看我吧。你的弟兄们滥用了我的力气；我愈为他们效力，他们愈对我无情；今天，我可怜的身体要求复仇。

田子方见老马于道，问其御曰："此何马也？"其御曰："此故公家畜也，老罢而不能用，出而鬻之。"田子方曰："少而贪其力，老而弃其身，仁者弗为也。"束帛以赎之。辥非子

《护生画集》之老马

田子方见老马于道，问其御曰："此何马也？"其御曰："此故
公家畜也，老罢而不能用，出而鬻之。"田子方曰："少而贪其力，
老而弃其身，仁者弗为也。"束帛以赎之。（《韩非子》）

"有一项正义的法则要求劳动者按照完成的工作得到报偿。我们要求按照这条法则对待，并且要求在我们的盛年获得我们的老年需要的休息和照料。

"不要说我们牲口，是为人的最大的乐趣造出来的，适于挨打。我们是

你们的兄弟，头脑简单的兄弟，你们有朝一日要汇报你们对我们的利用。那时，我们的每一个痛苦都将算作你们的一桩罪恶。既然我们俯首帖耳，请你们善待我们；既然我们同意为你们服务终生，请你们同意给我们一种更加温和的死。

"如果你有一副软心肠，从这条路上走过的你，把我刚刚对你说的话重复给你的弟兄们听。他们不会听你的话，但至少我将不会把我用我的一生提出来的哲学真理带走。啊！我这苦难的牲畜。"

老马默不作声了，或者是我醒过来了。细雨始终在下，我对这阴沉的风景、这匹驽马和这片污泥投去最后的一瞥，然后我回到巴黎，它喜悦地点亮了千家万户的分支吊灯，不把雾霭和寒冷放在眼里。

我对我们的冷漠和我们的自私感到愤慨，我想到要满足一个可怜的牲畜的最后的愿望，它正确地认为真理总是该说出来的。

我并不怎么同情蒙鲁吉平原，照我们这样做下去，明天，它将会只是高大华丽的建筑物和公共花园。但是我怜悯这匹老马的命运，我为它要求屠宰场外的另一处收容所。

"什么！真的，一座养老院吗？"

"为什么不可以呢？"

● 爱弥尔·左拉（Émile Zola, 1840—1902），生于法国巴黎，19世纪后半期法国重要的批判现实主义作家、自然主义小说家和理论家、自然主义文学流派创始人与领袖，其自然主义文学理论被视为19世纪批判现实主义文学遗产的组成部分。主要作品为《卢贡-玛卡一家人的自然史和社会史》，包括20部长篇小说，登场人物达一千多人，其中代表作有《小酒店》《萌芽》《娜娜》《金钱》等。

我在年轻的时候便开始吃素，我相信有那么一天，所有的人类都会以他们现在看待人类互相残杀的心态来看待谋杀动物的行为。

——［意］达·芬奇（欧洲文艺复兴运动的代表人物）

羊的样子

鲍尔吉·原野

"泉水捧着鹿的嘴唇……"这句诗令人动心。在胡四台，雨后或黄昏的时候，我看到了几十或上百个清盈盈的水泡子小心捧着羊的嘴。

羊从远方归来，它们像孩子一样，累了，进家先找水喝。沙黄色干涸的马车道划开草场，贴满牛粪的篱笆边上，狗不停地摇尾巴，这就是胡四台村。卷毛的绵羊站在水泡子前，低头饮水，天上的云彩以为它们在照镜子。我看到羊的嘴唇在水里轻轻搅动。即使饮水，羊仍小心。它粉色的嘴巴一生都在寻觅干净的鲜草。

然而见到羊，无端地，心里会生添怜意。当羊孤零零地站立一厢时，像带着哀伤，它仿佛知道自己的宿命。在动物里，羊是温驯的物种之一。似乎想以自己的谨小慎微赎罪，期望某一天执刀的人走过来时会手软。同样是即将赴死的生灵，猪的思绪完全被忙碌、肮脏与浑浑噩噩的日子缠住了，这一切它享受不尽，因而无暇计较未来。牛勇猛，也有几分天真。它知道早晚会死掉，但不见得被屠杀。当太阳升起，绿树和远山的轮廓渐渐清晰的时候，空气的草香让牛晕眩，完全不相信自己会被杀掉这件事。吃草吧，连同清凉的露珠。动物学家统计：牛的寿命为二十五年，羊十五年，猪二十年，鸡二十年，鹰一百年。这种统计如同在理论上人寿可达一百五十年一样，永无兑现。本来牛羊可以活到寿限，它们并非像人那样被七情六欲破坏了健康。在人看来，牛羊仅仅作为人类的蛋白质资源而存在着。除了鹰——这位天上的尊者。屠夫也从不计算它们是否到了寿限，像人类离退休那样有准确的档案依据。时至某日，整齐受戮，最后"上桌"。如果牲畜也经常进城，看到橱窗或商店里的汉堡、香肠和牛排之后，会整夜地睡不好觉，甚至自杀，像上千只的鲸鱼自杀一样。另一些思路较宽的动物可能这样安慰自己：那些悬于铁钩上的带肋的红肉，在馅饼里和葱蒜搀杂一处的碎肉，皆为人肉。因为人是这样多，又如此不通情理，他们自相残食。这样想着，睡了，后来有鼾。

"众生"是佛教常使用的一个词。在一段时间内，我以为指的是人或动物昆虫。一次，如此念头被某位大德劈头痛斥：你怎么知道"众生"仅为鸟兽虫鱼与人类？你在哪里看到佛这样说法？我不解，"众生"到底是什么呢？佛经里有一段话，"众生皆有佛性，只是尔等顽固不化"。所谓"不化"即不觉悟，因而难脱苦海。后来获知，"众生"还包括草木稼蔬，包括你无法用肉眼看见的小生灵。譬如弘一法师上座时用垫子抖一抖，免得坐在看不见的小虫身上。可知，墙角的草每一株都挺拔翠绿，青蛙鼓腹而鸣，小腻虫背剪淡绿的双翅，满心欢喜地向树枝高处攀登，这是因为"众生皆有佛性"。即知，"佛性"是一种共生的权利，而"不化"乃是不懂与众生平等。若以平等的眼光互观，庶几近于佛门的慈悲。

《护生画集》之"生离欤？死别欤？"
生离尝恻恻，临行复回首，此去不再还，念儿儿知否？

　　乡村的道上，羊整齐站在一边，给汽车马车让路。吃草时，它偶尔抬起头"咩"的一声，其音悲戚，如果仔细观察羊瘦削的脸，无神的眼睛，大约要得出这样的结论："它们命不好。"时常是微笑着的丰子恺先生曾愤怒指斥将众羊引入屠宰厂的头羊是"羊奸"。虽然在利刃下，"羊奸"也未免刑。黄永玉说"羊，一生谨慎，是怕弄破别人的大衣"。当此物成为"别人的大衣"时，羊早已经过血刃封喉的大限了。但在有生之年，仍然小心翼翼，包括走在血水满地的屠宰厂的车间里。既然早晚会变成"别人的大衣"，羊们何不痛快一番，如花果山的众猴，上蹿下跳，惊天动地，甚至穿着"别人的大衣"跳进泥坑里滚上一滚。然而不能，羊就是羊，除非给它"克隆"一些猛兽的基因。夏加尔是我深爱的俄裔画家。在他的笔下，山羊是新娘，山羊穿着儿童的裤子出席音乐会。在《我和我的村庄》中，农夫荷锄而归，童话式的屋舍隐于夜色，鲜花和教堂以及挤奶的乡村姑娘被点缀在父亲和山羊的相互凝视中。山羊的眼睛黑而亮，微张的嘴唇似乎小声唱歌。夏加尔常常画到羊，它像马友友一样拉大提琴，或者在脊背铺上鲜花的褥子，把梦中的姑娘驮到河边。旅居法国圣保罗德旺斯的马克·夏加尔在一幅画中，画了挤奶的女人和乡村之后，仍然难释乡愁，又画了一只温柔的手抚摸画面，这手竟长了七个指头，摸不够。在火光冲天、到处是死亡和哭泣的《战争》中，一只巨大的白羊象征和平。在《孤独》里，与一个痛苦的人相对的，是一位天使和微笑的山羊。夏加尔画出了羊的纯洁，像鸟、蜜蜂一样，羊是生活在我们这个俗世的天使之一，尽管它常常是悲哀的。在汉字源流里，羊与"美"相关，又与"吉"有关，如汉瓦当之"大吉羊"。从夏加尔二十七岁离开圣彼得堡之后七十年的时光里，在这位天真的、从未放弃理想的犹太老人的心中，羊成了俄罗斯故乡的象征。在大人物中，正如有人相貌似鹰，如叶利钦；像豹，如萨达姆。也有人像山羊，如安南，如受到中国人民包括儿童尊敬的越南老伯胡志明。宁静如羊的人，同样以钢铁的意志，带领人们走向胜利与和平。

　　城里很少见到羊。我见过的一次是在太原街北面的一家餐馆前。几只羊被人从卡车上卸下来，其中一只，碎步走到健壮的厨工面前，双腿一弯跪了下来。羊给人下跪，这是我亲眼见的一幕。另两只羊也随之跪下。厨工飞脚踢在羊肋上，骂了一句。羊哀哀叫唤，声音拖得很长，极其凄怆。有人捉住羊后腿，拖进屋里，门楣上的彩匾写着"天天活羊"。

后来，我看到"天天活羊"或"现杀活狗"这样的招牌就想起给人下跪的羊，它低着头，哀告。到街里办什么事的时候，我尽量不走那条道。即使有人用"君子远庖厨"或"你难道没吃过羊肉吗？"这样的训词来讥刺我。此时，我欣慰于胡四台漫山遍野的羊，自由嚼着青草和小花，泉水捧起它们的粉红的嘴唇。诗写得多好，诗中还说"青草抱住了山岗""在背风处，我靠回忆朋友的脸来取暖"。还有一首诗写道，"我一回头，身后的草全开花了，一大片，好像谁说了一个笑话，把一滩草惹笑了"。这些诗，仿佛是为羊而作的。

《护生画集》之众生

是亦众生，与我体同，应起悲心，怜彼昏蒙。
普劝世人，放生戒杀，不食其肉，乃谓爱物。

● 鲍尔吉·原野，蒙古族，作家，辽宁省作家协会副主席，出版长篇小说、散文集、短篇小说集90多部。作品获鲁迅文学奖、全国少数民族文学创作骏马奖、人民文学奖、百花文学奖、蒲松龄短篇小说奖、内蒙古文艺特殊贡献奖并金质奖章、赤峰市百柳文学特别奖并一匹蒙古马，电影《烈火英雄》原著作者。作品收入大、中、小学语文课文。作品有西班牙文、俄文译本。全国无偿献血获奖人，沈阳市马拉松协会名誉会长。

> 在中国，狗一直是不幸的。有钱人拿狗不当狗，只当作炫耀的玩物或者守财的工具；穷人也不拿狗当狗，养狗目的一是看家，二是给自家小孩舔干净拉了屎的屁股，三是过年有狗肉吃。
>
> ——池莉《狗道沧桑》

鼻子上有天堂

鲍尔吉·原野

我每天跑步经过市场，亲切接见红塑料大盆里的黄褐色的螃蟹、待宰的公鸡、胡萝卜和大蒜，有一窝小狗吸引了我。

小狗挤在柳条编的大扁筐里，它们把下巴放在兄弟姐妹们的脊背上，像鲜黄带黑斑的黏豆包黏在了一起，黑斑是豆馅挤到了皮外面。我不知道还有哪些生灵比这些小狗睡得更香，它们的黑鼻子和花鼻子以及没有皱纹的脸上写着温暖、香甜。

小狗在市场上睡觉，自己不知道来这里要被卖掉。它们压根听不懂"卖"这个词。卖，是人类的发明，动物们从来没卖过其他东西。狗没有卖过猫，猫没卖过麻雀，麻雀没卖过驼背的甲壳虫。动物和昆虫也没卖过感情、眼泪和金融衍生品。小狗太困了，不知是什么让它们这么困。边上铁笼里的公鸡在刀下发出啼鸣，仿佛申诉打鸣的公鸡不应该被宰。而宰鸡的男人背剪公鸡双翅，横刀抹鸡脖子，放血，那一圈土地颜色深黑。笼子里的鸡慌慌张张地啄米，不知看没看到同类赴刑的一幕、多幕。

小狗睡着，仿佛鼻子上有一个天堂。科学家说，哺乳类动物都要睡眠，那么感谢上帝让它们睡眠。睡吧，在睡眠中编织你们的梦境，哪管梦见自己变成拿刀抹那个男人脖子的公鸡。

家里养了小猫后，我差不多一下子理解了所有小狗的表情。原来怕狗，如耗子那么大的狗都让我恐惧。后来知道，小狗在街上怔怔地看人，它们几乎认为所有人都是好人，这是从狗的眼神里发出的信号。狗的眼神纯真、信任，热切地盼望你与它打滚、追逐或互相咬鼻子。狗不知道主人因为它有病而把它抛到街头；狗不知道主人搂着它叫它儿子的时候连自己亲爹都不管；狗不知道世上有狗医院、狗香波、狗照相馆。人发明了"狗"这个词之后自己当人去了。

人在教科书上说人是高级动物，为了佐证这一点，说人有思想、有情感、有爱心。人间的历史书包括法国史、丝绸史、医药史以及一切史，却见不到人编出一部人类残暴史和欺骗史。人管自己叫人已够恭维，管自己叫动物也没什么不可以，然而管自己叫高级动物有点说冒了，没有得到所有动物们的同意。如果仅仅以屠杀动物或吃动物就管自己叫高级动物，那么狼早就高级了。

小狗在泥土那么黑的筐里睡觉，像彼此搭伴泅渡一条河，梦的河。狗像展览脸上幼稚的斑点，像证明筐有催眠的魔法。而它们的母亲，在一个未知的地方落寞地想它们，一群没有名字、无处寻找的儿女，用眼神问每一个过路的人。

《护生画集》之跛狗

吁嗟汝小狗，行步何彳亍？近前仔细看，一足常屈曲，应是贪口食，惨遭棍棒扑。
人为万物灵，狗是小牲畜，狗无大罪过，何必刖其足？狗伤不足道，人心太残酷。（惟光诗）

有思考能力的人一定会反对所有的残酷行径，无论这项行径是否深植传统，只要我们有选择的机会，就应该避免造成其他动物受苦受害。

——史怀泽（德国人道主义者、非洲圣人、诺贝尔和平奖获得者）

牲　灵

周佩红

有一首西北民歌，叫《赶牲灵》，听第一遍时我就被镇住。它在悠扬中回荡惆怅，在深情中散发迷茫。人心里最细弱的一根线被抽了出来，无尽地拉长，拉长，拉向莫知所以的地方。人需要依傍在具体的事物之上，才能在这一刻不陷落。电影里那哼着歌子的赶车老汉，就依傍在一挂马车的车辕上，勾着头，在银白微蓝的月光下，远去。他深色的穿棉袄的背影衬出了马高大的身躯，银白色的毛色，微蓝的阴影。马在跑动，那一团团活动着的结实饱满的肌肉，就是人的情感的载体。马蹄声嗒嗒作响，踏过平野。牲灵，这是个绝妙的词儿。这说明它不同于人类，但同样有生命的灵性。皖东人的词典里没有它。现在我要借用它，来形容我插队落户时期那些与人朝夕相处的动物。

牛

我们的田野里没有马。我从未在王郢、附近的乡村以及县城里见过马的踪迹。这种优雅的鬃毛飞扬的动物，似乎不适合这片田野。常见的是牛。牛大概是田野上醒得最早的牲灵，连同那个使唤牛的农民。天蒙蒙亮，人们扛锄头踩露水去出早工，这两个影子就已在晨雾中浮现了。我们听到耕田人的吆喝声，鞭子响，指挥着牛向前，向后，朝东，朝西。耕田人是个老实巴交的"富裕中农"（其实他一点不富裕），说话期期艾艾，唯独对牛能发出一连串顺畅的声音。那声音是由莫名其妙的咒骂带出，好像面对的是前世冤家。"打死你！""饿死你！""累死你！""看你还老实不老实！"……这话令人熟悉，在生产队的批判会上我们经常听到。那可能就是他经常领受到的，现在他来抛给了牛。只有在牛听话、地也耕得顺当时，他才扯着长鞭，把一串温和悠扬的谣曲挥散出来——就像一声绵长的叹息。牛吭哧吭哧地喘着气，我们为它深深地抱屈。是在那时，我真正体会到，为什么忆苦思甜的人们常用"做牛做马"来比喻他们所受的苦。走近前看，鞭子并没抽打在牛身上，只在它的上方挥舞，再响亮地从空中收回。受到谩骂的牛低垂下头，把两只尖角弯弯地挑向前方，四条腿牢牢地扎在地里。背脊骨像刀一样，似要把蒙在上面的棕黄色牛皮顶穿。牛跟人一样瘦，身上套着绳子，绳子连接在沉重的犁刀上。它好像走不动，总是停下，通过喘息来聚集前进的力量。耕田人走在它的后头，挥一下鞭子，扶一扶犁，手有时就腾出来抚摸一下牛的皮毛。牛出汗了。

那时我不能理解耕田人的这些举动，就像不能原谅他对牛粗暴的咒骂一样。多年后我读余华的小说《活着》，一开头就看到主人公福贵在对一群牛说话，叫它们的名字——每个名字都是他死去亲人的名字。我为这个细节感动，眼前重现出牛的形象。它们沉默不语，把人的扭曲了的不满、仇恨、哀伤统统吞食下去，像一只活动着的人类情感的垃圾箱。在它们披挂着长睫毛的大眼睛里，流动着比人更沉静、坚忍和宽容的光芒。

它们咀嚼草料。不慌不忙地走路。乌黑肥大的牛鼻子里插着环形栓，上面系一根绳子，小孩子也能牵着它到处走。当小孩子骑上牛背，一颠一颤地被驮着走动时，牛表现出动人的温顺。但没有牧童短笛的景象，没有那种悠闲雅致。在大热天，小孩子通常用带叶的枝条编一个圆环戴在头上，或套在牛角上，和牛一起走向水塘。牛浸在水里，只露出头、牛角和刀锋一样瘦削的背脊骨。小孩子在岸边打水漂，吵闹奔跑，牛在树荫下水的阴影里几小时一动不动，像是孩子的守护神。如果那条灵活的牛尾巴停止了摆动，对飞来飞去的小蚊子无动于衷，就说明，它睡着了。牛当然会"顶牛"，在某些情况下，譬如，碰到了刁难它的家伙。它发脾气时鼻孔会像大象一样喷出水或泥浆。如果与它狭路相逢，最好别挡它的路，让它先走。这是村里人的警告。因此我总远离它。有一次我在它的近旁，咫尺可触，我看见它身上有几处溃疡的伤口，上面飞着小虫，一些泥巴黏在它颜色不匀的皮毛上。它身后留下了大团黑色牛粪——并不臭，冒着热气，里面有一些尚未消化的干草。这无论如何说不上美，除了那鸡蛋大小的牛眼睛——它们脉脉含情，纯洁而平静，像在无声诉说自己真实的存在。

人们重视牛。每头牛都有户口——但我不知道它们有怎样的名字。牛生病了，人们像自己家里人生病一样焦急。队里有一头老牛躺了很久，大伙锄地时都为之无精打采，忽又齐齐踮起脚向谷场方向眺望——他们看见生产队长恭恭敬敬地跟在一个外乡兽医后面，朝谷场走去。他们的眼睛亮了一亮，又暗下去。他们讨论老牛是否还有救，讨论了很久，没有结论。结论是在晚些时候到来的，一个人从谷场上跑回来，两手一摊，说老牛死了。它临死前没有发出哞哞的哀叫，但流了眼泪。人们的眼睛立刻暗如暮色。按照惯例，死了的牛，只要不是孬病死的，可以把牛肉分给各户食用。这头老牛是衰竭而死——累死的。但是没有人肯接受这份难得的食物，虽然大家又穷又饿。死去的牛连夜给邻村人抬走了。

《护生画集》之"吃的是草，挤的是乳"

若慕牛力大，牛食草为粮；若慕猪体肥，猪食糟与糠；请观牛与猪，不因食肉强。
若慕肉味美，何不自割尝？自割知痛苦，割他意扬扬；世无食肉者，屠门不开张。

（狄葆贤诗）

毛　驴

与牛相反，毛驴的叫声像警报一样，隔一段时间就鸣响一次。那真是揪心的声音，嘹亮有如经过金属容器的过滤，又像是马上被塞进一只大风箱，在用力的挤压下一高一低，回荡不已。它响在村庄上空，向田野一轮轮扩散，每每让我想到一个受难者在仰天长啸，倾吐不甘。我曾为之惊骇，觉得自己也受到了折磨。这声音只要一开始，我就捂紧耳朵盼它结束。我充分体验到那种心被快速提起又放下、放下又提起的遥遥无期的悬坠感，驴的长相有点像长坏了的小种马，却没有马俊逸洒脱的神态。但我不认为那就是猥琐。驴的耳朵像两片大树叶，直率地向上扎起。它用厚而长的嘴巴用力咀嚼草料和豆渣饼时有一种可爱的急切，像个不谙世事的孩童。它是天生爱发出声音——干渴饥饿时，劳累时，吃饱喝足时——并不顾及别人的耳朵。而且，它一定要把这声音喊尽，如同把情感淋漓尽致地表达。它容易受骗。蒙住它的眼睛，让它套着辕绳在窄小的磨坊里向前走，它就真走个不停。但也许它已走在想象中的田野上，蓝天下，已经走出很远，我们只是不知道。

我不想把王郢的驴和希梅内斯笔下的小银相比，它也许不配有如此的赞叹："温柔而且娇惯，如同一个宠儿，也更像是一颗掌上明珠""内心刚强而坚定，像是石头""这么好，这么高贵，这么聪慧！"我们的村驴不是草地上的马尔柯·奥略利奥（罗马帝国一个皇帝），它是一头普通的劳动驴，没有表现高贵的机会，却无疑更沧桑，更平凡，更真实——它站立的土地属于20世纪70年代的中国乡村。事实上，生产队只有这一头驴。它才真是孤独得可怜。也许它喊叫竟是为了反抗，为了冲破这无群的寂寞？它总在磨坊门口嘶叫，头伸出在天空下。它被绳子拴着，无法走出更远。它就这样来争取空间，容纳并放大它的声音。

猪

在王郢，几乎家家养猪。猪是农家的银行存款，而且是笔大款子，整存整取。人们叫乳猪为"猪秧"，把它当作猪的秧苗，养大了好收割——宰杀或卖掉。一家人所有的现金支出（上学，看病，红白喜事，求助，说情，赔罪……）全指望它。猪对此却莫知莫觉，只管埋头于食槽，拼命吃喝，无忧无虑。当食槽空了，人也揭不开锅时，猪就勇猛地冲开篱笆，冲向田野。麦地里的青苗是它的最爱，那未成熟的麦粒带着清甜的淀粉和浆水，强烈吸引了它。春夏季节，队里总要派人日夜"看青"，防备的就是这些像小豹子一样敏捷的饥饿的猪。它们不清楚这是个怎样的世界。它们只想奔出去，像它们的祖先那样，自由自在地，在田野上撒野逞强。

我们养过一头猪，村里人称它为"知青的猪"。它是被一个热心的农民到集上精心挑选而买来的，一头皮色粉红的圆滚滚的小猪秧。我们在村里人怂恿下愿意试着养养看。我看到，它从那个热心人的黑棉袄袖管里露出头来，羞怯地，吱吱叫着，像只老鼠。它日后的粗黑毛还藏在娇嫩皮肤的毛囊深处，像没有发芽的种子。鼻子平得像被锯过，湿漉漉的。鼻孔像两只小山洞。细长的眼缝里一闪，那是惊慌和懵懂。多年以后，当好莱坞那只著名的可爱猪宝贝闯入我的视线，演绎它冒险和获胜的经历时，我总是想起我们的猪。一开始看起来很相像，就像所有的婴儿。但以后，就不一样了。

村里人围着它看，夸赞它漂亮。"好好喂一年，到冬天，就可以——"孟队长兴高采烈地横起右掌，用力一划。无声的"喀嚓"声滚过我的心头。这就是它的命运。人们总是跑来看它，并告诫，不同阶段得喂不同的饲料，让它把骨架撑得大大的，再催肥长膘。谷糠，麸皮，玉米碴，山芋干……他们给出的猪食谱简直奢侈。或许他们认为，知青的猪就该不一样。我们没时间打猪草，也没学会把猪草从一大堆野草中分辨出来。猪于是过早长膘，骨架反而停止了生长。它成为当地少见的五短身材却肥壮滚圆的猪，连肚皮都是紧绷绷的。走不快，哼哼唧唧，刚要下田就被人轰走。保护它的人总是村里的小孩子，还有大傻。他们大叫，这是知青的猪！他们飞奔而来，向我们报告它闯祸的消息。我不记得它有没有猪舍。那年春天我们搬到了村外的新屋。猪又把大蒜田拱了个大坑——这本是我们的自留地，而我们不会经营，半租半送地给了房东。春天的大蒜和麦苗相像，我们的猪也许不聪明，也许嗅觉不够灵敏。它失去了幼时那种可爱的羞怯。奇异的大体积里，包裹着神秘的对人类的诱惑。村里有些人已提前对它的美味产生想象——富有弹性的、结实饱满的猪肉，在餐桌上该怎样香气四溢！我们的猪和好莱坞猪的最大区别，就在于对命运浑然不觉，也不会在刀俎前毅然出逃。它浑浑噩噩，吃了睡，睡了吃，以为这样的日子可天长地久。

一把尖刀向它逼近。它被捆绑着，尖声嚎叫。这是本能的嚎叫？或者，在那一刻它才清醒？谁知道呢。长期以来，我们接受着"人类是万物之灵长"的观点，但我不认为动物就没有知觉和智慧，没有舒适感、疼痛感、上当受骗感。人们夸赞它异常细嫩鲜美的肉质，在那个寒冷的冬天，很多人过来品尝。一头漂亮的猪消失了，成为一条条、一块块的美味。我被分配到一条"前腿"，被雪白的粗盐粒腌制过的。我品尝过吗？如果是，那么那是当时的我。我毫无知觉，在那时，对一个眼皮底下的牲灵，和它对人在饥饿中微小的想象、享受做出的贡献。

《护生画集》之"我的腿！"

挟弩隐衣袂，入林群鸟号，狗屠一鸣鞭，众吠从之嚣。

因果苟无征，视斯亦已昭，与其啖群生，宁我吞千刀！（明 陶周望诗）

狗，及其他

狗在扑向来犯者的刹那，集中了它所有的野性和英勇，虽然它常常分不清谁是真正的来犯者。庄户人家的狗没受过训练，凭的只是本能。我就这样被冤枉地咬过。平时它呼噜呼噜地在饭桌底下拱，在人们的腿脚间钻来钻去，捡拾剩菜残羹。它对肉香有敏锐的嗅觉。在极度饥饿时（这是经常的），它的嗅觉和食欲也延伸至一切范围。它可真是什么都吃啊，让人想起一句俗话：狗改不了吃屎。它喜欢跟在女主人身后，乖顺而欢快地摇尾巴。一个不养狗的人家是寂寞的，寒碜的，好像少了一道门。

我被狗咬过，但我仍无数次想象它跃起时的雄姿。它在这一刻出类拔萃，洗净污名，成为纯粹的狗的精灵。我见过或听到过——公鸡站在屋顶上啼鸣；母鸡在黄狗的追赶下扇动翅膀，飞得比山墙还高，令人想起一只凤凰；被宰杀的鹅挣脱出来，一路滴着鲜血，摇摇摆摆地引吭高歌；在哑巴洼，有一头狼总在冬季的黎明出没，与村庄若即若离；水库里游来了娃娃鱼，在夜晚嘤嘤地唱歌；夏天的蛙鸣铺天盖地，使田野充满天籁之音……我相信在我的乡村世界之外，还存在另一个世界，只是不知道牲灵们在那里是按怎样的秩序和规则生活，怎样受到人类的侵扰，表现出怎样的愤怒。

现在我仍然记得它们。现在我也养了一条狗。不是那种妖娆的异样的宠物类犬，是那种朴素的最像狗的狗。它的眼睛在灯光或黑夜中会发出绿光，让我想起狼的眼睛。它在看我。我爱它的温顺、深情和间或表现出的野性。因为它，我也注意到菜市场里一只等待宰杀的鸭子的眼神：朝下收起，呆滞，涣散，对一切置若罔闻，对命运表现出完全的无能为力。它们都属于各自的自己，但也并非与我们及我们身处的这个世界无关痛痒。

江州德安陈昉，家十三世同居。长幼七百口，不畜仆妾，上下亲睦，人无间言。每日必群坐广堂，未成人者，别为一席。有犬百余，共食一槽，一犬不至，群犬不食。（《宋史·孝义传》）

《护生画集》之"一犬不至，群犬不食"

● 周佩红，生于上海，祖籍湖南湘乡，有插队落户经历，1982年从华东师范大学中文系毕业。《萌芽》杂志社编审，中国作家协会会员。20世纪80年代末开始散文写作，被评论界列为新艺术散文代表作家之一，著有《我的乡村记忆》《上海私人地图》《陌生人过去现在时》《优雅之必要条件》《荣城别墅三楼》《去那温暖的地方》《内心生活》等散文、小说20余部。作品多关注女性的命运及人与时代、环境的关系，文风唯美、缜密，有博爱情怀。

前年在海南的华南虎养殖场，我曾经心血来潮，被人怂恿抱了一头小华南虎拍照。小虎崽在我的手臂里簌簌发抖，森林小王子内心的恐惧与屈辱感同身受。我后悔死了，发誓今后再不要这样强行对待动物。

——舒婷（诗人）

老虎雷雷的命运

莽 萍

一只名叫"雷雷"的老虎，一生只活了5岁。

他出生于一家动物园里，那是1995年。刚出生时，虎头虎脑的他喜欢依偎在妈妈怀里吃奶，虎妈妈也称职地照顾着自己的孩子。虎妈每天为虎仔舔梳毛皮，小家伙屎尿过后也一律帮他舔得干干净净。小老虎是喝着妈妈的奶，慢慢地睁开了眼睛的，他觉得妈妈的斑纹身体漂亮温暖极了。

可是，她们的快乐日子是这么短暂！

那些饲养员平时对虎妈可不怎么样，经常克扣虎妈的伙食，新鲜的好牛肉也被他们偷偷地拿回家自己吃去。打扫虎圈时，经常骂骂咧咧地，用棒子把虎妈从一边驱赶到另一边去。倒是快生小老虎的时候，他们还像个人，给冰凉的水泥地上铺上稻草，让虎妈躺着。可是，刚出生的小老虎被他们看上了。他们整天惦记着小老虎什么时候可以让游人拍照了，什么时候就可以赚钱了。这就是他们看着虎妈虎仔所想的事情。

虎妈哪能一点不察觉他们的可疑呢。她害怕，她忧心忡忡，但是，都没有用。这一天终于到来。

那个早晨，几个人拿着棒子——这虎妈平时最害怕的棒子，驱赶虎妈，要把虎妈和自己的小虎仔隔开。虎妈已经是那么温顺的老虎，她平时从没有不服从过他们的任何指令，哪怕是让自己受到伤害的指令，但是现在，她不再害怕了。她要叼住自己的孩子，决不松口。她要跟自己的孩子在一起。这决心是那么大，她挨了几棒子打，可是她还是不松口，紧紧地护住自己的孩子。

她的头上挨了重重的一击，她意识到自己快要撑不住了。那狠心的人又照着她的头猛击一下。虎妈妈终于下意识地松开了口。这些人为了抢她的孩子，竟然这样打她。

她只是一个母亲呀。

小老虎不安地叫着，在地上慢慢地爬着、爬着，爬向自己的妈妈。虎妈惊恐地躲着那根棒子，心酸地看着自己不满一个月的小虎仔。饲养员抢上来抓起小老虎——她的孩子，走出去了。虎妈呼啸着蹿到铁栏杆前，身体撞着这无情的铁栏，难受地听到自己的孩子吱吱地叫着。

她眼看着自己的小宝贝被人们抱着走远了。

她从此不想吃饭了。

《护生画集》之虎释孝子

洪武中，包实夫授徒数十里外，途遇虎，衔入林中，释而蹲。实夫拜曰："吾被食，命也。如父母失养何？"虎即舍去。后人名其地为"拜虎冈"。（《明史·孝义传》）

她心里只想着自己那可怜的孩子。她彻夜哀鸣，恳求人们把孩子送回来。但是，没有人理会她的哀痛、她的流泪。虎妈撕心裂肺的嚎叫只是招来饲养员的斥骂。虎妈整天呼叫着、哀泣着，听到脚步声就以为小老虎被带回来了。可是哪里有她这个孩子的影子呢？虎妈再也没有虎仔吸吮自己香喷喷的奶水了。虎妈的乳房涨着、涨着，涨到痛彻心扉，成了硬硬的一条……

一下子，虎妈瘦了。

她病了。她的痛楚根本没有人理会。虎妈不知道，抢走所有动物母亲的幼小孩子，是这动物园里的人常做的事。她只知道自己可怜的的小幼仔被人抢走了。她整天想着，我的孩子在哪里？

转眼之间，只有一个月大的小老虎就被摆到游乐广场的桌子上了。小老虎必须在烈日下任人摆布，任人拍照。他一天到晚饥肠辘辘。他还处在那样的婴幼期，需要时不时地吸吮妈妈的奶水，可是，他已经成了人们赚钱的小机器。他没有经常吸吮到妈妈的奶水的自由。虽然，他的"奶妈"现在是一条狗，可他情愿依偎在狗奶妈的怀里，也不愿意被人掐着、捏着搁在台子上饥渴无奈地被拍照。

可是，命运已经被决定！

他只跟妈妈待在一起三个多星期就被抢走了。从此，他永远地离开了自己的妈妈，再也没有回来过。这就是一只小老虎出生后的命运！

过早地离开妈妈，更预示着他将有着比别的老虎更加不幸的命运。他从此只能按照人的意愿过生活了。他的温顺和漂亮也只是增加了人们的贪欲。饲养人给他起了一个名字，叫雷雷。不过，或许叫他"累累"更合适。

雷雷的小尖牙刚一长出来就被人拔掉了，怕他咬到人。牙齿复长到一定时候又被拔掉了。这些人不想想，那是雷雷"活命"用的牙齿呀。没有牙，雷雷怎么吃东西呀。他无法咬食有营养的肉类、骨头，只能整吞一点碎肉或者他们给的乱七八糟的东西。雷雷的胃严重地发炎和被割伤了，牙齿和牙周发育严重不良，口腔里也老是不舒服。他无法把这些告诉人。

饲养人呢，压根儿不在乎一只老虎的牙和胃。雷雷只能用舌头舔那老是在溃烂的口腔，那永不愈合的伤口。

雷雷五个月了。他的性情极其温顺胆小，像他的妈妈一样。可是，虽然他只是生活在动物园的另一边，离妈妈的笼子不过几百米，却再也没有看到过自己的妈妈。动物园里的人，从没有让老虎母子俩团聚过一次。

到了他生活中的第一个冬天，他才六个月，就被卖掉了。这件事情他并不知道。当他被驱赶进一个仅可容身的铁笼，装进大卡车，开始颠簸的旅程时，雷雷才意识到，他离妈妈住的地方越来越远了。

他努力地嗅着空气中那只剩下一丝丝的熟悉气息——妈妈所在动物园的气息，被轰隆隆地带到远离妈妈的地方去了。一路上，没有人给老虎雷雷一口水一口吃的。二十几个小时，他就缩在笼子里，惊怕交加。

这一天傍晚，大卡车终于停下来。装着雷雷的铁笼被抬下卡车，送到一个黑房子里。雷雷不知道到了哪里，只知道那里真是热呀。他们在笼子里放上一盆水和几块碎肉。雷雷实在是饿，就在这小铁笼子里慢慢地吃起来。

过了几天，笼子的门在一阵吆喝声中被打开了。可是雷雷不熟悉这些人，他不敢出来，他又惊又饿，就是不敢出来。他怕那陌生的人，那陌生的环境。他在笼子里缩着，盼望能把他带回去。可是，一声吓人的斥骂，接着一根铁棒就打过来，打到雷雷的腿上。

那真是钻心的疼啊。

雷雷被铁棍左打右捅，完全吓蒙了。他不知道这些人为什么这么狠，他挨了重重的一下，只好惨叫一声，蹿出笼子。

他的脖子从小就被拴上一根铁链，从未拿掉过。现在，这些人更是狠心地拉扯他的头，踢他的身体。

在新地方，马戏团的人们只想让他表演赚钱。所谓训练，就是硬逼他跳到高凳上，只用后面两只脚站着，身体穿过火圈，甚至跳到牛背上。他们使劲拉着铁链，勒得雷雷的脖子很疼。雷雷的腿在出笼子时就被打得青紫了。

毛皮掩盖了人的罪行，但是雷雷知道，一跳就疼。可是雷雷还是得一次一次地跳上去，他怕那个手拿铁棍的人。从第一天起，雷雷就知道他是一个全无心肝的人。雷雷聪明，他知道谁是温和一些的，谁是凶狠的。他必须在这些人的手下讨生活。

不幸的是，在这个私人的所谓马戏团里，没有人真正关心小老虎雷雷。人们关心的只是要快速赚钱、赚钱、赚钱。只要能赚到钱，人们不会顾惜一个动物的性命。

因为雷雷不会跳到又高又小的凳子上，再迅速地跳过一个大火圈儿，雷雷不知道挨了多少顿打。

动物怕火，谁不知道呢？这是常识！

可是，他们就是要逼着老虎钻火圈。违背常识，变态地寻乐。

有一天，雷雷又被痛打一顿。一整天，不知为什么生气的驯养员就是不给雷雷吃饭，硬逼着雷雷一直练到爬不上凳子为止。雷雷可怜地舔着自己糟烂的牙床，被关在小笼子里，饥肠辘辘。

雷雷的胃被彻底摧毁了。

雷雷在过夜的窄笼里既不能完全站起，也不能转身。旁边的铁笼子里关着一只熊。他们互相看了看，不约而同地呜咽起来。

在这暗夜里，有一只哭泣的老虎，有一只哭泣的熊。

人哪，怎么忍心让动物这么难受、这么受苦？！雷雷的苦楚没法说。

自从被"繁殖"出来，雷雷就不断地被转卖。他因为"通人性"，更被虎贩子从动物园倒卖到马戏团、驯兽团，直至被卖到个人手中。他先后在动物园、驯兽团供游人参观拍照。各种人骑在他的身上，作出各种丑陋不堪的姿态照相，几乎能把他的脊骨压断。忍饥挨饿是不用说的。后来参加驯兽表演，没头没脸的挨打就成了日常功课。雷雷是一只极为聪明的老虎，却过着极为不幸的表演动物生活。驯兽者早早地就用铁棒教会他服从人的各种无理要求。老虎雷雷早早地就学会了服从！即使这样，雷雷还是免不了整日被打的命运。

苍天啊，为什么动物的命运就掌握在这些不通人性的人手中！雷雷哭泣着睡着了。而隔笼的熊也在梦中抽泣。

雷雷从来不知道自己的力气比驯兽员大，可以咬住那狠人的脖子，告诉他不要再打自己了。可是雷雷就是怕那手持铁棍的人，那总是痛骂他的人。雷雷要是稍微抬起自己的脖子，吼叫一声，朝那人表示一下自己很难受，就快要受不了了，马上就会有铁棒加身。哪一种动物生来就是挨人打的呢？

挨打！挨打！这就是所谓表演动物的命运！雷雷老是在想，那人要自己怎么样就可以怎么样，干吗还老是用铁棍打呢？

他一生从未奢想过奔跑、跳跃，那最自然的老虎的动作与他的生命无关。他从来没有经验过奔腾的快乐和生命的喜悦。他也从未有过与其他老虎一起嬉戏的愉快。人们给他的空间只是一个不能转身不能站立的笼子而已。这与老虎本性完全相悖的生活已经把雷雷变成了一个不知有天空和大地的动物。他卑屈地生活在人的棍棒之下，犹如一个身心交瘁的囚犯。

这一天上午，照例是表演的日子。可是，天空是那么灰暗。雷雷是那么衰弱。驯兽员打开笼子，用铁链拴住雷雷的脖子。雷雷从笼中艰难地起身，他的腰和肾脏已经被打坏了，根本站不起来了。他被硬拉出笼子。雷雷很想像人那样恳求，可惜他不会。老虎还是会发出自己独特的求救声音，他呜咽着："我站不住了，我就快要支撑不住了，我要趴下……请不要打我。"被拉到前台的雷雷一再地呜咽："我跳不到凳子上用后腿站立了……"雷雷望着手拿铁棍的人，哀求地望着，实在跳不上去了。可是，这狠心人当头就是一铁棒。雷雷慢慢地趴下来，趴下来……

哪怕是最麻木的观众，这时也心惊起来："真打呀。""看！""看！""老虎哭了！""老虎动不了啦！""老虎的鼻子出血了！"那本来只想看动物表演取乐的人们此时也叫了起来。

眼前的人都晃动起来。雷雷看到驯兽人的腿——那随时都会狠狠地踢他一脚的腿，那是他从前最害怕的。但是现在，他顾不上害怕了。他终于不再害怕他们了。

他的知觉已经麻木。眼前出现了虎妈妈的样子，那温暖的美丽的斑纹……妈妈在哪里呢？在天上吗？那里有什么？住在云上头有多好，人够不着的地方。妈妈也许在森林里。森林！属于老虎的森林早就消失了。可是，不管怎么样，雷雷相信就要再见到妈妈了。

雷雷哪里知道，妈妈美丽的皮毛已经存在仓库里；骨头泡在药酒里；肉被冷冻在冰柜里。

雷雷盼望在可以奔跑跳跃的地方，在草原森林里看见妈妈和其他的兄弟姐妹。那里没有他最害怕的人，没有过度的奴役和欺辱。他觉得那里就是天堂，那里就是母子和兄弟姐妹团聚的地方。

2004年8月写于奥园

● 莽萍，中国人民大学新闻史硕士，现为中央社会主义学院教授。中国动物福利事业倡导者之一。主要研究领域为当代宗教思潮、环境伦理、动物福利，致力于研究人与动物的关系，呼吁改善动物处境，人与自然友善和谐相处。她主编的"护生文丛"系列图书，有助于引导人们对"人与动物应该如何相处"这一问题深入思考，增强人们爱护动物的意识。促进动物福利概念的普及，推动《动物保护法》立法，乃至对未来中国人的情感世界都将产生深远影响。2006年获英国伯乐奖（The Pearl Awards）之"敬畏生命奖"（Pearl Award for Reverence for Life）。主要著述有《绿色生活手记》、《物我相融的世界：中国人的信仰、生活与动物观》、《为动物立法：东亚动物福利法律汇编》（合著）、《追求无残酷的文化》等。译著有《打开牢笼——面对动物权利的挑战》（汤姆·雷根）等。

爱所有的动物，上帝赋予了它们基本的思考能力及平静的喜悦。因此，不要引起它们的不安，不要虐待它们，不要剥夺它们的喜悦，不要违背上帝的旨意。

——陀思妥耶夫斯基（俄国作家）

军 狼

周 涛

确实是一只狼，真狼。

它关在笼子里，但却和一般动物园里的狼完全不同。动物园里的狼孤独忧郁，目光冰凉，眼神里有固执、无奈，甚至仇恨的神情——是那种不肯屈服的俘虏的神情，也是出狱后仍将大开杀戒的罪犯的神情。

但它完全不同。

它是狼，并且关在铁笼子里，但它对军人显示出热情。有时不仅是热情，而是亲昵。它会立起来，用两只前爪扶在笼子上，还会摇它的尾巴，只是显得比狗笨拙些，不够自然，但是它不会像狗那样"汪汪"地叫，而是焦急地从喉咙里发出"呜呜"的声音，像个聋哑人。

和狗比起来，它更缺乏与人交流的语汇和经验。

这只关在笼子里的狼似乎并没有多少俘虏和罪犯的神态，它的状态更像一个因为某种原因暂时关禁闭的战士。它缺乏自由，但它的心情总的来说是愉快的。看它的样子，仿佛它认为不久会放出来，放出来它也不会伤人，更不会跑回山野中去。

这是边防战士从小养大的一只狼，一只"军狼"。

它从很小的时候就离开了自己的洞穴和领土，在边防军人的爱抚和喂养下长大。在它的童年和少年时候，它不仅是自由的，而且是极受宠爱的。它可以白天在院子里跑来跑去，晚上钻进任何一个士兵的被窝。在边防站，它出现在任何位置都是最受欢迎的，因为它是狼，先天地比狗更珍稀。

但是后来它逐渐长大了，仅只七个月，它已经长成了一只大狼。狼的外形和性格显现无遗，同时也唤醒了人们久已忘怀了的对狼的恐惧感。

异类的特征一目了然，无法掩饰。它的皮毛开始呈现出秋天的茅草那样灰白浅黄间或夹杂一些硬黑的颜色，这种颜色与山野秋草和谐，对人却是威胁，因为它又冷又硬，给人以毫不妥协的印象。特别是它的面型与尾巴，与狗截然不同。它的面型有些狭，眼神神秘不易理解，与人有阻隔；尾巴是典型的狼尾巴，蓬松而有力。

任何人都不会把它误认为狗。

人们因为它是狼而喜欢它、稀罕它。同样因为是狼，人们开始对它产生疑惧。人们怕它翻脸，所以就先翻了脸——把它关进一个笼子里。

《护生画集》之囚徒之歌

人在牢狱，终日愁欷。鸟在樊笼，终日悲啼。
聆此哀音，凄入心脾。何如放舍，任彼高飞！

但这很可能是由于"出身"造成的冤案。

谁能证明它长大以后不咬人、吃人呢？它自己不会说话，不会辩白，不会发誓，它毕竟是一只狼，真狼。等到它忽然在某一天咬死了一个人再关起来，谁负得起这个责任啊？所以先关起来，是唯一的办法。

问题是，这只狼自己并不知道这些原因，它并不知道自己长得像狼，并且是狼。它只知道这些穿草绿色服装的战士们喂养它、爱抚它、关心它，它兴许内心怀着比狗更强烈的忠诚，并坚信这些人就是自己的父母，说不定它自以为自己和这些人长得酷似呢。

所以，当你隔着铁笼的网眼招呼它时它站立起来，双爪扶笼，把嘴通过网眼伸出来，它对人毫无戒心。它"呜呜"地叫着渴望爱抚。

这时，你伸出手，不要怕，去摸它的爪子，然后再摸它的脸颊和嘴。

不错，是狼的爪子、狼的嘴。

你轻轻地摩挲它的硬爪和利吻，不要畏葸，这时，你会发现它无限温柔，如小鸟依人——这只真正的狼正闭着眼睛，像享受深秋难得的阳光那样，沉浸在被爱的甜蜜中，呜呜的呻吟声令人心碎。

唉，人和狼的关系源远流长，几乎从人类有了记忆的年代起，狼就像影子一样跟定着人类——当然，是不祥的、充满杀气的阴影。直到今天，人们已经很难见到狼了，但狼仍然从人类的各种传说、记忆、反宣传中得以存在，成为神秘、凶残、贪婪之物的总代表。

人和狼之间的误解也一样源远流长。

● 周涛，1946年出生，祖籍山西，在京启蒙，少年随父迁徙新疆。1969年毕业于新疆大学中文系。现为新疆军区创作室主任，新疆文联副主席，新疆作家协会副主席。代表作有诗集《神山》《野马群》，散文集《稀世之鸟》《游牧长城》《兀立荒原》等。

> 谁能不嫌你贫穷，不嫌你丑陋，不嫌你疾病，不嫌你衰老呢？谁能让你呼之则来、挥之则去，不计较你的粗鲁无礼并无休止地迁就你呢？除了狗还有谁？
>
> ——尤金·奥尼尔（美国剧作家、诺贝尔文学奖获得者）

狗这一辈子

刘亮程

一条狗能活到老，真是件不容易的事。太厉害不行，太懦弱不行，不解人意、善解人意了均不行。总之，稍一马虎便会被人剥了皮炖了肉。狗本是看家守院的，更多时候却连自己都看守不住。

《护生画集》之一犬不至

江州陈氏，宗族七百口，每食设广席，长幼以次坐而共食之。有畜犬百余，同饭一牢，一犬不至，诸犬为之不食。（《人谱》）

　　活到一把子年纪，狗命便相对安全了，倒不是狗活出了什么经验。尽管一条老狗的见识，肯定会让一个走遍天下的人吃惊。狗却不会像人，年轻时咬出点名气，老了便可坐享其成。狗一老，再无人谋它脱毛的皮，更无人敢问津它多病的肉体，这时的狗很像一位历经沧桑的老人，世界已拿它没有办法，只好撒手，交给时间和命。

　　一条熬出来的狗，熬到拴它的铁链朽了，不挣而断。养它的主人也入暮年，明知这条狗再走不到哪里，就随它去吧。狗摇摇晃晃走出院门，四下里望望，是不是以前的村庄已看不清楚。狗在早年捡到过一根干骨头的沙沟梁转转，在早年恋过一条母狗的乱草滩转转，遇到早年咬过的人，远远避开，一副内疚的样子。其实人早好了伤疤忘了疼。有头脑的人大都不跟狗计较，有句俗话：狗咬了你你还去咬狗吗？与狗相咬，除了啃一嘴狗毛你又能占到啥便宜。被狗咬过的人，大都把仇记恨在主人身上，而主人又一古脑儿把责任全推到狗身上。一条狗随时都必须准备着承受一切。

　　在乡下，家家门口拴一条狗，目的很明确：把门。人的门被狗把持，仿佛狗的家。来人并非找狗，却先要与狗较量一阵，等到终于见了主人，来时的心境已落了大半，想好的话语也吓忘掉大半。狗的影子始终在眼前窜悠，答问间时闻狗吠，令来人惊魂不定。主人则可从容不迫，坐察其来意。这叫未与人来先与狗往。

　　有经验的主人听到狗叫，先不忙着出来，开个门缝往外瞧瞧。若是不想见的人，比如来借钱的，讨债的，寻仇的……便装个没听见。狗自然咬得更起劲。来人朝院子里喊两声，自愧不如狗的嗓门大，也就缄默。狠狠踢一脚院门，骂声"狗日的"，走了。

　　若是非见不可的贵人，主人一趟子跑出来，打开狗，骂一句"瞎了狗眼了"，狗自会没趣地躲开，稍慢一步又会挨棒子。狗挨打挨骂是常有的事，一条狗若因主人错怪便赌气不咬人，睁一眼闭一眼，那它的狗命也就不长了。

　　一条称职的好狗，不得与其他任何一个外人混熟。在它的狗眼里，除主人之外的任何面孔都必须是陌生的、危险的。更不得与邻居家的狗相往来。

需要交配时，两家狗主人自会商量好了，公母牵到一起，主人在一旁监督着。事情完了就完了。万不可藕断丝连，弄出感情，那样狗主人会妒嫉。人养了狗，狗就必须把所有爱和忠诚奉献给人，而不应该给另一条狗。

狗这一辈子像梦一样飘忽，没人知道狗是带着什么使命来到人世。

人一睡着，村庄便成了狗的世界，喧嚣一天的人再无话可说，土地和人都乏了。此时狗语大作，狗的声音在夜空飘来荡去，将远远近近的村庄连在一起。那是人之外的另一种声音，飘远、神秘。莽原之上，明月之下，人们熟睡的躯体是听者，土墙和土墙的影子是听者，路是听者。年代久远的狗吠融入空气中，已经成寂静的一部分。

在这众狗狺狺的夜晚，肯定有一条老狗，默不作声。它是黑夜的一部分，它在一个村庄转悠到老，是村庄的一部分，它再无人可咬，因而也是人的一部分。这是条终于可以冥然入睡的狗，在人们久不再去的僻远路途，废弃多年的荒宅旧院，这条狗来回地走动，眼中满是人们多年前的陈事旧影。

● 刘亮程，著有诗集《晒晒黄沙梁的太阳》，散文集《一个人的村庄》《在新疆》，长篇小说《虚土》《凿空》《捎话》等。获第六届鲁迅文学奖。有多篇散文选入中学、大学语文课本。现为中国作家协会散文委员会副主任，新疆作家协会副主席，木垒书院院长。

> 充斥世界的诸多不幸总是让我感到很痛苦……我心中的折磨尤其来自可怜的动物所必须承受的种种痛苦与匮乏。
>
> ——史怀泽（德国哲学家、人道主义者、诺贝尔和平奖得主）

我们的动物兄弟

陈　染

有一些细节常常使我过目不忘，且难以释怀。一个如我这般懂得现实的无奈与残酷的成年人，抓住这类细节不撒手，似乎有矫情之嫌。但是，它确确实实是一种隐痛和矛盾。

让我们体会一下下面这个片段：

海斯密斯在小说《水龟》中有一个细节：一个年轻的母亲把一只活龟带回家，她想用它为八岁的儿子做一道菜。倘若把这道菜做得味道鲜美，就必须把龟活煮……这位母亲当着儿子的面，把活龟扔进沸水之中，并且盖上了锅盖。那只濒死的龟拼命爬上锅沿，抓住锅边，并用头顶起锅盖，向外边乞求地看着，这个男孩看到了垂死的龟对人类绝望而无助的凝视……

这只龟绝望乞求的凝视，强烈刺痛了男孩儿，在他妈妈用锅盖把龟推回沸水之前的片刻，这一瞬间构成了男孩儿终生的创伤性记忆……

我不想在此转述接下来发生在男孩儿与母亲之间的惨剧。我只想在男孩儿瞥见那只绝望乞求的水龟的眼神这里停住——那只龟无助的眼神为什么只对八岁的男孩儿构成内心的刺痛？而作为他母亲的成年人却无视那只龟抓住锅边、探出头、用眼神向我们人类发出的最后的哀号？难道我们这些老于世故的成年人就应该丧失对于那种"眼神"的敏感吗？难道我们成年人就应该对其他生命麻木得如此无动于衷吗？

同时，假若男孩儿的母亲忽发悲怜恻隐之心，那么接下来这锅沸水以及沸水之中尚在奄奄一息的龟，将是如何处置？这残局将是如何收场？那恐怕就是另外一个故事了。

《护生画集》之烹鳝

　　学士周豫尝烹鳝，见有弯向上者，剖之，腹中皆有子。乃知曲身避汤者，护子故也。自后遂不复食鳝。（《人谱》）

另一个细节发生在高尔泰的《寻找家园》中。

大约半个世纪前的大饥荒年代，有一次他和同伴们在深山野林里觅食狩猎，经过千辛万苦他们终于打中了一只羊。他走上前，看到："它昂着稚气的头，雪白的大耳朵一动不动，瞪着惊奇、明亮而天真的大眼睛望着我，如同一个健康的婴儿。我也看着它，觉得它的眼睛里，闪抖着一种我能理解的光，刹那间似曾相识。慢慢地，它昂着的头往旁边倾斜过去，突然砰的一声倒在地上了。它动了动，像是要起来，但又放弃了这个想法。肚皮一起一伏，鼻孔一张一翕。严寒中喷出团团白气，把沙土和草叶纷纷吹了起来，落在鼻孔附近的地上和它的脸上。我坐下来。不料这个动作竟把它吓得迅速地昂起头，猛烈地扭动着身躯……"高尔泰内心痛苦地看着它。可是，接下来怎么办呢？同样一个恼人的问题摆在我们面前。

我不知道。

　　我不知道我们人类在对我们的动物兄弟们肆意杀戮、换得盘中餐之时，我们除了隐痛、自责之外，我们还能怎么办？

　　尼采曾在街上失控地抱着一匹马的头痛哭，他亲吻着马头哭道：我苦难的兄弟！尼采被送进了疯人院，而所有无视马的眼神、马的命运甚至虐待马的人们，都被作为正常人留下来享受着现实。我万分地理解尼采的这一种痛苦。

　　我忘记了是哪一位欧洲的哲学家，他曾每天到博物馆看望一只聪明的黑猩猩，他简直被关在铁笼子里的这只黑猩猩吸引住了。有一天，他在笼子外边久久凝视着它，黑猩猩也同样用大大的无辜的眼睛望着他。快到关门的时候了，哲学家仿佛自言自语般地低声说："亲爱的，你真迷人！你眼中所散发的孤独是那样地深沉，让我们自惭形秽……再会，亲爱的，我再来看你！"

　　我想，哲学家和黑猩猩一定从相互深切的凝视中读懂了对方，他们探讨的话题一定是：生命的孤独与万物的平等。

　　草会口渴、鱼会疼痛、羊会流泪、狗会想念……我们人类既然比它们"高级"，那么我们将如何表现我们作为高级动物的"高级"和"文明"？我们的成熟一定意味着对生态界弱小者的麻木和漠视吗？对于现实世界的认知一定要以把我们自身变得残酷为代价吗？倘若它们来到这个世间的使命，就是为了不平等地变成人类的腹中餐，那么我们能否怀着悲怜、怀着对弱者的同情，让它们活得有点尊严、死得觉着幸福呢？

　　这是一个脱离现实的问题，但是，这个不现实的问题要成为一个问题。

　　● 陈染，当代著名作家。生于北京。1986年大学毕业。已出版小说专集《纸片儿》《嘴唇里的阳光》《无处告别》《与往事干杯》《陈染文集》六卷，长篇小说《私人生活》，散文随笔集《声声断断》《断片残简》《时光倒流》，谈话录《不可言说》等多种著作。在中、英、美、德、日、韩、瑞等十几个国家出版了近200万字文学作品。

在猫身上我能想象自己的处境。

——胡里奥·科塔萨尔（阿根廷作家）

城市的弃儿①

陈 染

不知不觉又是夏天了。仿佛是柔和晴朗的细风忽然之间把全身的血脉吹拂开来。我是在傍晚的斜阳之下，一低头，猛然间发现胳臂上众多的蓝色的血管，如同一条条欢畅的小河，清晰地凸起，蜿蜒在皮肤上。

夏天的傍晚总是令我惬意，在屋里关闭了一整天的我，每每这个时辰会悠闲地走到布满绿荫的街道上。我一会儿望望涌动的车流，一会儿又望望归家心切的人们在货摊上的讨价还价。我的脚步在夕阳照耀下瞬息万变的光影中漫无目的地移动。

一只猫忽然挡住了我的去路。这是一只骨瘦如柴的流浪猫，它扬起脏脏的小脸用力冲我叫。我站住，环顾四周，发现这里有个小自行车铺，过来往去的人们司空见惯地从它身旁走过，没人驻足。而这只猫似乎从众多的人流里单单抓住了我，冲我乞求地叫个不停。

我觉得它一定是渴了，在要水喝。于是，我在路边的冷饮店给它买了一瓶矿泉水，又颇费周折地寻来一只盒子当容器，给它倒了一盒水。猫咪俯身轻描淡写地喝了几口水，又抬起头冲着我叫。我又想它可能是饿了，就飞快地跑到马路对面一个小食品店买来肉肠，用手掰碎放在盒子里，它埋头吃着，吃得如同一只小推土机，风卷残云。我在一旁静静地看着它，直到它吃饱了，才站起身。然后，我对它说了几句告别的话，转身欲离开。可是，它立刻跟上来，依然冲着我叫。

---

① 刊于《北京青年报》（2006 年 7 月 22 日）。

一个遛狗的妇女牵着她家的爱犬绕着猫咪走开了，那只狗狗皮毛光洁闪亮，神态倨傲，趾高气扬，胖胖的腰身幸福地扭动。

我再一次俯下身，心疼地看着这只又脏又瘦干柴一般的猫咪。我知道，它对我最后的乞求是：要我带它回家！

可是……

我狠了狠心，转身走开了。它跟了我几步，坚持着表达它的愿望，我只得加快脚步。终于，猫咪失望地看着我的背影，慢慢停止了叫声。直到另一个路人在它身边停下脚步，猫咪又扬起它脏脏的小脸开始了新一轮乞求的叫声。

我走出去很远，回过头来看它，心里说不出的滋味……对不起，猫咪！非常地对不起！我无法带你回家！

天色慢慢黯淡下来，远处的楼群已有零星的灯光爬上人家的窗户，更远处的天空居然浮现出了多日不见的云朵。晚风依旧和煦舒朗，小路两旁浓郁的绿叶依旧摇荡出平静的刷刷声。可是，这声音在我听来仿佛一声声叹息和啜泣，我出门时的好心情已经荡然无存，完全湮没在一种莫名的沉重当中。我情绪失落、忧心忡忡地走回家。

《护生画集》之被弃的小猫

有一小猫，被弃桥西，饿寒所迫，终日哀啼。犹似小儿，战区流离，无家可归，彷徨路歧。伊谁见怜，援手提携？

（杜衡补题）

第二天黄昏时候，我又鬼使神差地来到自行车铺一带。我先是远远地看见车铺外边的几辆自行车车缝间的水泥地上丢着一块脏抹布，待走到近来，才看清那块抹布就是昨天的猫咪，它酣酣地睡在不洁净的洋灰地上，身子蜷成一团，瘪瘪的小肚皮一起一伏地。它身边不远处，有几根干干的带鱼刺在地上丢着。

我心里忽然又是欣慰，又是发堵。想起我家的爱犬三三，经常吃得小肚子溜圆，舒展地睡在干净柔软的席子上，我不得不经常给它乳酶生吃，帮助它消化。

这个世界别说是人，就是动物也无法公平啊！

我没有叫醒猫咪。厚着脸皮上前与车铺的小老板搭讪，也忘记了应该先夸赞他家的自行车，就直奔主题说起这只猫咪。小老板看上去挺善良，热情地与我搭话。他说，每天都给它剩饭剩菜吃，不然早就饿死了。说这只猫已经在这一带很长时间了。我诚恳地谢了他，并请他每天一定给猫咪一些水喝，我说我会经常送一些猫粮过来。我们互相说了谢谢之后，我便赶快逃开了。

街上依旧车水马龙、人流如梭。猫咪就在路旁的噪声中沉沉酣睡，热风吹拂着它身上干枯的灰毛毛，如同一块舞动的脏抹布，又仿佛是一撮灰土，瞬息之间就会随风飘散，无影无踪，被这个城市遗忘得一干二净。

我不想等它醒来，让它再一次看着我无能地丢下它落荒而逃。

流浪猫已经成为众多城市的景观。负责环保的官员们，你们在忙碌大事情的间隙，可曾听到那从城市的地角夹缝间升起的一声声微弱然而凄凉的叫声？

> 我们要做的是改变一代人的审美，那就是，天啊！怎么会有人把动物尸体穿在身上！
>
> ——朱天文（作家）

穿皮大衣的囚徒

韩小蕙

自从买了这件皮大衣起，我就不喜欢它。

其实它的质量还是相当好的，式样也很漂亮，两面都可以穿，一面是细细的抛光真皮，黑颜色显得高雅；另一面是寸长的毛皮，毫锋上闪着缎子一样的光芒，也是纯黑色的。我穿在身上，雍容而不臃肿，长短肥瘦都恰如其分，没有再合适的了。唯一的不满意，就是它不是真皮毛，而是人造的，显得低档了一些。

但是拉我去买的女友说，这个商家要撤摊位回内蒙古过年去了，便宜甩卖，你就当买一件上班穿的工作服吧。

我说我这辈子都不买工作服了，工作服穿着不舒服。

女友说，就算你帮商家的忙吧，让人家早点儿回家过年。

我说现在天天过年。

这时销售经理说话了："现在都不穿真皮毛了，不是动物保护吗？您穿这个正合适，一点儿不跌价。"

一下子让他说破了，我倒不好意思起来，一时竟哑口无言，掏了钱，回家。

到家以后又后悔，怎么看怎么别扭，扔一边去。

不料，老天竟奇冷起来，一场大雪后，气温"唰"地就零下十多度去了，可把人冻惨了。我只好把它找了出来，穿着上了两天班，反应很不错，有人还说："这么高级，貂皮的吧？"我心里很受用，渐渐胆子也大起来，某天文学界聚会，我就穿着去了。

在会场门口，恰巧逢着李国文老师。见了我的模样，他嘴巴翕动了一下，像是要说什么，又咽了回去。直到会议结束，我们一起走出来，他忽然说："小蕙，你穿这个，我看不大合适。"

这可碰到我的心尖尖上了。虚荣心使我的脸涨红了，嗫嚅道："这个……确实不怎么……高档……"

国文老师却打断我说："现在可都在提倡保护动物呀。"

我的心一松，但仍藏藏掖掖地说："我这……不是……真毛皮……"

国文老师还不放心，叮嘱说："要是真皮的，我建议你还是不要穿了，影响你的公众形象……"

《护生画集》之母之皮

吉州有捕猿者杀其母，并其子卖之龙泉萧氏。示以母皮，抱之跳
掷而毙。萧氏为作《孝猿传》。（宋《齐东野语》）

说来，这还是去年冬天的事。今年，形势更是大变了——第一天穿着它去上班，刚走出家门口不远，碰到一位熟人，女性，退休干部。招手把我叫住，盯着它说："哎哟，多不环保啊？"

我一怔，赶紧解释道："不是真皮的。"

她放我走了。

等到了单位门口，碰到一位同事，这回是男的，年轻记者。竟然也瞅着我问："嘀，动物皮？"

我赶紧摇头："不是，不是。"

进电梯时，里面有七八个人，有编辑记者，有行政人员，还有工人。人堆里，又有声音问过来："你这大衣，真皮的？"

我赶紧老老实实说："假的，假的，现在谁还敢穿真皮？"

满电梯的人全笑了。

当我走进文艺部办公室，正有三四位同仁在，他们的目光"唰"地向我射来，吓得我赶紧把大衣脱了，一边不打自招地解释道："人造毛，人造毛……"

以后，无论我走到哪儿，无论人家问与不问，我都先行指着它，把这句口头语重复两遍。虽然很辛苦，但是确有必要，国人的环保意识确确实实大为提高了，谁都很直率地批评你，受得了？这使我想起几年前，曾看到一则来自英国的报道，说是在公众的批评下，皇室成员都不敢穿真皮服装了。记得当时还感慨了半天，心想人家外国就是先进，若中国也做到如此水平，不知得哪八百年的事？谁承想，这一天竟然说来就来了。

我暗暗对自己窃喜道："幸亏你没买真皮，不然，可不真成了穿皮大衣的囚徒？"

● 韩小蕙，北京人，1982年毕业于南开大学中文系。光明日报社《文荟》副刊主编，南开大学兼职教授，北京作家协会签约作家。著有《韩小蕙散文代表作》等20部。有作品被译往美国、匈牙利、韩国等。编著出版《90年代散文选》等54部作品。获中国新闻界最高荣誉韬奋新闻奖、首届冰心散文奖、首届郭沫若散文优秀编辑奖、首届中国当代女性文学奖、首届中华文学选刊奖等。

只有人对不起狗，没有狗对不起人。

——张炜（作家）

被恩将仇报的义犬小花

邱　宏　同拥军

在绵阳市北川羌族自治县一带的村民中，流传着一则凄婉的故事：2008年"5·12"地震时，一只小狗挽救了49个村民的生命。然而，这个村民们崇敬的小生灵，却因防疫需要而被绞杀！在地震灾区采访过程中，记者寻找到了这只义犬的主人。

这只小狗叫"小花"。它的主人叫邓加林，34岁，是北川羌族自治县曲山镇海光村村民。尽管地震已经过去一年，但谈及他的爱犬小花，邓加林依旧唉声不已、热泪涟涟……

"小花"是只当地的小土狗，从小在邓家长大。

2008年5月12日中午，邓加林回家吃午饭。刚进门他就发现，一向温顺的狗狗小花，却焦躁不安地在屋里来回乱窜，还不时地将头伏在地上低声吼叫。邓加林妻子蔡红英，以为小花要吃的，便扔给小花一块骨头。可是，小花却置之不理，仍旧乱抓乱撞、上蹿下跳。

下午1时40分左右，全家人开始午睡。小花一反常态，不像以往那样也趴在床下午睡，而是一直狂叫不已，吵得全家人无法入睡。邓加林将小花撵出门外，它依然狂叫、用前爪扒门。妻子蔡红英觉得有些诧异，便开门查看。不想小花竟发疯地冲进屋来，一边狂叫，一边用嘴叼邓加林和他8岁儿子邓胜国的衣角。儿子邓胜国下床抱起小花，嗔怪地说道："小花今天怎么啦？怎么不乖啦？来，我带你出去撒尿。"说着，儿子邓胜国抱着小花往外走。没想到小花一个鲤鱼打挺，从邓加林儿子怀里窜下来，死死叼住邓加林裤腿，拼命地往屋外拉扯。当时，小花的叫声十分凄厉，令人发瘆。

小花的狂叫声，顿时惹了麻烦：邻居们被小花吵醒，纷纷来到邓加林家，询问他家出了什么事。邓加林家后院的一个年轻人，还气势汹汹地质问邓加林："你家狗疯啦，让别人睡觉不？"邓加林夫妇唯唯诺诺、道歉不迭。随后，向大家述说了小花的反常举动。乡亲们猜不透小花反常是何原因，一时间议论纷纷。不曾想，小花突然停止狂叫，耷拉着脑袋、伏在地上，双眼中涌出了泪水！

狗哭了！这个天大奇闻，立即惊动了海光村的乡亲们，大家相继来到邓加林家院子里，既好奇又神秘地谈论着、猜测着狗狗小花流泪原因。这时，一位老大爷神色严肃地对大家说道："这种事儿，我小时候听我爸说过。看来，要有天灾降临啊！"一句话，在场的乡亲们全都慌了神儿。

突然，狗狗小花又开始狂叫起来。小花的叫声，引得全村所有的狗一齐狂叫起来。邓加林平时爱看书报，掌握一些科学常识。他突然意识到：动物的异常行为，很有可能是地震前兆！想到此，他不由得浑身一颤：宁可信其有，不可信其无！于是，邓加林一脸冰霜地对大家喊道："赶快挨家通知乡亲们，迅速从屋里出来，恐怕马上就要地震了！"

霎时间，海光村内脚步声、叫喊声响作一团。结果，全村在家的76名村民中，有42人撤到了屋子外面。至今仍然令邓加林遗憾的是，当时，其他村民不仅根本不相信他的话，还反唇相讥说："邓加林脑袋进了水，整个神经错乱嘛。"

大约过了20分钟，在狗狗小花警示下，邓加林的预测应验了：大地突然颠簸、颤抖，四周飞沙走石。一阵刺耳的巨响过后，全村的房屋一瞬间统统倒塌了！转瞬间，海光村变成一片废墟。顿时，哭喊声、呼救声笼罩着整个村落。

地震过后约10分钟，因撤出房屋而幸免于难的42名乡亲，突然围拢过来，争抢着抱小花、爱抚小花，全都感谢小花救了他们的性命。庆幸之余，人们面对这突如其来的灾难，面对这夷为平地的家园，都不禁捶胸顿足、失声痛哭。

面对天灾，邓加林意识到：发生这么强烈的地震，救援人员肯定不能在短时间内前来救援。于是，邓加林急忙召集大家，让老年人、轻伤员照顾小孩；其他村民赶紧搜救被废墟掩埋的乡亲！

废墟连成片，大家傻了眼：面对一堆连着一堆的瓦砾、砖头、碎石块，从哪儿下手救援乡亲呢？无奈，他们便依次大声呼喊村里失踪者的名字。但喊了一个多小时，废墟下竟无一人回应。

正当大家一筹莫展、焦急万分时，在50米开外的废墟上，传来狗狗小花"汪、汪、汪"的急促叫声。大家急忙赶过去，听到了废墟下微弱的呼救声。大家马上扒开砖头瓦砾，救援出受重伤的村民刘强夫妇。大家刚刚松口气，狗狗小花，又在距大家10多米远的废墟上，一边叫，一边用两只前爪奋力扒刨残土。此刻，大家对小花早已感激涕零、五体投地，见到小花刨土，大家便一齐开挖，40多分钟后，一条小孩的小腿裸露出来；又过了半小时，一个1岁多的孩子被抢救出来。这个孩子造化不小：被夹在两块水泥预制板缝隙中间，仅仅受了点儿轻微皮外伤。孩子的父母，便是刚刚抢救出来的刘强夫妇。

5月13日下午1时许，狗狗小花再次疯狂地狂叫不已，并带头向废墟外面狂奔。这次再无一人犹豫，大家紧跟着小花迅速跑出废墟。突然，强烈的余震再次袭来，造成废墟中的不少断壁残垣再次坍塌。如不及时撤离，定会再次遭受人员伤亡。

当天下午4时许，由解放军官兵组成的救援队，冲破重重艰难险阻，终于来到北川羌族自治县救援。其中的一支小分队，来到了海光村。当时，在狗狗小花帮助下，大家已从废墟中抢救出了7名乡亲。

部队救援队伍到达后，要求所有幸存者立即转移到安全地带。被狗狗小花营救的海光村49名村民，都被安置在绵阳市九洲体育馆。小花跟随主人邓加林、蔡红英夫妇，一起来到了九洲体育馆安置点。

在前往九洲体育馆途中，乡亲们争着抢着抱小花。小花则圆睁双眼、高竖尾巴，俨然成了村英雄。由于道路堵塞、运输不便，刚到九洲体育馆安置点时，大家领到的食品，刚好填饱肚子。尽管如此，乡亲们全都宁愿少吃一些，把节省下来的香肠、面包等食品，留给狗狗小花吃。

《护生画集》之义狗救猪

血肉淋漓味足珍，一般痛苦怨难伸，设身处地扪心想，谁肯将刀割自身？

（宋 陆游《示小厮诗》）

5月16日，一个震惊邓加林夫妇，以及海光村49名村民的噩耗传来：为预防发生疫情，抗震救灾指挥部决定，凡从地震重灾区带入安置点的犬只，一律集中捕杀，然后消毒深埋。

当天傍晚，趁别人不注意，邓加林和妻子蔡红英，抱起小花，偷偷来到九洲体育馆背后的一个山坡上，寻找到一个狭小的山洞，准备让小花在山洞里躲避一阵。小花好像预感到大难临头，便顺从地从蔡红英怀里跳到地上，向邓加林夫妇摇摇尾巴，算作告别，然后钻进了山洞深处。

但是，在绵阳市铺天盖地的拉网式搜犬行动中，狗狗小花最终未能幸免。

5月19日上午，绵阳市民警要把小花带走。邓加林妻子蔡红英"扑通"一声跪在民警面前，向民警哭述了狗狗小花在地震中的救人经过。民警们听罢，既震惊、又感动，不觉动作慢将下来。但，作为民警，捕杀命令必须执行。于是，一名民警动容地对蔡红英解释说："大姐，尽管小花救了村里49条人命，但如果不及时处置重灾区的犬只，便很有可能酿成人们意想不到的疫情灾害。大姐呀，眼下可是非常时期呀！"

眼看着蔡红英求情无效，海光村49名乡亲全都围拢过来，央求民警：让乡亲们看小花临终前最后一眼，大家要为它送行。民警红着眼圈儿，应允了乡亲们的要求。

5月20日上午，海光村乡亲们最后看到狗狗小花时，小花被装在一个铁笼子里。乡亲们含泪向小花告别。小花也眼含泪水，呜呜咽咽地叫着，冲着大家甩尾巴致意，绳索越来越紧……顿时，现场响起一片痛哭声！

一年候尔过去。今年清明节期间，海光村的乡亲们，在祭奠死难亲人之余，不忘祭奠狗狗小花，不忘义犬的救命大恩。

●邱宏，《沈阳日报》高级记者、"邱宏视线"专栏主笔。新闻从业近30年，格外关注敏感新闻、灾害新闻。

> 只是没有人问一句，人类这样干下去，不害怕什么在暗中诅咒我们？
>
> ——张炜（作家）

在春天的空中

须一瓜

近期，媒体在大量报道厦门动保教材入校的新闻。这个领跑全国的教材，知识性、趣味性兼顾，好看。我再次看到了"5·12"大地震中，那只救了四五十人的、名叫小花的狗。在教材里，再次看到小花，依然痛彻心扉。地震前，小花拼命吠叫、疯狂拉扯主人出屋，主人和邻居们一直不以为然，甚至有人怒骂它破坏了午休。情急之下，小花双泪长流。罕见的狗泪，震惊了人们，40多人在地动山摇前，离开了屋子。还有30多个不信者，被地震埋没后，又是小花回头去嗅救他们。5月20日，抗震救灾指挥部下令灭杀重灾地区的所有狗，包括小花。很多人反对、说明、求情，但是，他们说服不了执行人员，只争取到了和小花临行告别的待遇。在行刑笼子中的小花，对它所救的人们，猛摇尾巴想要出来。但是，它脖子上的绳子开始抽紧。这个拯救天使化身的小狗，这一天，被处死。

如果有人这样虚构小说的结局，我会推断作者对人充满了恶意而极尽妖魔化手段，贬损丑化人类以抬高动物。完全是对人类的造谣、泼粪——怎么可能？有这样的救命情义，再不懂知恩图报的人，也演绎不出如此绝情绝义的结局。预防传染病，不能令人信服。小花很健康，如果担心，可以检查、隔离甚至治疗。而超越"捕杀令"，敬重优待一只恩重如山的狗，彰显的其实是人类的有情有义——然而，这只救了四五十人的狗，真的被处死了。

义犬小花临终在想什么呢？它肯定不理解，被救的那么多人，怎么没有一个能够保护它？我也总在想，这样的顺民，对如此震撼过自己生命的贵重价值都捍卫不了，他们还能捍卫什么？

奉"一律捕杀"令无缝行事的人员，其机械、简单、冷漠之心令人胆寒。任何法律、规章都不可能预察调节所有情况，因此，方向不清的时候，可以回到"法理"，回到统摄规章法典之立法魂魄，"法理"往往就是人类最基本的价值观。按我们老百姓的话说，就是最基本的好坏良心判断嘛。可是，就是如此基本，那些人员判断不出，或者捍卫不起。

清明时节春雨绵长，怀着愧疚之心，让我们缅怀那个被弑恩回报的小小天使的英灵吧。

清明

纪南有义犬塚
而痛哭聞于太守命具棺衾葬之今
纯獲免醒見犬死毛濕觀火踪跡
火至濕處即滅犬困乏致斃于側信
犬入水濕身来卧處周迴以身濕之
口銜純衣不動有溪相去三五十步
草中太守鄧瑕出獵縱火蒸草犬
住相随一日城外大醉歸家不及卧
孫吳時襄陽紀信純一犬名烏龍行

虞初新志

義犬塚

《护生画集》之清明

孙吴时，襄阳纪信纯一犬名"乌龙"，行往相随。一日，城外大醉，归家不及，卧草中。太守邓瑕出猎，纵火蒸草。犬以口衔纯衣不动。有溪相去三五十步，犬入水湿身来卧处，周回以身湿之。火至湿处即灭，犬困乏致毙于侧，信纯获免。醒见犬死毛湿，观火踪迹，因而痛哭。闻于太守，命具棺衾葬之。今纪南有"义犬冢"。（《虞初新志》）

● 须一瓜，本名徐平，记者，作家，著有《淡绿色的月亮》《提拉米苏》《蛇宫》《第五个喷嚏》《老闺蜜》《国王的血》等中短篇小说集以及长篇小说《太阳黑子》《白口罩》《别人》《双眼台风》《甜蜜点》等。获华语文学传媒大奖、人民文学奖、《小说选刊》年度奖、《小说月报》百花奖及郁达夫文学奖。多部作品进入中国小说学会年度排行榜。其《太阳黑子》被改编为获奖电影《烈日灼心》。

上帝所创造的，即使是最"低等"的动物，皆是生命合唱团的一员。我不喜欢只针对人类需要而不顾及猫、狗等动物的任何宗教。

——亚伯拉罕·林肯（第16任美国总统）

猫　婆①

冯骥才

我那小阁楼的后墙外，居高临下是一条又长又深的胡同，我称它为猫胡同。每日夜半，这里是猫儿们无法无天的世界。它们戏耍、求偶、追逐、打架，叫得厉害时有如小孩扯着嗓子嚎哭。吵得人无法入睡时，便常有人推开窗大吼一声"去！"或者扔块石头瓦片轰赶它们。我在忍无可忍时也这样怒气冲冲干过不少次。每每把它们赶跑，静不多时，它们又换个什么地方接着闹，通宵不绝。为了逃避这群讨厌的家伙，我真想换房子搬家。奇怪，哪来这么多猫，为什么偏偏都跑到这胡同里来聚会闹事？

一天，我到一位朋友家去串门，聊天，他养猫，而且视猫如命。

我说："我挺讨厌猫的。"

他一怔，扭身从墙角纸箱里掏出个白色的东西放在我手上。呀，一只毛线球大小雪白的小猫！大概它有点怕，缩成个团儿，小耳朵紧紧贴在脑袋上，一双纯蓝色亮亮的圆眼睛柔和又胆怯地望着我。我情不自禁赶快把它捧在怀里，拿下巴爱抚地蹭它毛茸茸的小脸，竟然对这朋友说："太可爱了，把它送给我吧！"

我这朋友笑了，笑得挺得意，仿佛他用一种爱战胜了我不该有的一种怨恨。他家大猫这次一窝生了一对小猫——一只一双金黄眼儿，一只一双天蓝色眼儿。尽管他不舍得送人，对我却例外地割爱了。似乎为了要在我身上

---
① 本文首发于《收获》杂志（1990年3月25日）。

培养出一种与他同样的爱心来；真正的爱总希望大家共享，尤其对我这个厌猫者。

小猫一入我家，便成了全家人的情感中心。起初它小，趴在我手掌上打盹睡觉，我儿子拿手绢当被子盖在它身上，我妻子拿眼药瓶吸牛奶喂它。它呢，喜欢像婴儿那样仰面躺着吃奶，吃得高兴时便用四只小毛腿抱着你的手，伸出柔软的、细砂纸似的小红舌头亲昵地舔你的手指尖……这样，它长大了，成为我家中的一员，并有着为所欲为的权利——睡觉可以钻进任何人的被窝儿，吃饭可以跳到桌上，蹲在桌角，想吃什么就朝什么叫，哪怕最美味的一块鱼肚或鹅肝，我们都会毫不犹豫地让给它。嘿，它夺去我儿子受宠的位置，我儿子却毫不妒忌它，反给它起了顶漂亮、顶漂亮的名字，叫蓝眼睛。这名字起得真好！每当蓝眼睛闯祸——砸了杯子或摔了花瓶，我发火了，要打它，但只要一瞅它那纯净光澈、惊慌失措的蓝眼睛，心中的火气顿时全消，反而会把它拥在怀里，用手捂着它那双因惊恐瞪大的蓝眼睛，不叫它看，怕它被自己的冒失吓着……

我也是视猫如命了。

入秋，天一黑，不断有些大野猫出现在我家的房顶上，大概都是从后面猫胡同爬上来的吧。它们个个很丑，神头鬼脸向屋里张望。它们一来，蓝眼睛立即冲出去，从凉台蹿上屋顶，和它们对吼、厮打，互相穷追不舍。我担心蓝眼睛被这些大野猫咬死，关紧通向凉台的门，蓝眼睛便发疯似的抓门，还哀哀地向我乞求。后来我知道蓝眼睛是小母猫，它在发狂地爱，我便打开门不再阻拦。它天天夜出晨归，归来时，浑身滚满尘土，两眼却分外兴奋明亮，像蓝宝石。就这样，在很冷的一天夜里出去了，再没回来，我妻子站在凉台上拿根竹筷子 "当当"敲着它的小饭盆，叫它，一连三天，期待落空。意想不到的灾难降临——蓝眼睛丢了！

情感的中心突然失去，家中每个人全空了。

我不忍看妻子和儿子噙泪的红眼圈，便房前房后去找。黑猫、白猫、黄猫、花猫、大猫、小猫，各种模样的猫从我眼前跑过，唯独没有蓝眼睛……懊丧中，一个孩子告诉我，猫胡同顶里边一座楼的后门里，住着一个老婆子，养了一二十只猫，人称猫婆，蓝眼睛多半是叫她的猫勾去的。这话点亮了我的希望。

当夜，我钻进猫胡同，在没有灯光的黑暗里寻到猫婆家的门，正想察看情形，忽听墙头有动静，抬头吓一跳，几只硕大的猫影黑黑地蹲在墙上。我轻声一唤"蓝眼睛"，猫影全都微动，眼睛处灯光似的一闪一闪，并不怕人。我细看，没有蓝眼睛，就守在墙根下等候。不时一只走开，跳进院里；不时又从院里爬上一只来，一直没等到蓝眼睛。但这院里似乎是个大猫洞，我那可怜的宝贝多半就在里边猫婆的魔掌之中了。我冒冒失失地拍门，非要进去看个究竟不可。

门打开，一个高高的老婆子出现——这就是猫婆了。里边亮灯，她背光，看不清面孔，只是一条墨黑墨黑神秘的身影。

我说我找猫，她非但没拦我，反倒立刻请我进屋去。我随她穿过小院，又低头穿过一道小门，是间阴冷的地下室。一股浓重噎人的猫味马上扑鼻而来。屋顶很低，正中吊下一个很脏的小灯泡，把屋内照得昏黄。一个柜子，一座生铁炉子，一张大床，地上几只放猫食的破瓷碗，再没别的，连一把椅子也没有。

猫婆上床盘腿而坐，她叫我也坐在床上。我忽见一团灰涂涂的棉被上，东一只西一只横躺竖卧着几只猫。我扫一眼这些猫，还是没有蓝眼睛。猫婆问我："你丢那猫什么样儿？"我描述一遍，她立即叫道："那大白波斯猫吧？长毛？大尾巴？蓝眼睛？见过见过，常从房上下来找我们玩儿，还在我们这儿吃过东西呢，多疼人的宝贝！丢几天了？"我盯住她那略显浮肿、苍白无光的老脸看，只有焦急，却无半点装假的神气。我说："五六天了。"她的脸顿时阴沉下来，停了片刻才说："您甭找了，回不来了！"我很疑心这话为了骗我，目光搜寻可能藏匿蓝眼睛的地方。这时，猫婆的手忽向上一指，呀，迎面横着的铁烟囱上，竟然还趴着好一大长排各种各样的猫！有的眼睛看我，有的闭眼睡觉，它们是在借着烟囱的热气取暖。

猫婆说："您瞧瞧吧，这都是叫人打残的猫！从高楼上摔坏的猫！我把它们拾回来养活的。您瞧那只小黄猫，那天在胡同口叫孩子们按着批斗，还要烧死它，我急了，一把从孩子们手里抢出来的！您想想，您那宝贝丢了这么多天，哪还有好？现在乡下常来一伙人，下笼子逮猫吃，造孽呀！他们在笼里放了鸟儿，把猫引进去，笼门就关上……前几天我的一只三花猫就没了。我的猫个个喂得饱饱的，不用鸟儿绝对引不走，那些狼心狗肺的家伙，吃猫肉，叫他们吃！吃得烂嘴、烂舌头、浑身烂、长疮、烂死！"

她说得脸抖，手也抖，点烟时，烟卷抖落在地。烟囱上那小黄猫，瘦瘦的，尖脸，很灵，立刻跳下来，叼起烟，仰起嘴，递给她。猫婆笑脸开花，咧着嘴不住地说："瞧，您瞧，这小东西多懂事！"像在夸赞她的一个小孙子。

我还有什么理由疑惑她？面对这天下受难猫儿们的救护神，告别出来时，不觉带着一点惭愧和狼狈的感觉。

蓝眼睛的丢失虽使我伤心很久，但从此不知不觉我竟开始关切所有猫儿的命运。猫胡同再吵再闹也不再打扰我的睡眠，似乎有一只猫叫，就说明有一只猫活着，反而令我心安。猫叫成了我的安眠曲……

《护生画集》之"还我小宝宝！"

一猫生二子，相貌都很好。儿童放学归，大家争来抱。

母猫紧紧跟，口中咪咪叫。好似声声说，还我小宝宝！（小君诗）

转过一年，到了猫儿们求偶时节，猫胡同却忽然安静下来。

我妻子无意间从邻居那里听到一个不幸的消息：猫婆死了。同时——在她死后——才知道关于她在世时的一点点经历。

据说，猫婆本是先前一个开米铺老板的小婆，被老板的大婆赶出家门，住在猫胡同那座楼第一层的两间房子里。后又被当作资本家老婆，轰到地下室。她无亲无故，孑然一身，拾纸为生，以猫为伴，但她所养的猫没有一只良种好猫，都是拾来的弃猫、病猫和残猫。她天天从水产店捡些臭鱼烂虾煮了，放在院里喂猫，也就招引一些无家可归的野猫来填肚充饥，有的干脆在她家落脚。她有猫必留，谁也不知道她家到底有多少只猫。

"文化大革命"前，曾有人为她找个伴儿，是个卖肉的老汉。结婚不过两个月，老汉忍受不了这些猫闹、猫叫、猫味儿，就搬出去住了。人们劝她扔掉这些猫，接回老汉，她执意不肯，坚持与这些猫共享着无人能解的快乐。

前两个月，猫婆急病猝死，老汉搬回来，第一件事便是把这些猫统统轰走。被赶跑的猫儿依恋故人故土，每每回来，必遭老汉一顿死打，这就是猫胡同忽然不明不白静下来的根由了。

这消息使我的心一揪。那些猫，那些在猫婆床上、被上、烟囱上的猫，那些残的、病的、瞎的猫儿们呢？那只尖脸的、瘦瘦的、为猫婆叼烟卷的小黄猫呢？如今漂泊街头、饿死他乡，被孩子弄死，还是叫人用笼子捉去吃掉了？一种伤感与担忧从我心里漫无边际地散开，散出去，随后留下的是一片沉重的空茫。这夜，我推开后窗向猫胡同望下去，只见月光下，猫婆家四周的房顶墙头趴着一只只猫影，大约有七八只，黑黑的，全都默不作声。这都是猫婆那些生死相依的伙伴，它们等待着什么呀？

从这天起，我常常把吃剩下的一些东西，一块馒头、一个鱼头或一片饼扔进猫胡同里去，这是我仅能做到的了。但这年里，我也不断听到一些猫这样或那样死去的消息，即使街上一只猫被轧死，我都认定必是那些从猫婆家里被驱赶出来的流浪儿。入冬后，我听到一个令人震栗的故事——我家对面一座破楼修理瓦顶。白天里瓦工们换瓦时活没干完，留下个洞，一只猫为了御寒，钻了进去；第二天瓦工们盖上瓦走了，这只猫无法出来，急得在里边叫。住在这楼顶层的五六户人家都听到猫叫，还有在顶棚上跑来跑去的声音，但谁家也不肯将自家的顶棚捅坏，放它出来。这猫叫了三整天，开头声音很大，很惨，瘆人，但一天比一天声音微弱下来，直至消失！

听到这故事，我彻夜难眠。

更深夜半，天降大雪，猫胡同里一片死寂，这寂静化为一股寒气透进我的肌骨。忽然，后墙下传来一声猫叫，在大雪涂白了的胡同深处，猫婆故居那墙头上，孤零零趴着一只猫影，在凛冽中蜷缩一团，时不时哀叫一声，甚是凄婉。我心一动，是那尖脸小黄猫吗？忙叫声："咪咪！"想下楼去把它抱上来，谁知一声唤，将它惊动，起身慌张跑掉。

猫胡同里便空无一物。只剩下一片夜的漆黑和雪的惨白，还有奇冷的风在这又长又深的空间里呼啸。

● 冯骥才，1942年生于天津，祖籍浙江宁波。中国当代作家、画家、文化学者。作为作家，已出版各种作品集近百部，代表作《花脸》《啊！》《雕花烟斗》《高女人和她的矮丈夫》《神鞭》《三寸金莲》《珍珠鸟》《一百个人的十年》《俗世奇人》《激流中》《漩涡里》等。作品被译成英、法、德、意、日、俄、荷、韩、越等十余种文字，在海外出版各种译本40余种。作为画家，出版过多种大型画集，并在中国各大城市和奥地利、新加坡、日本、美国等国举办个人画展。作为当代文化学者，他投身于城市历史文化保护和民间文化抢救，倡导与主持中国民间文化遗产抢救工程，并致力推动传统村落的保护，对当代中国社会产生广泛影响。现任中国文学艺术界联合会荣誉委员，中国民间文艺家协会名誉主席，国务院参事，天津大学冯骥才文学艺术研究院院长、教授、博士生导师，国家非物质文化遗产名录评定工作领导小组副组长、专家委员会主任，中国传统村落保护专家委员会主任等。

曾经有狗儿走进你的生命吗？你给了它一个什么样的命运？

——彼得·梅尔（英国作家）

哈　里

李小龙

一

大姐很多年前从湖南调到河北工作，我去看她，发现她养了一只小到不能站立起来的小狗。小狗是黑黑的颜色，一双特别大的眼睛，温和无助地看着我。我立刻就爱上了它。这大概就是一种怜惜吧。我端来牛奶喂它，抚摸它，似乎能做的就是这些。

隔了一段时间，我想大姐了，又去了她家。那只小黑狗能满地跑了，见了我，友好地摇着尾巴，跟在我的身后转来转去。我抱起它来，仔细瞅着它那大葡萄粒儿似的大眼睛，问大姐："给小狗起名字了吗？"大姐一边扫着已经干净得不行的院子，一边笑嘻嘻地说："叫'哈里'！"我更加小心地把它抱到怀里，"哈里哈里"地对它叫个不停。

后来我每逢去大姐家，就想法带上点香肠、面包，反正是我爱吃的就给它吃，还带过月饼和红烧肉。每次哈里见了我不能说很亲切，但总是围着我打转转。我开始训练它同我握手，准确说是和我握爪。它不爱学，如同被强制进了学校的坏孩子，特别想逃避我的尽兴纠缠。最后勉勉强强抬起它的右爪，应付我一下，然后就逃走了，不理我。留下我一个人哈哈傻笑半天。

后来大姐调到秦皇岛市了，我再也没去过河北的那个地方。我惦记哈里，问大姐："你们走了，哈里怎么办？"大姐带着刚调到新单位的喜悦，高高兴兴地说："留给同事了，大家都喜欢哈里。它很会看家，还跟着大家上班。"大姐是搞气象预报的，经常在站外观测。想必哈里也经常跟在这样的同事身后蹦来蹦去的。

大姐搬家很匆忙，她说丢下了很多东西没有要，可是想要的又找不到。比方说一张我的木头相框，里头有我小时候的照片。不过她并不遗憾，那是我们兄妹几人学洗照片时，自己在暗房里洗出来的，也不很清楚。正版还在家里。我不想听她的絮语，只要落实了哈里的情况。

我记住了一身黑黑油亮毛皮的哈里。除了那一双紫葡萄粒般的大眼睛，还有和我握爪的右爪戴着"白手套"。它的右爪是白颜色的。

我的生命里的某种东西和哈里就这样分别了，除了几分思念，似乎没有什么遗憾。

二

又过去了好几年，差不多每个人的生活都经历了翻天覆地的变化。我也从一个不太懂事的年轻人变成了老成持重的典范。不但事业繁忙，而且不再有时间去看望姐姐。

我们在北京郊区的库房，安置在一个做外贸的朋友的库房里。我去库房送东西的一天，发生了一件令我颤抖不已的事情。

当我的车静静地滑到库房附近时，一阵激烈的狗吠传来。数名儿童追逐着一只恶犬一样的狗狂打。孩子们有的拿钩子，有的拿铁锹，还有的拿棒子，都是能伤人的东西。说那狗是恶狗，因为那狗的叫声阴森恐怖。被追赶中，它还时不时地回望并龇着牙。一看就是被逼急了。

伙伴们惊呼叫我不要下车。因为，一旦撞上这只已经惹疯了的狗，后果不堪设想。但我想孩子们也很危险，如果狗反扑，孩子们一样会被咬伤。

我放过凶狗，急忙下车拦住孩子们。孩子们嚷嚷着："阿姨！这只野狗老到我们这里来，大人也打它。它不是我们这儿的狗！"

我再度回头望向那只已跑远了的狗。那狗在很远处竟然停了下来。同伴们也下了车。我们一起劝走了孩子，迈进库房。

当我在库房里工作的时候，太阳在库房的大门前倾泻下一地阳光。午后的太阳既暖和又短暂。就在这时，有人惊呼："看！那是什么？"

我们都向所指的方向看去：在大门的阳光下，一个影子探了出来，准确地说是一只狗的影子。人们立即靠拢在一起。有人分析道："一定是刚才那只狗。它以为咱们和这里的人是一伙，来报复了。"

那个影子一动也不动，更没有了刚才的凶顽之极的叫声。

我说："我去看看。"

大家全都不让，还急扯白脸地说："你充什么大胆！这种狗就算是疯狗了，要不这里的人为什么照死里打它？"

我挣脱开所有人，一股念头：我对它好，它不会咬我。

我在前面走，大家跟在后面，还有人拿起了棍子。当时我没看到。

我走，那影子就退；我小步走，那影子还是退。我出了库房，那狗夹着尾巴，就跑到好几丈远的地方。但它立刻蹲下了，望着我。我近视，但我知道它在凝望我。这是一条黑狗，看起来很老。

我让人取来食物，是一个夹心饼干。我撕开包装向它走去，它站起来警觉地看着我。我离它三四米开外将饼干扔过去，它一下就叼住了，吞下去了。这就好，我笑了。

但是转瞬，我的笑容冻住了。这只黑狗对着我呜咽。如果你们没听过狗的哭声，那我就告诉你们，它就和人的哭声一样。

我不明白，它绕着我的身子打转转。突然它停到我的面前，一边呜咽着，一边慢慢抬起来了一只爪。这只爪在我的面前一颠一颠地。

我的心突然颤抖了一下。我蹲下身，抓住了这只爪。不像白色的，是灰黑色的，是脏的，但分明就是一只白爪！不过是脏了而已。而且是右爪。

我脱口而出："哈里？！哈里！哈里！"

老狗哭了。我也哭了。

我不明白，哈里怎么会跑到北京近郊？我也不知道，河北的那个地方怎么样了。

当天我要求我的朋友在库房给哈里搭一个小窝，铺上了一条棉被，递上了充足的食物。

我走访了当地的村长，对它们说不要再打这条狗了，给它一个生命权。我的朋友会把它放在库房里。

村长很给情面，留我吃饭。我怎么吃得下。我给村长买了四条烟。

我的车开了，哈里跟在车后面不停地跑。我一路流泪。我又停下车，将它拢入我的怀里，小声说："哈里，我必须走，还要去外地几个月。就是回北京城里，家里还有老娘。我没法带上你，但是我一定会再来看你，他们也都会好好待你。你不要再出门去。"

车子再启动，哈里不再跟着跑了。而我哭得更厉害。好懂事的一条狗。

我一直回头望着一动不动的哈里，直到再也看不见。

我不敢大声哭。一车人该怎么看我？

我害怕为动物而发出的哭声会招来社会的嘲讽，不只是这一车人。不是这样吗？我们的社会。

当晚我一回到家就给大姐打电话，要求她必须给我一个说法：那里的人怎么了？哈里为什么流落到这里，限期答复。

我像盼着种下金币的树长出树苗一样地盼着大姐来电话。

大姐终于来电话了，没什么价值的电话。以前养哈里的人陆续调走了，接电话的人也都不认识，无从说起哈里的任何情况。

倒是大姐这时透露了一个她始终没对我讲过的事情：当她们一家调离的当天，哈里也哭了，也呜咽着，也追着车子一路狂奔。后来同事告诉过她，哈里一直守在车子扬尘远去的路边，日复一日。

我的心碎了。

这以后，我能去库房就再也不用别人去，为了见一见哈里。

而每当我去的时候，远远就能看见一个小黑点。之后，小黑点就动了，慢慢变成大黑点。我的车向黑点那里开，黑点向我的车移动。是哈里在向我奔来！

我跳下车，蹲下抱住哈里。哈里先是让我抱一下，然后就快乐地绕着我。我伸出手，它立刻回复我一只白爪递上来。

我将狗粮和好吃的以及新做的棉褥子递给它看看。它高兴地叫着。仰头看着我时，依然是那大紫葡萄粒的眼睛。只不过眼神里有几分混浊。哈里的青年时期在哪里，我一无所知了。

有人不认可这就是很多年前的哈里，说我一定是认了一条新的狗，同样是一只白爪子而已，恰好又会握手。狗都是这样的，见到哪个人对它友好，就很快跟住了他。

我不置可否。即便不是哈里我也不在意，因为它是那么地可怜和无助。仅这就够了。

<h1 style="text-align:center">三</h1>

我以为哈里能幸福几天也好。没想到，似乎是为了印证自己的身份，以此来驳击说它不是哈里的人？哈里很快从我的生命里消失了，比它的出现更令我痛不欲生。你们觉得言过吗？请你们看看如果是你会怎么样？

那一天，当我再次来到库房时，远远地不见了小黑点。我的车进了库房大院，也不见哈里，我叫着："哈里！哈里！"

院里的人走出来，很为难地对我说："哈里死了，被打死的，已经给埋在什么地方了。"

我当时很镇定，问是什么人打的？回答说是孩子，就是打着玩。狗也太老了。其实这只狗不会攻击人，要不然打不死它的。

我到埋的地方去了，他们说新褥子都给埋进去了。

有好几个人跟着我，都目不转睛地看着我。虽然我心里对他们很有意见，可我能说什么，当然我更不能哭。

我只能继续冷酷地说："就这样吧。谢谢你们。"

就在这时，一个人递给我一张什么东西到我的手上说："狗也经常跑出去。最后死的时候，它是拖着流血的身子回来的，卧下就没再起来。死后我们把它拖出来时，在它的身子下发现了这个……当时这个还是热的……"

我这时低头一看，是一张很不清晰的照片，照片上的人是我！

——那正是那张大姐搬家时遗失了的相框里的我。

相框不知在哪里。只有这张磨损得很厉害的四寸照片上的我，露着儿童般的笑脸。

我不敢相信，但我不能不相信！

此刻我还是没有哭，只知道泪水一下无法珍惜，让我的视线全无。

我蹲在埋哈里的地方，用手刨着土，任凭指甲里全是泥。我快速地把我的照片——我自己的心和哈里埋在了一起。我心里在说："哈里，我对不起你。你比人类忠诚！人类抛弃了你，你却永远把我放在你的血泊里。"

我迅速地抹了抹眼泪，装作若无其事地说："走吧，你们还都有事。"

好像还讨论了几个什么问题，安排了什么事情。一路无语。

夜深人静。我像野狗一样哀嚎至天明！

《护生画集》之为人负米

杨光远之叛青州也。有孙中舍，忘其名，居围城中，族人在州西别墅。城闭既久，内外隔绝，食且尽，举族愁叹。有畜犬彷徨其侧，有忧思。中舍因嘱曰："尔能为我至庄取米耶？"犬摇尾应之。至夜，置一布囊，并简，系犬背上。犬即由水窦出，至庄鸣吠。居者开门，识其犬，取简视之，令负米还，未晓入城。如此数月，比至城开，孙氏阖门数十口，独得不馁。（《渑水燕谈录》）

还有什么比这更委婉曲折、令人心碎的故事？人类还有什么想象力？比起一只狗在我生命里的短暂逗留带给我的情感刺激和爱的顶峰来，谁也无法超越。

和哈里相比，爱这个字眼显得极其肤浅。我不值得哈里这么对待。我不敢想象，哈里是找不到我大姐，才转而来北京找我，还一直叼着我的照片。

据大姐说，照片摘下来的时候和许多东西在一起，搬到秦皇岛的时候却找不到了。难道那时哈里就明白了什么吗？？

动物的爱最原始、最粗糙，却也最无所求！人类有什么资格嘲笑它们？为什么不能善待哈里？！我依然感念我的哥哥，他能把他的老狗接回家，立志要不离不弃养老送终，而我呢？

哈里，你走了，你受了很多很多的苦。你若在天有灵，会觉得自己找错人了吗？我不值得你这样。我恨我大姐，我替她向你赔罪。我也恨我自己，没能把你带回家……

可是，现在说什么都晚了。哈里，我知道你没有怪我，才把我藏在你的窝里，有爱的地方就是天堂。

哈里，我爱你！

● 李小龙，原籍河北省保定市清苑县，生于北京，1984年毕业于中央戏剧学院导演系，北京电视艺术中心电影电视剧国家一级导演，电视剧有《野火春风斗古城》《城里城外》《大清徽商》《阿郎在北京》《一年又一年》《男人的天堂》《走出硝烟的男人》，电影有《玻璃情缘》《车事总多磨》等。其父为著名军旅作家、长篇小说《野火春风斗古城》作者李英儒。

> 当我们与它们切近地接触，与之对视，也就是四目相望的时候，还能感受到来自另一种生命的目光，所谓的心灵之窗。它向我们的这一次敞开绝非小事。许多人会想起这样的时刻，因为它的眼睛会给他留下很难忘记的印象。
>
> ——张炜（作家）

小狗的眼神

陈一鸣

汶川地震。在绵竹市九龙镇采访时我路过一户人家的废墟，看到一只小黄狗躲在三轮车下，两只小黑狗挤卧在倒伏的电线杆子和乱瓦的缝隙里。我走过去，小狗们不叫也不跑，只是咕咕哝哝地呜咽着。

一只胖乎乎的小黑狗抬头看着我，前爪爬上瓦堆，后腿留在原地，迟疑地向我迈了一步，眼神疲惫黯淡，说不清是渴望还是绝望。当我们的视线碰在一起，我心咯噔一下，眼窝刷地湿了。

我停在原地，小狗也不再看我，它默默地退回废墟小窝，与另一只小黑狗挤成一团。

人间已然触目惊心，到处是运尸的车，到处是失魂落魄的人，让人潸然泪下的事情太多太多。此情此景之下还有心情为小狗流泪，连我自己都觉得不可思议。但与小狗眼神相接的那一刻，我的眼泪来得猝不及防。

我曾在我家小区里遇到过那种眼神。那天早晨下着小雨，我和妻子出门，路过一辆轿车时，一只小狗从车底盘下探头张望，眼神穿过额头上一缕一缕的湿毛，哀哀地盯着我们。妻子说，前些天看到这只小狗跟着它的疑似前主人，一路上被踢得满地打滚依然紧追不舍，后来那个男的驱车扬长而去，小狗就趴在车位上等车回来。

那只小狗的眼神让我一整天心神不宁。下班回家时惦着小狗，给它买了一根火腿肠。小狗仍然趴在车位上，只是车开走了。它扑向火腿肠，吃相凶猛，宛如小狼。狼吞虎咽之后小狗继续趴在车位上，眼睛盯着大门方向，不再搭理我。

我拿定主意喂它三天，如果还没人收养它，我就把它领回家。然而第二天，我再次路过那个车位时，物业人员正把一具血淋淋的尸体装到塑料袋里，一问才知道，小狗被车碾死了。

《护生画集》之救命

湖州颜氏，夫妇出佣，留五岁女守家。溺门前池内。家有畜犬，入水负至岸，复狂奔至佣主家，作呼导状，颜惊骇归家，见女伏地，奄奄气息，急救乃苏。（《虞初新志》）

人间的悲欢离合太像了，我家小区的小狗和四川灾区的小狗，两只小狗的眼神也太像了。

后来在都江堰我又遇到了一只狗，它被拴在一棵树上，身后的家园已经房倒屋塌。我们相遇时它正在用前爪刨地，已经挖了一个大坑。它在想什么？又在刨什么？难道是想刨出深藏地下的地震罪魁？我走近时那只狗疲惫地看了我一眼，继续埋头猛刨，爪子已经鲜血淋漓。

狗守着的那堆废墟，蜘蛛已经在倒塌的房梁和瓦砾之间结了一张大网，一只白蝴蝶在网上定格。天塌地陷，人寰惨绝，小生灵们的生产和生活依然故我，结网的继续结网，上网的继续上网。抬头环顾，废墟周围绿水青山，鸟儿欢叫释放天性，花儿盛开顺应时节，这就是大自然吧？热热闹闹，生生不息，不为尧存，不为桀亡。心知大自然并非故意无视我和狗的痛楚，或许此时"不以物喜，不以己悲"才是最恰当的态度，但我做不到。小狗的眼神总像是在提醒我，你是大千世界中格格不入的局外人。

● 陈一鸣，自由撰稿人，出生于黑龙江，1992年毕业于厦门大学，工作生活在北京，曾任《南方周末》编辑、记者。酷爱在人文地理、民族宗教领域探幽索微，曾在《南方周末》《华夏地理》等刊物上发表有关哈尼梯田、塔吉克鹰笛、热贡唐卡、西北民族走廊等的多篇报道。

> 多可悲啊！是如何贫乏的心灵，才会说动物是没有理解力与感情的一种机器？
>
> ——伏尔泰（18世纪法国启蒙思想家、哲学家、文学家）

燕子还巢

雷抒雁

忽然有一天，宿舍楼一层走廊的顶棚被一对燕子相中，小夫妻忙里忙外，贴着顶棚的墙角筑起一个泥巢，碗口大小，黑黑的泥巢安静地挂在墙角。开始，并没有谁去注意，日子过得很安详。人们照常出出进进，上班下班；孩子也照常跳跳蹦蹦，上学放学，秋天复冬天，燕子不再喧闹了，燕巢也没有人注意。

照例燕子引来春天。今天，这一对燕子重新飞进楼房的走廊时，却显得焦虑、不安，唧唧地叫着，飞出飞进。人们这才发现，原来不知哪位手贱竟铲了那泥巢，白白的墙壁上，只留下一弯黑黑的泥痕。找不到旧巢的燕子，用爪子扒着那泥痕，扇动着翅膀，情绪似乎是很伤感的。大约它们是想弄清这是为什么？这对燕子对这座楼以及多数的住户居民似乎并未失望。它们立即动嘴，建一个新巢。这回，它们选择顶棚的正中，恰在一盏顶灯的旁边，想来，贴着灯座的旁边，在建筑施工上要方便一些吧。建巢速度之快，出人意料，只三五日，一个新巢就已竣工。一抬头，看见新巢里伸出一双小脑袋，人们便友好地笑一下，这是对它们的歉意和祝愿。可得立即躲过那泥巢，因为地上明明白白有一些落下的泥块、水滴，甚至鸟粪，要是掉落在头上、衣上，总不好吧。

有了新居，燕子的情绪好多了，低低地飞出飞进，唧唧呢喃软语，使你不能不想起那些古代诗人美妙诗句来："飘然快拂花梢，翠尾分开红影。芳径，芹泥雨润。爱贴地争飞，竞夸轻俊。"（宋·史达祖《双双燕》）

可是很快人们又发现谁再次铲了这座燕巢，顶灯旁的白壁上又留下一弯黑黑的泥痕。猜想大约是城管部门怕鸟粪滴落在行人头上，干的蠢事吧。

这回，人们被激怒了。出出进进的行人，都要停下脚步，看一眼那泥痕，骂一声谁这么缺德！这件事几乎引起全楼住户的骚动，老老少少的议论声渐次高了起来，大有要找肇事者算账的意思。

第二天，就有人在墙上贴出一条"小字报"来，写道："鸟是人的朋友，请你爱护它们。"语气仍是平和的规劝。可是只半晌时间，那上边就写满了各种颜色的批语，都是热烈支持，兼有对恶行的愤怒。其时，正是巴尔干战事如火如荼，天天看着导弹凌空而下，一座座高楼飞花般爆开，无辜的平民也有死伤。这一对燕子失巢的不幸，也正应了人们内心的不平。出出进进，有人骂："暴行！"也不知是在说巴尔干的战事，还是本楼的"鸟事"。

燕子的不屈，实在让人钦佩。这一对小夫妻，重又飞上第一次被铲掉旧巢的墙面上，声音凄厉而苍凉。它们不再向谁指证被铲旧巢的痕迹，只是决然要再造一座新巢。看见它们把一口口新泥涂上墙壁时，你会觉得那是一种勇敢的示威，无声的抗议：是一种为了生存的顽强不息。你会深深为人类的愚蠢行为惭愧，由衷地钦佩这些弱小生命的伟大。

《护生画集》之协助筑巢

郁七家有燕将雏，巢久忽毁。邻燕成群，衔泥去来如织，顷刻巢复成。明日，遂育数雏巢中。乃知事急，燕来助力者。（《虞初新志》）

燕子是苦命的。希腊神话里说它是由一位名叫普洛克涅的雅典公主变成的。公主丈夫是残暴的色雷斯王，他霸虐着小姨子菲罗墨拉。普洛克涅救出了妹妹，为了报复丈夫的恶行，她杀死自己与色雷斯王的亲生儿子，剁成一块一块给丈夫吃。当暴君发现吃的是自己儿子时，发誓要杀掉这两个女人。神帮助她们逃走了，普洛克涅变成了燕子，菲罗墨拉变成夜莺。

故事有些凄惨，却也看得出燕子性格中的刚烈。

经受过两次巢窝被毁的苦难，燕子们再也不怕来来往往的行人，只默默地飞出飞进，一口水一口泥地垒窝。它们要赶日子生蛋、孵卵，它们知道季节不会等人，严酷的秋冬到来之前，儿女们必得有坚强的双翼剪开漫长的南下历程。它们的一对小嘴巴，如同一双灵巧的织针，忙碌编织；一粒一粒的黑泥，突出成一行一行的针脚。有一次，我看见那泥里竟有些红色，怀疑是否是它们的嘴里累出的血滴。

竣工的日子是平静的，没有热闹的张扬，也看不见这一对劳累的夫妻，想必是它们早就躲在深深的新巢里，休息一下身心，或者赶紧在完成生儿育女的大业。

不过看看那新巢，总觉得怪怪的，似与先前的不同。细一分辨，先前的鸟巢上边并不封闭，如悬空的一只灯盏，小鸟出生时，一排可爱的小脑袋，齐刷刷显露出来，张了黄嘴，嗷嗷待哺的样子甚是可爱。这一个巢，顶部却封闭得死死的，只留下一个微微突起的鸡蛋大小的口儿，以供进出。

我想，这大约是燕子的遭遇，给了它们警觉：不能再让罪恶的眼睛看见它们可爱的儿女，以遭不测。于是，便悄悄修改了建筑的图样。

小小的燕子，竟有如此复杂的心事，真让人惊绝！

● 雷抒雁（1942—2013），陕西泾阳人，当代诗人、作家。1967年毕业于西北大学中文系。其成名作是为纪念张志新而写的长诗《小草在歌唱》。曾任中国作家协会第五、六、七届全委会委员，中国诗歌学会会长，中国作家协会诗歌专业委员会主任，《诗刊》社副主编，鲁迅文学院常务副院长。出版诗集《小草在歌唱》《父母之河》《踏尘而过》《激情编年》等，散文随笔集《悬肠草》《秋思》《分香散玉记》等。获得过多种文学创作奖，并有多种文字翻译诗作发表于国外。

> 对你所驯养的宠物,你永远有一份责任。
>
> ——[法]安托万·埃克苏佩里《小王子》

你怎么可以这样?

[美]吉姆·威利斯

A. Yeh 译

当我还是小狗的时候,我会耍宝,逗你开心,让你开怀大笑。你称我为你的孩子,即使家里好几双鞋子都被我咬坏了,好几个抱枕都被我给谋杀了,我还是成为你最好的朋友。每次碰到我"使坏"的时候,你就摇着手指头问我说:"你怎么可以这样?!"不过,你总是会后悔,总是会把我翻过身来,揉揉我的小肚皮。

我的居家训练比原先预期的时间拖长了些,因为你实在太忙了,不过我们还是一起想办法克服。我记得窝在你床上,用鼻子磨蹭着你睡的那些个夜晚,听你说悄悄话,你的秘密梦想,我当时相信日子不可能更完美了。我们一起花很长的时间在公园里散步、奔跑,一起开车兜风,路上还会停下来吃冰淇淋(我只能吃甜筒,因为你说:"冰淇淋对狗狗不好"),我会在午后的阳光下睡个长长的小觉,等你忙完一天后回家。

逐渐地,你开始花更多时间在工作上,在你的事业上,在寻找一位人类的伴侣上。我耐心地等着你,在你心碎和失望的时候安慰你,在你做了错误的决定时,也从不责怪你,当你回家时,我总是欣喜若狂地跟你嬉闹一场,当你终于恋爱时,我也是这么开心!

她,现在是你的妻子了,不是一个喜欢狗的人,但我还是一样欢迎她来到我们的家,试着表现出我对她的爱,并且服从她。我当时是快乐的,因为你快乐。后来,人的小宝宝一个个来报到了,我也分享了你们的兴奋和激动。他们粉嫩的肤色、他们的气味都让我着迷，我也想像妈妈一样照顾他们。只是她和你都担心我会伤害到他们，大部分的时候我都被放逐到另外一个房间，或被关进一个狗笼里。噢，我多想去爱他们啊！但是，我却成为"爱的阶下囚"。

孩子们开始慢慢长大，我变成他们的朋友。他们紧紧抓住我的毛，用自己还站不稳的小脚脚撑起身来。他们会用小指头戳我的眼睛，检查我的耳朵，并且亲我的鼻子。我爱死了他们的一切又一切，爱他们的抚摸——因为你现在已经很少碰我了——必要时，我会用我的生命去保卫他们。

我会偷溜到他们的床上，听他们说让他们烦恼的事，他们的秘密梦想。我们会一起等着听你车子开进车道的声音。有阵子，当别人问你是否养狗时，你会从你的皮夹里掏出我的照片，告诉他们我的大小故事。但是在过去这几年里，你只是草草回答声"是"，就转移了话题。我从"你的狗"变成"只是一条狗"，在我身上花的每一分钱都让你不甘心。

现在，你在另外一个城市找到一个新的机会去发展你的事业，你和他们将搬进一间不允许饲养宠物的公寓里。你为你的"家人"做了个正确的决定，但，曾几何时，我是你唯一的家人。

犬寄邮信

欧西某地有一犬，能以主人所寄信，送入路旁之邮筒。一日，以数函令往投入，乃衔其一而返。取视之，则以未贴邮票故也。

《护生画集》之犬寄邮信

欧西某地有一犬，能以主人所寄信，送入路旁之邮筒。一日，以数函令往投入，乃衔其一而返。取视之，则以未贴邮票故也。（《庐隐笔记》）

　　我坐上车，一路都好兴奋，一直到我们抵达流浪动物收容所。我闻到狗狗、猫猫的味道，闻到恐惧，闻到绝望。你填好文件后说："我知道你们会帮她找到个好人家。"他们耸耸肩，一脸痛苦的表情。他们知道一只中年的狗或猫所面对的现实，即使身世证明都齐全。

　　你儿子哭喊着："不要！爹地！请不要让他们把我的狗带走！"你必须用力才能把他紧抓着我颈圈的手指撬开。我为他忧心。在友谊和忠诚，在爱和责任，在尊重所有生命这几点上，你给他上了什么样的一堂课啊！你拍拍我的头算是道别，避开我的眼睛，很有礼貌地拒绝把我的颈圈和链子带走。你有一个不能错过的截止期限，而我现在也有一个了。

　　你离开后，两位好心的女士说你大概好几个月前就知道要搬家了，却没花半点心思帮我寻找另一个好人家。她们摇摇头问："你怎么可以这样？"

　　收容所的人工作繁重，他们只能尽可能把我们照顾好。他们当然会喂食我们，但是我几天前就已经没有胃口了。一开始，一有人经过关我的栏，我就会冲上前，希望是你——你改变主意了——而这一切都只是噩梦一场……至少我希望经过的是一个会关心我、会拯救我的人。当我意识到自己没办法跟那些对自己的命运一无所知而开怀嬉闹的小狗一样，吸引人注意时，我退缩到远远的一个角落去等着。

　　一天快结束时，我听到她来带我走的脚步声，我跟随着她沿着走道慢慢走向一个和狗栅分开的房间。一个安静，像天国般幸福的房间。她把我放到桌上，揉揉我的耳朵，叫我别担心。想到接下来将发生的事，我的心跳个不停，但同时却也感到解脱。爱的阶下囚终于走到了尽头。天性使然，我比较关心的还是她。我知道她心里的重担让她承受莫大的压力，就像我以前了解你的每一个情绪。

　　她把止血带温柔地绑上我的前脚，一颗泪珠流下她的脸颊。我舔舔她的手，就像很多年以前我安慰你一样。她把皮下注射的针头熟练地滑进我的血管里。我感到刺痛，凉凉的液体流遍我全身，我带着睡意躺下，凝视着她仁慈的双眼，轻声说："你怎么可以这样？"

　　或许因为她听得懂狗狗说的话，她说："我真的很抱歉。" 她搂住我，急忙跟我解释说，这是她的工作，要确定我会去到一个更好的地方，在那儿我不会再被忽略，或被虐待、被遗弃，或者被迫自己讨生活，那个地方充满爱和光，和地球这里完全不一样。我使尽最后一点力气，用我的尾巴重重地拍打了一下桌面，试着告诉她，那句"你怎么可以这样？"并不是对她说的。我心里想着的是你，我亲爱的主人。我会永远想你、等你。

祝你生命中的每一个人对你也同样永远忠心不二。

● 吉姆·威利斯（Jim Willis），美国畅销书作家与动保人士，动物之家庇护所信托基金会总监，曾任"世界动物日"美国大使。全世界出版作品最多的动保人士之一，著作在七个国家发行，著有《我心——受动物与自然的激发而作》等书。其散文《你怎么可以这样？》至少已被译成54种语言版本。《我心片片》（*Pieces of My Heart*）一书曾经为动保活动募集了相当可观的款项。书中收录的《动物的救赎者》（*The Animals' Savior*）一文，不仅勾勒出动物收容所里的不幸，也表达了他对动保的核心观念：改革，是我们每一个人应该负起的个人责任。五十年来，吉姆努力平衡理想的激情和现实的冷静，专注的重点从亲身救援、安置落难动物移转到大众教育和草根性倡议运动。

> 母别子，子别母，白日无光哭声苦。
>
> ——［唐］白居易《母别子》

狗之歌/母牛

［俄］叶赛宁

顾蕴璞 译

狗 之 歌

早晨，在黑麦秆狗窝里，
破草席上闪着金光：
母狗生下了一窝狗崽——
七条小狗，茸毛棕黄。

她不停地亲吻着子女，
直到黄昏还在给它们舔梳，
有如雪花儿融成了水滴，
乳汁在她温暖的腹下流出。

晚上，雄鸡蹲上了
暖和的炉台，
愁眉不展的主人走来
把七条小狗装进了麻袋。

母狗在起伏的雪地上奔跑，
追踪主人的足迹。
尚未冰封的水面上，

久久泛起涟漪。

她舔着两肋的汗水，
踉踉跄跄地返回家来，
茅屋上空的弯月，
她以为是自己的一只狗崽。

仰望着蓝幽幽的夜空，
她发出了哀伤的吠声，
淡淡的月牙儿溜走了，
躲到山冈背后的田野之中。

于是她沉默了，仿佛挨了石头，
仿佛听到奚落的话语，
滴滴泪水流了出来，
宛如颗颗金星落进了雪地。

《护生画集》之母犬触柱

　　戈阳方家墩吴家，犬生数子。令其仆携溺于河，仆私烹之。犬蹑仆后，目睹其状，号叫悲酸，以头触柱而死。（《广信府志》）

母　牛

它老了，牙已掉光，
双角上布满了年轮。
在轮作田的地垄上，
牧人把它抽得够狠。

喧闹搅得它不舒服：
耗子在屋角里乱挠。
那只白蹄的小牛犊，
害它思念得好苦恼。

新生儿未交还给娘，
初欢竟成了空喜。
在白杨树下的木桩上，
风儿摆动着小牛的皮。

不久到荞麦簸谷时，
牛犊的命运轮到妈：
它脖子也套上绳索，
然后便牵出去宰杀。

它怨恨、忧伤和嶙峋，
往地里戳入犄角……
它梦见白色的树林
和牧场的一片青草。

● 叶赛宁（1895—1925），20世纪俄罗斯杰出的田园诗人。他历尽坎坷，从向往古老传统和恋土怀乡的"最后一个乡村诗人"，成为热情讴歌苏维埃俄罗斯的"伟大民族诗人"（高尔基语）和时代歌手。在艺术上，博采浪漫主义、象征主义、意象主义等多种艺术流派之长而自成独立的"叶赛宁意象体系"，在其诗弦上跳动的是家乡、田园、祖国、爱情、苍穹、树木、花草、动物和人性。他与马雅可夫斯基同步地构成苏联开场时期两大最具代表性的诗歌传统和倾向：马诗主要歌唱革命，风格雄浑、激越、响亮；叶诗着重捍卫文化和大自然，风格清新、沉郁、轻柔。

● 顾蕴璞，当代资深诗歌翻译家，1931年生于江苏无锡，北京大学外国语学院俄罗斯语言文学系资深教授。所译《莱蒙托夫全集·抒情诗Ⅱ》荣获首届鲁迅文学奖，还曾荣获俄罗斯作家协会颁发的"高尔基奖状""莱蒙托夫奖章"和中国俄语教学研究会颁发的"中国俄语教育终身成就奖"等。著有《莱蒙托夫》《诗国寻美：俄罗斯诗歌艺术研究》《莱蒙托夫研究》（获北京大学科研一等奖）等专著，编有《莱蒙托夫全集》《普希金精选集》《普宁精选集》《俄罗斯白银时代诗选》《帕斯捷尔纳克诗歌全集》《叶赛宁研究论文集》（合编）等。

《护生画集》之乞命

吾不忍其觳觫，无罪而就死地，普劝诸仁者，同发慈悲意。

我们消费与我们自己具有类似食欲、激情和器官的动物躯体，并日复一日地用痛苦和恐惧的尖叫声填满各个屠宰场。

——罗伯特·史蒂文森（英国作家）

活　坟

［英］萧伯纳

魏福全 译

我们是死去动物的一座座活着的坟墓

为满足口腹之欲而屠杀它们

在宴席上我们从未怀疑

动物是否也有和我们一样平等的权利

我们在礼拜日祈祷

光明指引我们脚下所行之路

战争让人厌恶，我们已不愿再作战

内心充满对战争杀戮的恐惧

然而我们却仍然食用被杀戮动物的尸体

像乌鸦一样依靠死尸而活

为了竞赛或金钱

不顾毫无反抗能力的动物的痛苦而残害它们

如此怎能期望在这世界上

保有我们一再声称与渴望的和平

我们为被杀戮的牺牲向上帝祈求和平

却又违背了道德的戒律

这为后代带来的只有——战争

《护生画集》之肉

竖首横目人，竖目横身兽，从兽者智撄，甘人者勇斗，悲哉肉世界，
奚物获长寿！一虎当邑居，万人怖而走，万人惧虎心，物命谁当救？
莫言他肉肥，可疗吾身瘦，彼此电露命，但当相悯宥，共修三坚法，
人兽两无负。（明 陶周望诗）

● 萧伯纳（George Bernard Shaw，1856—1950），西欧批判现实主义
文学最杰出的代表之一，现代英国最伟大的戏剧家和批评家，18世纪以来英
国最重要的散文作家、最优秀的戏剧评论家与音乐评论家，政治、经济、
社会学等方面的卓越演说家。1925年因作品富有理想主义和人道主义而获诺
贝尔文学奖。在他60多年的创作生涯中，除了5部长篇小说和大量评论文章
外，一共创作了52个剧本。其中《卖花女》在1964年被改编成电影《窈窕淑
女》，获奥斯卡最佳影片、最佳导演、最佳改编音乐等八座小金人。其戏剧
在世界范围内广泛传播，并且跨越时间的长河，具有极强的生命力。

● 魏福全，1961年出生于台湾省台中县东势客家小镇。高雄医学院医学
系毕业后从事精神医疗工作，目前在台北市的福全身心科诊所执业。主要著
作有《精神医疗文章集》与《福全诗文集》等。

血肉淋漓味足珍，一般痛苦怨难伸。设身处地扪心想，谁肯将刀割自身？！

——［宋］陆游《戒杀诗》

无辜者的兆示

［英］威廉·布雷克

魏福全 译

从一粒沙看见世界

从一朵花看见天堂

掌握无限在你手中

抓住永恒于一瞬间

红色知更鸟被囚禁于牢笼

遂令暴怒横扫所有的天空

鸽子斑鸠关在拥挤的鸽舍

战栗席卷了地狱每个角落

狗在主人门外挨饿

预言了国土的陷落

马在路上受到虐待

向天召唤人类血债

猎捕野兔声声惨叫

一丝丝撕裂了脑袋

云雀翅膀已经受创

天使从此不再歌唱

斗鸡修剪打扮武装去打仗

遂令升起的太阳吓阻退让

恶狼和狮子的一声声咆哮

是地狱一个个死人的哭号

彷徨野鹿四处徘徊

冷酷灵魂无所悲怀

受虐羔羊孕育烟硝

却赦免屠夫的凶刀

黑夜尽头蝙蝠乱飞

留下不信者的疑猜

夜枭深夜声声怪叫

诉说猜疑者的恐惧

伤害小小鹪鹩之人

不会是男人之所爱

无故触怒公牛之人

不会是女人之所爱

打死苍蝇的小顽童

会招来蜘蛛的憎恨

折磨金龟子的幽灵

无尽黑夜编织巢网

树叶上的小毛毛虫

一再向你诉说母亲的哀恸

勿杀害蝴蝶与飞蛾

因为那最后的审判已近了

● 威廉·布雷克（William Blake，1757—1827），英国第一位重要的浪漫主义诗人、版画家，英国文学史上最重要的伟大诗人之一。主要作品有诗集《纯真之歌》《经验之歌》等。以诗人与画家的崇高地位立世。早期作品简洁明快，中后期作品趋向玄妙深沉，充满神秘色彩。一生与妻子相依为命，以绘画和雕版的劳酬过着简单平静的创作生活。后世诗人叶芝等重编其诗集，人们才惊讶于其虔诚与深刻。接着是其书信和笔记的陆续发表，其神启式的伟大画作也逐渐被世人所认知，于是诗人与画家布雷克在艺术界的崇高地位从此确立无疑。

《护生画集》之喜庆的代价

喜气溢门楣，如何惨杀戮？唯欲家人欢，那管畜生哭。

对待动物残忍的人，对待人也必不会仁慈。

——叔本华（德国哲学家）

杀狗的过程

雷平阳

这应该是杀狗的

唯一方式。今天早上10点25分

在金鼎山农贸市场3单元

靠南的最后一个铺面前的空地上

一条狗依偎在主人的脚边，它抬着头

望着繁忙的交易区，偶尔，伸出

长长的舌头，舔一下主人的裤管

主人也用手抚摸着它的头

仿佛在为远行的孩子理顺衣领

可是，这温暖的场景并没有持续多久

主人将它的头揽进怀里

一张长长的刀叶就送进了

它的脖子。它叫着，脖子上

像系上了一条红领巾，迅速地

窜到了店铺旁的柴堆里……

主人向它招了招手，它又爬了回来

继续依偎在主人的脚边，身体

有些抖。主人又摸了摸它的头

仿佛为受伤的孩子，清洗疤痕

但是，这也是一瞬而逝的温情

主人的刀，再一次戳进了它的脖子

力道和位置，与前次毫无区别

它叫着，脖子上像插上了

一杆红颜色的小旗子，力不从心地

窜到了店铺旁的柴堆里

主人向它招了招手，它又爬了回来

——如此重复了5次，它才死在

爬向主人的路上。它的血迹

让它体味到了消亡的魔力

11点20分，主人开始叫卖

因为等待，许多围观的人

还在谈论着它一次比一次减少

的抖，和它那痉挛的脊背

说它像一个回家奔丧的游子

垂死的犬

商人携犬，远出索资，归憩道旁。行时，犬忽狂吠，啮其足。商人怒，击之，犬负重伤而逸。商人复行，乃忆所携钱囊遗道旁，因悟犬吠啮足意。急返憩处，见犬抱钱囊卧，目视商人，长号一声而死。（轶闻）

《护生画集》之垂死的犬

　　商人携犬，远出索资，归憩道旁。行时，犬忽狂吠，啮其足。商人怒，击之，犬负重伤而逸。商人复行，乃忆所携钱囊遗道旁，因悟犬吠啮足意。急返憩处，见犬抱钱囊卧，目视商人，长号一声而死。（轶闻）

● 雷平阳，诗人，作家。1966年生于云南昭通土城乡欧家营，1985年毕业于昭通师专中文系，现居昆明，供职于云南省文联。著有《风中的群山》《天上攸乐》《普洱茶记》《云南黄昏的秩序》《我的云南血统》《雷平阳诗选》《云南记》《雷平阳散文选集》等作品集十余部。曾获昆明市"茶花奖"金奖、云南省政府奖一等奖、云南文化精品工程奖、《诗刊》华文青年诗人奖、人民文学诗歌奖、十月诗歌奖、华语文学大奖诗歌奖、鲁迅文学奖等奖项。

> 暮受刀砧苦，肠断命犹牵。白刃千翻割，红炉百沸煎。炮烙加彼体，甘肥佐我筵。此事若无罪，勿畏苍苍天！
>
> ——［清］周思仁《刑场》

生　命

韩美林

人活着是为什么，为了那张馋嘴？动物活着是为什么，为了给人类献皮献毛献命？嘴是塞饱了，钱包也鼓了，怎么还填不满人类对大自然那种无休止的索取？难道这就是达尔文讲的"生存斗争"？

如果讲"生存斗争"，大自然一切生物在这种斗争中自然灭绝的话，那么人类的贪欲和疯狂可使这个地球每15分钟就有一种生物向我们这个小小的地球永远地告别。人！你到底创造了这个世界还是灭绝了这个世界？你可想到，人为的灭绝是自然灭绝的一千倍。

一千倍呀！

世间一切生命，不论是植物、动物、矿物、水、土、山石，它们来到这个世上对无所不能的"万物之灵"——人来说，竟成了生就给人类"服务"的牺牲品。所以，它们的生存也成了毫无意义的喘气、吃饭、喝水，换句话说，成了人类的"后勤部"。

疯狂的砍杀，贪婪的榨取，任何动物都不及人类来得心狠手辣。写这本书本来是给人们带来快乐，但是在创作这些作品时，我必须熟知和热爱这些作品中的主人——动物、植物、人和其他生命……我常常越写越难受，甚至搁笔闭目不能自已！！！

万紫千红、绚丽多彩的植物种群，给这个世界添了无限精彩，可它们只要一滴水、一线阳光就够了，而那些天造的、美不胜收的动物也只要吃饱肚子就再也无所求了。兽中之王的狮子们会让一群群羚羊大胆地在它们身边擦肩而过，狮子们却无动于衷地闭目养神，因为它们吃饱了，多一点都不去沾那个"贪婪"二字。

人呢？

为什么人就是吃饱了，喝足了，住上豪宅，坐上加长加宽的劳斯莱斯，银行里的钱上了多少亿，周围的美女换着班地伺候……谁也想不到这些有"文化"的显贵们一声令下，汽车、飞机跟着跑——"打猎去！"

但是，我们也看到没有吃饱，没有喝足，住在土坑里，一生也没穿过一双鞋的人们，他们男女老少过着茹毛饮血的日子，这些人也知道大量捕杀大象、犀牛、老虎和海豹，甚至猴子、天鹅、小鸟、蚂蚁都能"荣幸"地被邀到他们肚子里，他们最大的兴趣也是"打猎去"！

在喀麦隆，面对活泼可爱的猴子，谁能相信成千上万的"猴干"像木材一样堆放在码头上，运到那些熏烤猴子肉的地方！一个小国也这样，想想吧！

酷刑

山西省城外有晋祠地方，有酒馆，所烹驴肉最香美，远近闻名，群呼曰"鲈香馆"，盖借"鲈"为"驴"也。其法以草驴一头，养得极肥，先醉以酒，满身排打。欲割其肉，先钉四桩，将足捆住，而以木一根横于背，系其头尾，使不得动。初以百滚汤沃其身，将毛刮尽，再以快刀零割。要食前后腿，或肚当，或背脊，或头尾肉，各随客便。当客下箸时，其驴尚未死绝也。至乾隆辛丑年，长白巴公延三为山西方伯，将为首者论斩，其余俱边远充军，勒石永禁。（《梅溪丛话》）

《护生画集》之酷刑

山西省城外有晋祠地方，有酒馆，所烹驴肉最香美，远近闻名，群呼曰"鲈香馆"，盖借"鲈"为"驴"也。其法以草驴一头，养得极肥，先醉以酒，满身排打。欲割其肉，先钉四桩，将足捆住，而以木一根横于背，系其头尾，使不得动。初以百滚汤沃其身，将毛刮尽，再以快刀零割。要食前后腿，或肚当，或背脊，或头尾肉，各随客便。当客下箸时，其驴尚未死绝也。至乾隆辛丑年，长白巴公延三为山西方伯，将为首者论斩，其余俱边远充军，勒石永禁。（《梅溪丛话》）

……我不能写这些，不然一停笔、一掉泪，这本书就很难再与读者见面了！

这一切的一切，人到底怎样与众不同？很简单，人与其他生物不同的是：他有一个永远也填不满的器官，这器官看不见也摸不着，那就是"欲壑"。

只要人需要，人就不顾一切地满足需要。知道这个欲壑永远也填不满，他们就无休止地、不择手段地去杀、去剁、去往满里填，谁知道这个器官是无底的？更使你想不到的是，即使不吃、不卖也要疯狂屠杀那些无辜的生命，歇斯底里地对这个美好的世界狂吃狂杀狂泯灭。我在华盛顿看到了20世纪初最后一只与人类告别的旅鸽，仅仅五十年三十亿只鸽子被人类毁掉了，开始是吃，后来就杀，杀了喂猪，杀了当肥料，也不让它们活下去……人，你不羞愧吗？

一把火，一个子弹就能毁了人家的种，灭了人家的门，你解的什么恨？可知道它们是多么艰难地活在这个世界上？

生命对一切生物只有一次。不会说话的小草也知道怎么顽强地活下去。在艺术家眼里，一切都是生命，一切都有灵性，一切都知道它们要怎样活下去。

沙漠里有一种生长在热浪沙风里的小草，扎根二十多米也要把那小米绿豆大的花和叶长下去，它们是为了那个"生存"二字。在那样的沙漠里，即使那种方头带刺、一见就起鸡皮疙瘩的毒蛇，你那时想不到的是，它是条"毒蛇"，也想不到去"杀了它"，以解人们对"毒"字之恨，而你想到的是"生存"二字，你佩服的是它们怎么会在这种恶劣的生存条件下生存下来？！见到这种蛇的人，没去杀它，且感到"它不容易"。

为此，善恶、美丑在一定条件下都是可以相互转化的。

我们看到巍然屹立的大树，它挺拔在高高的山巅峻岭上，什么春夏秋冬狂风暴雨，它都是一个英雄一样的伟岸而独立的形象，但是艺术家眼里也可以把它看成一个恶魔，一个霸主，它能把所有的阳光、雨露、水分、土壤都占了个遍，柔弱的小草无立足之地，这样小草成了可怜的、无能为力的、干受欺凌的弱者。不过艺术家又看到，有的小草，尤其是攀缘植物，不但爬上庞然大树，还扎根大树中吸它的营养、缠它的树干，然后又爬到树顶上铺天盖地"一家人"在那里开花结果、生儿育女。而被塑造的大树"英雄""栋梁""伟人""良材"却让不成材的藤科族们吸吮缠绕枯竭而死……

这里有生存斗争，有你死我活，因为它们也想在这个世界上活得潇洒、活得有头有脸，这里有人的影子，而没有人的贪婪。

我的作品里绝大部分是动物，它们是人类的朋友，也是生在地球村的邻居，我们人类没有权利把它们毁灭。试想，这个世界上一切动物都消失了，只剩那些尴尬地站着手里抱着一堆钱的人，这世界还有意思吗？

● 韩美林，1936年生于山东，中国当代极具影响力的天才造型艺术家，在绘画、书法、雕塑、陶瓷、设计乃至写作等诸多艺术领域都有很高造诣，大至气势磅礴，小到洞察精微，艺术风格独到，个性特征鲜明，尤其致力于汲取中国两汉以前文化和民间艺术精髓，并体现为具有现代审美理念和国际通行语汇的艺术作品，是一位孜孜不倦的艺术实践者和开拓者。现任全国政协常委、中央文史研究馆馆员、清华大学首批文科资深教授等。被授予"联合国教科文组织和平艺术家"称号。2018年荣获代表奥运精神至高无上的奖项"顾拜旦奖"，是中国美术界获此殊荣的第一人。代表作：书法作品有古文字集录《天书》，巨型城市雕塑《迎风长啸》《大舜耕田》等；设计作品有中国国际航空公司航徽、奥运吉祥物福娃等；作品集《山花烂漫》《美林》《韩美林自选雕塑集》《韩美林自选绘画集》等；散文集《闲言碎语》《韩美林自述》《韩美林散文》等。

> 恻隐之心，要从善待动物做起。只有当所有人都不再忍心虐待动物时，人与人之间的和谐关系才能够真正建立起来。
>
> ——易中天（学者、作家）

是可忍，孰不可忍——我看南京虐狗事件

易中天

关于"南京虐狗事件"的报道，我是前两天才从报上（2007年5月23日《北京晚报》）看到的。现在来说话，或许太晚。但晚有晚的好处，就是大家的情绪可能已经平静，能够心平气和地讨论问题了。

事情的经过大致如此：4月下旬某日，南京某小区一位女士等四人，将一只流浪母狗及其所生两只小狗堵在窝里，浇上汽油，点火焚烧。同小区一位小伙子路见不平出手相助，冲上前去扒开洞口。浑身冒火的母狗叼着一只小狗逃出，另一只却被活活烧死。此事引起当地居民和众多网友的极大悲痛和愤怒，悼念小狗的活动在该女士工作单位门前进行。网上甚至有人发布了"通缉令"，要向虐狗者"以牙还牙"。著名评论家鄢烈山先生发言为虐狗者辩护，也遭到劈头盖脸的痛骂。结果是不少人感到不解：以前死了那么多人（比如矿难），都没见你们这么愤怒。难道这回死的，竟是你们的亲人？

让人费解的正在这里，问题的症结也正在这里。因此，我要问的第一个问题就是——

一、被烧死的是狗还是"人"？

在鄢烈山先生和其他那些辩护者看来，被烧死的当然是狗不是人。这才

有了所谓"人权"与"狗权"之争。但我不知道鄢先生是否忘记了（或者装作不知道），狗是一种特殊的动物。它的特殊就在于"通人性"。在许多人那里，尤其是在养狗人那里，狗是被当作人甚至当作子女来看待的。你虐待他的狗，就等于虐待他的孩子。这是一种很普遍的心理，鄢先生难道不知？鄢先生振振有词地辩解说，狗只是主人的朋友，不是人类的朋友，因此没什么杀不得的。这真是不折不扣的昏话！请问：养狗的人难道不是人？养狗人的朋友难道不是人的朋友？没错，它可以不是你的朋友，却不等于不是人的朋友。只要是某些人的朋友，就是"人的朋友"。"人的朋友"不等于"所有人的朋友"，"人类的朋友"也不等于"全人类的朋友"。实际上，没有人说狗是全人类的朋友，也没有谁会是全人类的朋友。你鄢烈山就不是全人类的朋友，我易中天也不是。你我都只可能是某个人或者某些人的朋友。如果我杀了你的朋友，难道我能说"那只是鄢烈山的朋友，不是全人类的朋友"？事实上，虐狗者之所以引起公愤，原因之一，就因为他们杀了"人的朋友"。尽管这"朋友"只是某个人或者某些人的，并不被普遍承认，但也是"人的朋友"。不难设想，当你的朋友被活活烧死时，你会怎么样。不理解这一心理，就看不懂这一事件。

由此我们可以得出第一个结论：狗是人的朋友，不可以随便杀害。

不过此事并没有这么简单。因为我们马上就可以问：如果不是人的朋友，是不是就可以活活烧死？比方说，如果被烧死的是老鼠呢？是不是就无所谓了？这正是我们要讨论的第二个问题——

二、老鼠就可以活活烧死吗？

可能很少有人想过这个问题，也许有人会认为烧死无妨。实际上，如果这回被烧死的是一窝老鼠，就决不会引起如此强烈的反应。这几乎是可以肯定的。在许多人看来，老鼠可不是"人类的朋友"，甚至还是"人类的敌人"。既然是"敌人"，那么，格杀勿论！至于如何杀，就无所谓了。

但我以为，即便是老鼠，也不可以活活烧死的。事实上，本次事件的关键并不仅仅在于"杀害"，更在于"虐杀"。据报道，当时目睹这一事件的小孩子被吓哭："他们怎么可以这样对待小动物啊！"这便正是让居民和网友怒不可遏的第二个原因，而且是更重要的原因。

那么，"虐杀"与"非虐杀"又有什么区别？其结果，不都是剥夺了对方（老鼠、狗或者人）的生命么？没错，就结果而言，二者并无区别。但就过程而言，却有天壤之别。区别就在"虐杀"伴随着痛苦，"非虐杀"则不痛苦，或者将痛苦减到最低（比如注射药物）。由于种种不得已的原因，人类目前还无法做到谁都不杀，比如屠宰牛羊，比如保留死刑，但我们完全可以做到不"虐杀"。为什么不能"虐杀"呢？因为"虐杀"意味着"虐待"，而"虐待"意味着"残忍"。不仅是对别人、对象的残忍，也是对自己的残忍。一个人，如果不把虐待当回事，就有可能进而以虐待为乐；而一个人如果竟以虐待为乐，那他就丧失了人性。所以，我们必须反对虐待，反对虐杀。比方说，在不得不保留死刑时，坚决废止凌迟、腰斩、砍头等虐杀方式；在无法避免战争和执刑时，坚决反对虐待俘虏和犯罪嫌疑人。

由此我们可以得出第二个结论：即便是"敌人"，也是不可以"虐杀"的。

不过，我们的话还没有说完。因为还会有人问：不能虐待人，这没有问题。但如果是老鼠，或者是危害了人的生命安全、侵犯了人权的流浪狗，又有什么不能虐待的呢？这就牵涉到我们要讨论的第三个问题——

三、我们为什么不能虐待动物？

要说清楚这个问题，必须先说清楚我们为什么不能接受虐待。为什么呢？就因为人性之中有一条善的底线，这就是"恻隐之心"。所谓"恻隐之心"，也就是"不忍之心"；所谓"不忍之心"，也就是不忍心看着别人受苦受难受折磨的善心。这是道德的底线，也是道德的起点。一个人，只要有了这样一份善心，他就有可能成为一个好人。

但这和不虐待动物有什么关系呢？关系就在于这种"不忍之心"有一个心理依据，即由此及彼、推己及人。一个人，为什么不忍心看着别人受苦受难受折磨？说到底，就因为自己不愿意受苦受难受折磨。这就叫"己所不欲，勿施于人"。比方说，你不愿意被烧死，你就不要烧死别人；你不愿意自己的孩子当着你的面被烧死，你就不要当着别人的面烧死别人的孩子，哪怕这个"别人"只是一条母狗，甚至只是一只老鼠！

为什么我们要把这份善心扩大到动物？因为"己所不欲"容易，"勿施于人"难。这就需要培养。而且，为了保证这种培养是成功的，我们不但必须提倡"己所不欲，勿施于人"，还必须提倡"己所不欲，勿施于物"，即不但不虐待人，就连动物也不虐待，哪怕这动物"丑恶"如老鼠。不难想象，一个人，如果连老鼠都不忍虐待，他还会虐待人吗？相反，一个人，今天能够虐待老鼠，明天就能虐待小狗，后天就可能虐待人。为了保证人的不受虐待，我们必须反对虐待动物。这不是什么"动物福利""人狗关系"或者"狗权"问题，而恰恰是"人权"问题，是人与人的关系问题，是社会问题。

由此我们可以得出第三个结论：恻隐之心，要从善待动物做起。而且，只有当所有人都不再忍心虐待动物时，人与人之间的和谐关系才能够真正建立起来。

或许有人会问：如果动物侵犯了人权，威胁到人的生存呢？也要善待吗？也要。即便万不得已（比如出现鼠灾），也不可虐杀。即便不得不采取非常手段，也必须将影响减到最小。这或许又是让人想不通的问题。看来我们还必须把话说透，这就是——

四、反对虐待动物究竟为了提倡什么？

我们为什么主张善待动物？我们为什么反对虐杀动物？我认为，归根结底，就是要提倡和培养"恻隐之心"即"不忍之心"。在这里，重要的是"不忍"二字。事实上，在南京虐狗事件中，最让人无法忍受的是这样一幕："一个火团在洞里滚来滚去，母狗眼睁睁看着自己的孩子被烧死。"这才引起了人民群众极大的愤慨。孟子有云："老吾老以及人之老，幼吾幼以及人之幼。"谁能忍心让一个母亲"眼睁睁看着自己的孩子被烧死"？

《护生画集》之爱子

孟孙猎得麑，使秦西巴持归。其母随而鸣，秦西巴不忍，纵而与之。孟孙怒而逐秦西巴。居一年，召以为太子侍。左右曰："夫秦西巴有罪于君，今以为太子傅，何也？"孟孙曰："夫以一麑而不忍，又将能忍吾子乎？"（《说苑》）

然而很多人都没想到，那些虐狗者"居然下得了手"，而且还不让别人救援！这可真是"是可忍，孰不可忍"！孔子这话原本有两种解释。一种是：如果连这样的事都能狠得下心来，还有什么事他做不出！另一种解释是：如果连这样的事都能容忍，还有什么事情不能容忍！在南京虐狗事件中，这两种解释都适用。这是让居民和网友怒不可遏的第三个原因。

但我们决不能因此而"以暴易暴""以虐抗虐"，比方说"也当面烧死她的孩子"。这是决不可以的，是必须坚决反对的。我愿以最大的善意猜测，网友说这话，其实不过是想请虐狗人设身处地地想一想，将心比心地想一想。其实不想也知道，如果自己的孩子被当面烧死会怎么样？肯定是怒不可遏。如果眼睁睁地看着孩子被别人烧死，而自己却无能为力，又会怎么样？肯定是悲痛欲绝。既然如此，那你们为什么要对另一位母亲和她的孩子下手？难道仅仅因为那母亲和孩子是狗？难道因为它们是狗，就没有母爱和亲情，就没有恐惧和痛苦，就没有免遭虐待的权利，就可以任人宰割么？

这些问题，虐狗的那四位公民和同胞，你们想过吗？振振有词地为他们辩护的鄢烈山先生，您想过吗？还有那些仅仅把问题归结为"无法可依"的评论家们，大家都想过吗？

显然，虐狗事件在拷问着我们。拷问着我们的人性，也拷问着我们的国民性！

附记：本文原刊于2007年5月28日的新浪博客，点击 192454人次。从跟帖看，支持者甚众。但也有网友指出，我对鄢烈山先生的批评，是误解了鄢先生的意思，而且鄢先生也有他的道理。后来，我又认真读了鄢先生的《为烧狗者一辩》，发现媒体的转述是有问题的，鄢先生的说法也是有道理的。我和鄢先生，其实并无根本分歧，只不过看问题的角度不同，正好可以互补。谨此说明，并致歉意！

● 易中天，1947年出生于湖南长沙，著名作家、学者、教育家。1981年毕业于武汉大学中文系中国古代文学专业，1992年起任教于厦门大学人文学院中文系。长期从事文学、艺术、美学、心理学、人类学、历史学等研究。著有《〈文心雕龙〉美学思想论稿》《艺术人类学》等作品。2005年央视《百家讲坛》"开坛论道"的学者，2006年主讲《汉代风云人物》《易中天品三国》，2008年主讲《先秦诸子百家争鸣》。2013年宣布写作36卷本《易中天中华史》，当年获第八届作家富豪榜最佳历史书。2019年入选"新中国70周年百名湖湘人物"榜单。

> 说到疼痛、受苦与死亡，我们对千百万动物的所作所为，一直都是一个非常重大的伦理问题。
>
> ——安德鲁·林哲（美国神学与动物福利教授）

牛炯炯事件——关怀动物等于伪善？

庄礼伟

人类与自然界要共存下去，也必须引入人与其他物种之间的伦理机制（可能和人与人之间的伦理有所不同），哪怕其中有一些做法会被嘲讽为"伪善"。

刑场上，他，目睹同伴惨死于屠刀之下，对死的巨大恐惧和对生的满腔渴望，使他猛然爆发，挣脱禁锢，撞倒行刑者，向荒野处遁去。但天罗地网中，逃生路在哪里？深夜，他徘徊在孤寂的铁道旁，一列火车呼啸驶过，莫名的悲愤之下他狂追这列火车，几乎要把火车撞出铁轨，仿佛力拔山兮气盖世的霸王最后的壮烈。这时，围捕的敌人再次出现了，出于对天生神力的他的忌讳，敌人只是远远将他合围，并招募狙击手试图杀死他。第二天，已身中数枪的他往深山里逃去。在深山里，他以为安全了，大口大口呼吸新鲜空气，两声枪响之后，他愣了一下，很不屑地瞪了瞪枪响处，没倒下。又是一阵枪响，魁梧、不羁的他终于倒下了，但他那渴望活着、渴望自由的眼睛依然圆睁着，朝向天空。蓝天，顿时苍白。

这个故事讲完了。这位末路英雄，其实是今年8月在广东兴宁市坭陂镇被杀的一头猛牛。

据新撰的市志记载："牛炯炯，原姓名、生平皆不详，体重1400斤，屠宰编号HX-699。公元2010年8月1日，广东兴宁市坭陂镇一屠场，众牛排队挨宰，炯炯突然跃起，挣断牛绳，顶倒屠户，发足狂奔。兴宁市公安局在梅州市武警狙击手增援下，组织当地警员、村干等40余人围捕近30小时，终将炯炯击毙于山坑。经当地权威人士鉴定，炯炯毙命之前，已是疯牛，对社会危害极大。因其发疯、毙命时，眼如大轮，目光炯炯，灿若日月，极其骇人，故名之牛炯炯。村中秀才讶之，作诗云："你是一头牛，挨枪在山冲。命定板上肉，何苦要发疯？"

《护生画集》之跃出深水

雍正初，李家洼佃户董某，父死，遗一牛，老且跛，将鬻于屠肆。牛逸至其父墓前，伏地僵卧，牵挽鞭箠，皆不起，惟掉尾长鸣。村人闻是事，络绎来视。忽邻叟刘某愤然至，以杖击牛曰："渠父堕河，何预于汝？使随波漂流，充鱼鳖食，岂不大善！汝无故多事，引之使出，多活十余年。至渠生奉养，病医药，死棺敛，且留此一坟，岁需祭扫，为董氏子孙无穷累。汝罪大矣！就死汝分，牟牟者何为？"盖其父尝堕深水中，牛随之跃入，牵其尾得出也。董初不知此事，闻之大惭。自批其颊曰："我乃非人！"急引归。数月后病死，泣而埋之。此叟殊有滑稽风，与东方朔救汉武帝乳母事竟暗合也。（《阅微草堂笔记》）

当人们屠宰动物

牛炯炯是不是真疯了，我不知道。不过动物挨宰前的精神状况，我是知道一点的。小时见过乡人杀牛，牛看见壮汉持一重锤走来，眼泪立刻就流出来了。十多年前我所在单位旁有一屠宰场，每天黎明前总会响起很长一阵群猪凄厉的哀鸣。很多人还在甜甜的睡梦中，这群猪却排着队，经历着将要失去生命之前的恐惧并走向最后的被屠戮。

其实我没资格来为这些猪说什么，因为我不是一个素食者，我购买猪肉，吃猪肉，一向也没有反对设立屠宰场。我偶尔也买牛肉吃牛肉，所以牛炯炯的死，我也有参与。

当然，人们不会杀死所有与他们日常生活有关的动物，例如马术比赛的马不会被屠宰，宠物不会被屠宰。因为人们和它们相处日久，建立了感情。

工厂化饲养的动物和饲养者没这么亲近，但它们也有一双凝视人类的眼睛，也有痛感和对生之欢乐的追求，面对死亡时它们会和牛炯炯一样，把眼睛瞪得大大的，恐惧、委屈、不解、愤怒，一时间狂乱地涌入它们的心灵，要爆炸。动物排队受戮时的心情和人被冤杀前的心情，大概是一样的。如果我们能把屠宰场里几个小时内动物群体的密集嘶叫声翻译出来，那将会是一篇讲述遭到背信出卖、指斥世道不公、诅咒上天施以同样酷刑给行刑者及其同谋者的雄文。

让牛只排队挨宰，前面一个血溅当场，后面一个还要排队观看，任凭粗大的牛绳绑得再紧，也会有天生神力如牛炯炯者，奋然顶翻秩序，发出最后一声呐喊。

对此，一些人试图给予解释：我们生来是杂食动物，吃肉是人类的权利，而人类间的伦理不能施与作为食物的动物，伦理应仅施于有伦理意识的人类。

另外有一些人采取了主动的亲善姿态，即在最后不得不屠宰动物以获取肉食的前提下，在动物从出生到被宰杀的一生过程中，给予它们足够的关怀，并在屠宰动物时最大限度减少它们精神上和肉体上的痛苦。这就是人类能够做到的动物福利主义。至于"解放动物"，转向素食，作为整体的人类暂时还做不到。

还有一些人主张：除非是为了维护生态平衡，否则绝不猎杀野生动物，我们对它们并不拥有予夺生杀的权利。对于服务于人类科学事业而遭解剖的动物，那些科学人和学生们也主张给予关怀和敬意，例如南开大学成立实验动物伦理委员会，决定对实验动物实施安乐死；这些做法，也都可视为动物福利主义。

动物伦理与伪善

在动物伦理问题上，有一种"物种主义"立场。在人类社会，将伦理止于本种族集团，对集团外的生命可以不讲伦理，这就是种族主义。在人与其他物种之间持这种态度，便是物种主义，猎杀野生动物、屠宰饲养动物以及因为各种"必要"而虐待动物，在物种主义那里都不是问题，因为动物那里没有文明，没有伦理，没有情感和智慧。应当说，物种主义与种族主义都信奉一种由高级群体宰制低级群体的等级制权力观。

动物有痛苦感，有初步的群内伦理行为。但是若把饲养动物都看作是高级智慧动物和过伦理生活的生物，那么屠宰场里发生的，就近似于人类社会中的大屠杀，所以也很难这么去设想。当然，素食主义者中的激进派认为在屠宰场里发生的，就是大屠杀。但是我们很少看到素食主义者会基于他们的伦理和义愤去占领和捣毁屠宰场，以阻止在那里发生的"制度化大屠杀"。目前大多数人能接受的，还是人类的群内伦理和人与动物间的群际伦理不能完全等同。

人们面对动物，终究有些冷酷和伦理纠结。人们会赞美牛羊，也会去屠戮它们，幼儿园和小学的彩色课本上，家畜家禽们都很可爱，是人类的朋友，还可以做吉祥物，但孩子们没去过屠宰场。他们是否应该知道实际上有很多屠宰场存在？这些困惑可不可以公开讨论？

孟子曾说："君子之于禽兽也，见其生，不忍见其死；闻其声，不忍食其肉。是以君子远庖厨也。"这种做法和心理过程，其实只是一种逃避。潘多拉星球上的土著纳美人解决这个困境的办法是直率的：先为动物祷告致歉，然后再下手猎杀动物，同时这种猎杀也是有节制的；纳美人死后，他们的身体也将回馈给植物和动物。佛教僧人认为水中有很多小虫，喝下去难免杀生，但他们又不能不杀生，所以喝水之前，先给小虫念往生咒。纳美人和喝水时的僧人，都坦然解决了这个问题。

　　同样是要杀掉动物，但有或没有像纳美人那样的感恩、歉意和由此产生的对杀戮的节制，是不一样的，尽管纳美人的这种做法也可能会被指为"伪善""虚伪"。人类如果还要共同生活下去，就必须过伦理引导下的生活，哪怕其中有一些做法是"伪善"。人类与自然界要共存下去，也必须引入人与其他物种之间的伦理机制（可能和人与人之间的伦理有所不同），哪怕其中有一些做法会被嘲讽为"伪善"。

　　当"伪善"成为风气，当人对同类、对自然界在现实中能做的少于他们欲望中想做的，这个世界就会宽松、凉快一些。

《护生画集》之"人之初，性本善"

人人爱物物，物物爱生全，鸡见庖人执，惊飞集案前，豕闻屠价售，
两泪涌如泉，方寸原了了，只为口难言。（清 周思仁《戒杀诗》）

动物给予人类的福利

　　我觉得动物们给予人类最大的馈赠，就是它们投向人类的视线。无论是温驯动物的凝视还是猛兽猛禽的逼视，都可为人类输送精神上的福利，

或是让人起温暖驯良之念，或是让人顿觉自身的局限而生出一些自我约束的律令。

那个8月初的昏与晨，牛炯炯投向围捕者和枪手的眼神，会是怎样的呢？

奋然挣脱禁锢的牛炯炯和它逼视我们的眼神，已然具有精神审美价值，它的炯炯淋漓之元气，已是天边让人仰视的彩虹。

自远古以来，动物就一直是人类精神资源的重要组成部分，是天意的传达者和伦理的护法，是古老传说里的主人公，是民族的图腾和精神符号，因而也是人类精神上的拯救者。动物对于人类来说，还具有多方面的审美价值。

那么，我们应该怎样看待不愿沉默就戮的牛炯炯以及它怆然逃亡的背影？英国有一个案例，两只小猪从屠宰场逃跑，游过一条河，数天后才被捕获，它们获得了免于屠宰的幸运，像"猪坚强"那样被供养，它们坚强的意志感动了许多英国人，英国人还顺势掀起了一场素食热。

人与动物的视线相交可以让人们感到：界限之墙，不是那么高、那么不可穿透，人和动物，都是大自然的创造物，在终极意义上，万物一体，人类需要始终怀有一种能够感同身受的爱与悲悯的能力，以及能够感恩和赞美的能力。

基于上述认知，我们才有这样的结论——牛炯炯没有疯；我们才会有这样的赞美——牛炯炯，你比我们强！我们才会有这样的幻想——牛炯炯没有死，它像王小波笔下那头特立独行的猪，长出獠牙，消失在茫茫山野；我们才会有这样的一丁点欣慰——据报道，为了防止炯炯伤人，村人曾牵来一头母牛陪伴炯炯，让它平静下来，这是炯炯那30小时逃亡生涯中，唯一的绯色旖旎时光；我们才会有这样的怅然和释然——牛炯炯走了，天国里不会再有狙击手。

● 庄礼伟（1967—2018），祖籍广东省汕头市，出生于江西省井冈山市，北京大学国际政治学博士，暨南大学国际关系学院教授，国际关系学专业博士生导师。2018年不幸在泰国遭遇车祸离世。

> 对不能说话的动物残忍是低贱和卑劣心灵的显著缺陷。无论在哪里发现，它都是无知和卑鄙的确定标志，是任何外在的优越条件如财富、显赫、高贵等都无法抹杀的标志。它与博学和真正的斯文都不沾边。
>
> ——威廉·琼斯爵士（英国语言学家、法学家）

悲情人之过

匡文立

不久前，有位导演在为自己新拍成的影片做宣传时，绘声绘色地讲述他们怎样设法使一匹骏马跳崖。据称，那匹马每次被赶上崖边，总是止步不前。最后经不住人再三逼迫，才流着泪跃下绝壁。

后来关于这部电影的介绍中，反反复复出现和强调着这个被炒热了的惊险镜头。骏马朝着深渊翻滚坠下，真不愧是来真格的，比电脑特技什么的高明多了，几乎能听见一个生命痛切的恐惧与绝望，嗅到画面上毫不掺假的血腥了。这电影、这镜头、这编导实在让人愤怒。我非常想对那些绘声绘色的讲述者问一声：你们凭什么？

为了逼真，为了刺激，为了好看，为了效果，还可以堂而皇之声称，是为了神圣崇高的艺术。但这一切便是刻意扼杀一个生灵的理由么？何况，谁都知道，一切的一切归根结底和票房价值密不可分。单凭想得出做得到玩这种镜头，我就不再相信那匹马是为人追求艺术的热诚慷慨捐躯的。要是艺术必须得以其他生命为代价——纵使人类统称这些生命为"动物"，也还是拿血来染艺术家的红顶子的刺鼻气息未免太多了，这种"艺术"，世界上没有也罢。否则，"艺术"又是为了什么呢？

对着这个恶劣透顶不堪忍受的镜头，不免想起其他一些镜头。

在一部卖座极佳的动作片中，奋不顾身的优秀特工要驱马跃过摩天大楼追捕恐怖分子头目。那匹灵性十足的警马却悬崖收蹄，倒闪得勇敢的特工险些跌个粉身碎骨。事后，九死一生的特工也只是温和地指责那马不够尽职。这设计真棒，我们不能不会心大笑。我们想，不怕死的特工很可爱，怕死的马也很可爱，人是应当有点精神的，生命不妨超越平凡和平庸步入绚丽与壮美。人有权选择。动物可能也应当有点精神，烈马、义犬和灵猫舍己救主的故事历来就有很多。但这是它们自己的事。如果动物不愿有这种精神，人并不能强求。人类其实无权替他类生命选择和决定。懂得这一点，同样是"人"的精神。要不怎么叫"万物之灵"呢？

不陪好特工玩命的马做了它自己的选择和决定，使这镜头不仅惊心动魄一流，思想性也很独到。它占据了现代文明的高度。

《护生画集》之马救主（二）

孙坚讨董卓失利，被创堕马，卧草中。军众分散，不知坚所在。坚所乘马驰还营，踏地呼鸣。将士随马行，于草中得坚。（《吴志·孙坚传》）

在演示当代电影特技的一些外国片子中，有介绍美工师如何精心制作一只假狗的。制造这种假狗的工艺极其复杂，原因却极其简单：影片中那只真狗得被炸死，用假狗作为它临危时刻的替身。

我不清楚是那位出演角色的真狗身价贵，还是造一只能跑会跳惟妙惟肖的高科技替身更费钱。显而易见关键不在价格因素。仅仅是因为拍电影的人明白，他们无权让谁为一场电影送命，哪怕是一条狗。

百年电影史，为它送命的人为数不少，动物大约更多。不同只在于，人的伤亡大多是始料未及的意外事故，而极少或不可能出于原本意图，而其他生命却常被漫不经心地对待和处置。为了电影的成功，牺牲些动物不算什么！

所幸电影和人类一起一步步走向成熟和更加文明。在当代，人类的良知、怜悯、爱心和道德感不再鼠目寸光地局限于自己的人际和社会，人类学着包容整个天地自然和所有生命。所谓人类的文明进步，说白了无非就是人类要活得更聪明的过程。这个聪明的重要内容之一便是，人类日渐醒悟，许多东西包括电影，说到底不过是人自己的游戏。我们凭什么为游戏断送生命？不论那生命我们称为"人"还是称为动物。

这里不能不提到一个众所周知的中国典故。齐宣王看到一头牛被牵去宰杀，不忍它的恐惧发抖，吩咐放了它换上一只羊。孟子问，若可怜它们无罪而被杀，牛和羊不都是一样？这一问，问住了齐宣王，"真的，我怎么回事？"

孟子理解。他说，眼前一条活生生的牛是一个生命，见其生不忍见其死是君子的正常感情，"以羊易之"，则由于那头替罪羊不在面前，它只是一种概念和抽象，对它的死，人便比较容易接受了。孟子因此说出了那句名言：君子远庖厨。

"君子远庖厨"，也许有点自欺欺人。然而它确实说出了人的天性和某种深刻的无奈。这天性和无奈标示着文明对人类心灵的育化程度。茹毛饮血的有巢氏、燧人氏，他们大抵是不会为齐宣王的心思而困扰的。

齐宣王与孟子距今多少年了？他们的难题仍然困扰着我们人类。我们不都能做到素食主义，也无法信服"远庖厨"算个皆大欢喜的合理解决。我们为人类生存的许多既定方式时感茫然，为庖厨里必不可少的其他生命时感负罪。人类爱提到"终极关怀"，人类由衷希望在未来的某个日子里，能把这些亘古的无奈，处理得让人类的心境真正宁静愉悦坦然清澈。

在此之前，我们尽量用人类的灵性和理性协调所有生命所有存在，给人之外的一切尽可能多的理解、尊重、关爱和呵护。我不知道有胆量在公众面前炫耀一种丑陋真实的电影导演，有没有想过自己比齐宣王向蒙昧退回了多远。

我只是坚决拒看这种电影，决不为它送上一个子儿。我还坚决地认定，抖落无谓的血腥只表明技穷，这种电影不可能拿得出像样的娱乐性，更无从提供一丝半点的意义或教益。因为不懂得尊重生命的人，"人性"的质量大可怀疑，不配也不会接近"艺术"。

● 匡文立，辽宁盖县人，1976年毕业于西北师范大学中文系。甘肃省兰州市作家协会专业作家、作家协会副主席。著有小说集《昨夜西风》《白刺》，散文集《姐妹散文》，长篇随笔《铜镜中的佳人》，主编文化随笔《第二种真实》（全三卷），随笔《中国文人与佛与道》《女人与历史》等。作品获甘肃省第一、二、三、四届优秀文学奖，首届《中华文学选刊》优秀作品奖，1992年和1997年中国满族文学奖。

第三章　生命共同体
——人类动物与非人类动物

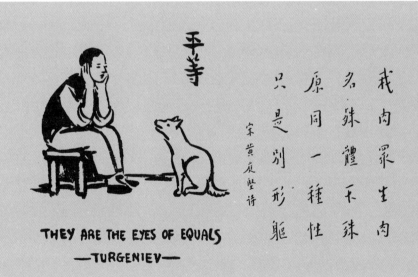

平等

THEY ARE THE EYES OF EQUALS
—TURGENIEV—

我肉众生肉
名殊体不殊
原同一种性
只是别形躯
宋黄庭坚诗

当一个人爱猫，我就已然是他的朋友和伙伴，不需要更多介绍。

——马克·吐温（美国作家）

小麻猫的归去来[①]

郭沫若

我素来是不大喜欢猫的。

原因是在很小的时候，有一天清早醒来，一伸手便抓着枕边的一小堆猫粪。

猫粪的那种怪酸味，已经是难闻的；让我的手抓着了，更使得我恶心。

但我现在，在生涯已经走过了半途的目前，却发生了一个心理转变。

重庆这座山城老鼠多而且大，有的朋友说：其大如象。

去年暑间，我们住在金刚坡下面的时候，便买了一只小麻猫。

雾期到了，我们把它带进了城来。

小麻猫虽然稚小，却很矫健。

夜间关在房里，因为进出无路，它爱跳到窗棂上去，穿破纸窗出入。破了又糊，糊了又破，不知道费了多少事。但因它爱干净，捉鼠的本领也不弱，人反而迁就了它，在一个窗格上特别不糊纸，替它设下布帘。然而小麻猫却不喜欢从布帘出入，总爱破纸。

在城里相处了一个月，周围的鼠类已被肃清，而小麻猫突然不见了。

大家都觉得可惜，我也微微有些惜意：因为恨猫究竟没有恨老鼠厉害。

小麻猫失掉，隔不一星期光景，老鼠又猖獗了起来，只得又在城里花了十五块钱买了一只白花猫。

[①] 散文《小麻猫的归去来》发表于桂林《文化杂志》1942年6月25日第2卷第4期。记述了小麻猫的走失、被囚的经过，引发出"我真禁不住要对残忍无耻的两脚兽提出抗议"。初收入重庆群益出版社1945年9月初版《波》；后收入《沫若文集》第9卷，改题作《小麻猫》；现收入《郭沫若全集·文学编》第10卷——《郭沫若年谱长编》。

这只猫子颇臃肿，背是弓的。说是兔子倒像些，却又非常地濡滞。

这白花猫倒有一种特长，便是喜欢吃馒头，因此我们呼之为"北京人"。

"北京人"对于老鼠取的是互不侵犯主义。我甚至有点替它担心，怕的是老鼠有一天要不客气起来，竟会侵犯到它的身上去的。

就在我开始替"北京人"担心的时候，大约也就是小麻猫失掉后已经有一个月的光景，一天清早我下床后，小麻猫突然在我脚下缠绵起来了。

——啊，小麻猫回来了！它不知道是什么时候回来的。

家里人很高兴，小麻猫也很高兴，它差不多对于每一个人都要去缠绵一下，对于以前它睡过的地方也要去缠绵一下。

它是瘦了，颈上和背上都拴出了一条绳痕，左侧腹的毛烧黄了一大片。

使小麻猫受了这样委屈的一定是邻近的人家，拴了一月，以为可以解放了，但它一被解放，却又跑回了老家。

小麻猫虽然瘦了，威风却还在。它一回到老家来依然觉得自己是主人，把"北京人"看成了侵入者。

"北京人"起初和它也有点敌忾，但没几秒钟就败北了，反而怕起它来。

相处日久之后，小麻猫和"北京人"也和睦了，简直就跟兄弟一样——我说它们是兄弟，因为两只都是雄猫。

它们戏玩的时候，真是天真，相抱，相咬，相追逐，真比一对小人儿还要灵活。

就这样使那濡滞的"北京人"也活跃起来了，渐渐地失掉了它的兔形，即恢复了猫的原状。

跳窗的习惯，小麻猫依然是保存着的。经它这一领导，"北京人"也要跟着来，起先试练了多少次，便失败了多少次，不久公然也跳成功了。

三间居室的纸窗，被这两位选手跳进跳出，跳得大框小洞，冬风也和它们在比赛，实在有些应接不暇。

人是更会让步的，索性在各间居室的门脚下剜了一个方洞，以便于猫们进出。这事情我起初很不高兴，因为既不雅观，又不免依然替冷风开了路，不过我的抗议是在洞已剜成之后，自然是枉然的。

小麻猫回来之后，又相处了有一个月的光景，然而又失掉了。

但也奇怪，这一次大家似乎没有前一次那样地觉得可惜。

大约是因为它的回来是一种意外的收获，失掉也就只好听其自然了吧。

更好在"北京人"已被训练成为了真正的猫，而不再是兔子了。

老鼠已经不再跋扈，这更减少了人们对于小麻猫的思慕。

小麻猫大概已被人带到很远很远的地方去了吧，它是怎么也不会回来的了。——人们也偶尔淡淡地这样追忆，或谈说着。

可真是出人意料，小麻猫的再度失去已经六七十天了，山城一遇着晴天便感觉着炎暑的五月，而它突然又回来了。

这次的回来是在晚上，因为相离得太久，对人已经略略有点胆怯。

但人们喜欢过望，特别地爱抚它。我呢？我是把几十年来对猫厌恶的心理，完全克服了。

我感觉着，我深切地感觉着：我接触着了自然的最美的一面。

我实在是受了感动。

《护生画集》之义猫认主

姑苏齐门外，一民负官租，出避。家独一猫，催租者持去，与人。年余，民过其地，猫忽跃入其怀，但仍为人夺去。至夜，民卧舟中，闻蓬间有声。视之，猫也，口衔一绫帨，内有金五两余。人谓之义猫。（《涌幢小品》）

回来时我们正在吃晚饭，我拈了一些肉皮来喂它，这假充鱼肚的肉皮，小麻猫也很喜欢吃。我把它的背脊抚摩了好些次。

我却发现了它的两只前腿的胁下都受了伤。前腿被人用麻绳之类的东西套着，把两侧胁部的皮都套破了，伤口有两寸来长，深到使皮下的肉猩红地露出。

我真禁不住要对残忍无耻的两脚兽提出抗议。盗取别人的猫已经是罪恶，对于无抵抗的小动物加以这样无情的虐待，更是使人愤恨。

盗猫的断然是我们的邻居：因为小麻猫失去了两次都能够回来，就在这第二次的回来之后都不安定，接连有两晚上不见踪影，很可能是它把两处都当成了它的家。

今天是第二次回来的第四天了，此刻我看见它很平安地睡在我常坐的一个有坐褥的藤椅上。我不忍惊动它。

昨天晚上我看见它也是在家里的，大约它总不会再回到那虐待它的盗窟里去了吧。

我实在感触着了自然的最美的一面，我实在消除了我几十年来的厌猫的心理。

我也知道，食物的好坏一定有很大的关系，盗猫的人家一定吃得不大好，而我们吃得要比较好一些——至少时而有些假充鱼肚骗骗肠胃。

待遇的自由与否自然也有关系。

但我仍然感觉着，这里有令人感动的超乎物质的美存在。

猫子失了本不容易回来，小麻猫失了两次都回来了，而它那前次的依依、后次的腼怯都是那么地通乎人性。而且——似乎更人性。

我现在很关心它，只希望它的伤早好，更希望它不要再被人捉去。

连"北京人"我也感觉着一样地可爱了。

我要平等地爱护它们，多多让它们吃些假充鱼肚。

● 郭沫若（1892—1978），原名郭开贞，号尚武，笔名沫若、麦克昂、郭鼎堂、石沱、高汝鸿等。四川乐山人。现代文学家、历史学家、古文字学家、翻译家、中国新诗奠基人之一，中国马克思主义史学的杰出代表。1914年郭沫若留学日本，毕业于九州帝国大学医学部。1921年发起成立创造社，出版第一本新诗集《女神》。在参加南昌起义后再度旅日，撰写《中国古代社会研究》《两周金文辞大系》等史学、古文字学专著。1937年归国抗战。1949年以来连续当选中华全国文学艺术会主席、中国文联主席。历任政务院副总理、中国科学院院长、中国科学院哲学社会科学部主任、历史研究所第一所所长、中国人民保卫世界和平委员会主席、中日友好协会名誉会长、中国科学技术大学校长。获苏联等国家科学院院士称号。为中国共产党第九、十、十一届中央委员，第一至第四届全国人大常委会副委员长，第一、二、三、五届全国政协副主席。生前编辑出版的著作已收入《郭沫若全集》38卷。

> 猫具有真正的情感忠诚，人类往往由于某种原因隐藏自己的感情，而猫却不会。
>
> ——海明威（美国作家、诺贝尔文学奖获得者）

父亲的玳瑁①

王鲁彦

在墙脚跟刷然溜过的那黑猫的影，又触动了我对于父亲的玳瑁的怀念。

净洁的白毛的中间，夹杂些淡黄的云霞似的柔毛，恰如透明的妇人的玳瑁首饰的那种猫儿，是被称为"玳瑁猫"的。我们家里的猫儿正是那一类，父亲就给了它"玳瑁"这个名字。

在近来的这一匹玳瑁之前，我们还曾有过另外的一匹。它有着同样的颜色，得到了同样的名字，同是从我姊姊家里带来，一样地为我们所爱。但那是我不幸的妹妹的玳瑁，它曾经和她盘桓了十二年的岁月。而现在的这一匹，是属于父亲的。

它什么时候来到我们家里，我不很清楚，据说大约已有三年光景了。父亲给我的信，从来不曾提过它。在他的理智中，仿佛以为玳瑁毕竟是一匹小小的兽，比不上任何的家事，足以通知我似的。

但当我去年回到家里的时候，我看到了父亲和玳瑁的感情了。

每当厨房的碗筷一搬动，父亲在后房餐桌边坐下的时候，玳瑁便在门外"咪咪"地叫了起来。这叫声是只有两三声，从不多叫的。它仿佛在问父亲，可不可以进来似的。

于是父亲就说了，完全像对什么人说话一样："玳瑁，这里来！"

---

① 《父亲的玳瑁》选自《故乡的梦》（中国青年出版社 1994 年版）。本文最初发表于 1933 年 9 月 1 日《文学》第一卷第 3 号。

我初到的几天，家里突然增多了四个人，玳瑁似乎感觉到热闹与生疏的恐惧，常不肯即刻进来。

"来吧，玳瑁！"父亲望着门外，不见它进来，又说了。但是玳瑁只回答了两声"咪咪"，仍在门外徘徊着。"小孩一样，看见生疏的人，就怕进来了。"父亲笑着对我们说。

但是过了一会，玳瑁在大家的不注意中，已经跃上了父亲的膝上。

"哪，在这里了。"父亲说。

我们弯过头去看，它伏在父亲的膝上，睁着略带惧怯的眼望着我们，仿佛预备逃遁似的。

父亲立刻理会它的感觉，用手抚摩着它的颈背，说："困吧，玳瑁。"一面他又转过来对我们说："不要多看它，它像姑娘一样的呢。"

我们吃着饭，玳瑁从不跳到桌上来，只是静静地伏在父亲的膝上。有时鱼腥的气息引诱了它，它便偶尔伸出半个头来望了一望，又立刻缩了回去。它的脚不肯触着桌。这是它的规矩，父亲告诉我们说，向来是这样的。

父亲吃完饭，站起来的时候，玳瑁便先走出门外去。它知道父亲要到厨房里去给它预备饭了。那是真的。父亲从来不曾忘记过，他自己一吃完饭，便去添饭给玳瑁的。玳瑁的饭每次都有鱼或鱼汤拌着。父亲自己这几年来对于鱼的滋味据说有点厌，但即使自己不吃，他总是每次上街去，给玳瑁带了一些鱼来，而且给它储存着的。

白天，玳瑁常在储藏东西的楼上，不常到楼下的房子里来。但每当父亲有什么事情将要出去的时候，玳瑁像是在楼上看着的样子，便溜到父亲的身边，绕着父亲的脚转了几下，一直跟父亲到门边。父亲回来的时候，它又像是在什么地方远远望着，静静地倾听着的样子，待父亲一跨进门限，它又在父亲的脚边了。它并不时时刻刻跟着父亲，但父亲的一举一动，父亲的进出，它似乎时刻在那里留心着。

晚上，玳瑁睡在父亲的脚后的被上，陪伴着父亲。

我们回家后，父亲换了一个寝室。他现在睡到弄堂门外一间从来没有人去的房子里了。

玳瑁有两夜没有找到父亲，只在原地方走着，叫着。它第一夜跳到父亲的床上，发现睡着的是我们，便立刻跳了出去。

正是很冷的天气。父亲记念着玳瑁夜里受冷，说它恐怕不会想到他会搬到那样冷落的地方去的。而且晚上弄堂门又关得很早。

但是第三天的夜里，父亲一觉醒来，玳瑁已在床上睡着了，静静地，"咕咕"念着猫经。

半个月后，玳瑁对我也渐渐熟了。它不复躲避我。当它在父亲身边的时候，我伸出手去，轻轻抚摩着它的颈背，它伏着不动。然而它从不自己走近我。我叫它，它仍不来。就是母亲，她是永久和父亲在一起的，它也不肯走近她。父亲呢，只要叫一声"玳瑁"，甚至咳嗽一声，它便不晓得从什么地方溜出来了，而且绕着父亲的脚。

有两次玳瑁到邻屋去游走，忘记了吃饭。我们大家叫着"玳瑁玳瑁"，东西寻找着，不见它回来。父亲却猜到它哪里去了。他拿着玳瑁的饭碗走出门外，用筷子敲着，只喊了两声"玳瑁"，玳瑁便从很远的邻屋上走来了。

"你的声音像格外不同似的"，母亲对父亲说，"只消叫两声，又不大，它便老远地听见了。"

"是哪，它只听我管的哩。"

对于寂寞地度着残年的老人，玳瑁所给与的是儿子和孙子的安慰，我觉得。

六月四日的早晨，我带着战栗的心重到家里，父亲只躺在床上远远地望了我一下，便疲倦地合上了眼皮。我悲苦地牵着他的手在我的面上抚摩。他的手已经有点生硬，不复像往日柔和地抚摩玳瑁的颈背那么自然。据说在头一天的下午，玳瑁曾经跳上他的身边，悲鸣着，父亲还很自然地抚摩着它亲密地叫着"玳瑁"。而我呢，已经迟了。

从这一天起，玳瑁便不再走进父亲的以及和父亲相连的我们的房子。我们有好几天没有看见玳瑁的影子。我代替了父亲的工作，给玳瑁在厨房里备好鱼拌的饭，敲着碗，叫着"玳瑁"。玳瑁没有回答，也不出来。母亲说，这几天家里人多，闹得很，它该是躲在楼上怕出来的。于是我把饭碗一直送到楼上。然而玳瑁仍没有影子。过了一天，碗里的饭照样地摆在楼上，只饭粒干瘪了一些。

玳瑁正怀着孕，需要好的滋养。一想到这，大家更焦虑了。

第五天早晨，母亲才发现给玳瑁在厨房预备着的另一只饭碗里的饭略略少了一些。大约它在没有人的夜里走进了厨房。它应该是非常饥饿了。然而仍像吃不下的样子。

一星期后，家里的戚友渐渐少了。玳瑁仍不大肯露面。无论谁叫它，都不答应，偶然在楼梯上溜过的后影，显得憔悴而且瘦削，连那怀着孕的肚子也好像小了一些似的。

一天一天家里愈加冷静了。满屋里主宰着静默的悲哀。一到晚上，人还没有睡，老鼠便吱吱叫着活动起来，甚至我们房间的楼上也在叫着跑着。玳瑁是最会捕鼠的。当去年我们回家的时候，即使它跟着父亲睡在远一点的地方，我们的房间里从没有听见过老鼠的声音，但现在玳瑁就睡在隔壁的楼上，也不过问了。我们毫不埋怨它。我们知道它所以这样的原因。

可怜的玳瑁。它不能再听到那熟识的亲密的声音，不能再得到那慈爱的抚摩，它是在怎样地悲伤呵！

《护生画集》之猫殉主

江宁王御史父某，有老妾年七十余，畜十三猫，爱如子女，各有名字，呼之即至。乾隆己酉，老妪亡，十三猫绕棺哀鸣。喂以鱼，不食，饥三日而死。（《新齐谐》）

三星期后，我们全家要离开故乡。大家预先就在商量，怎样把玳瑁带出来。但是离开预定的日子前一星期，玳瑁生了小孩了。我们看见它的肚子松瘪着。

怎样可以把它带出来呢？

然而为了玳瑁，我们还是不能不带它出来。我们家里的门将要全锁上。邻居们不会像我们似的爱它，而且大家全吃着素菜，不会舍得买鱼饲它。单看玳瑁的脾气，连对于母亲也是冷淡淡的，决不会喜欢别的邻居。

我们还是决定带它一道来上海。

它生了几个小孩，什么样子，放在哪里，我们虽然极想知道，却不敢去惊动玳瑁。我们预定在饲玳瑁的时候，先捉到它，然后再寻觅它的小孩。因为这几天来，玳瑁在吃饭的时候，已经不大避人，捉到它应该是容易的。

但是两天后，我们十几岁的外甥遏抑不住他的热情了。不知怎样，玳瑁的孩子们所在的地方先被他很容易地发现了。它们原来就在楼梯门口，一只半掩着的糠箱里。玳瑁和它的小孩们就住在这里，是谁也想不到的。外甥很喜欢，叫大家去看。玳瑁已经溜得远远的在惧怯地望着。

我们想，既然玳瑁已经知道我们发觉了它的小孩的住所，不如便先把它的小孩看守起来，因为这样，也可以引诱玳瑁的来到，否则它会把小孩衔到更没有人晓得的地方去的。

于是我们便做了一个更安适的窠，给它的小孩们，携进了以前父亲的寝室，而且就在父亲的床边。

那里是四个小孩，白的，黑的，黄的，玳瑁的，都还没有睁开眼睛。贴着压着，钻做一团，肥圆的。捉到它们的时候，偶尔发出微弱的老鼠似的吱吱的鸣声。

"生了几只呀？"母亲问着。

"四只。"

玳瑁现在在楼上寻觅了，它大声地叫着。

"玳瑁，这里来，在这里。"我们学着父亲仿佛对人说话似的叫着玳瑁说。

但是玳瑁像只懂得父亲的话，不能了解我们说什么。它在楼上寻觅着，在弄堂里寻觅着，在厨房里寻觅着，可不走进以前父亲天天夜里带着它睡觉的房子。我们有时故意作弄它的小孩们，使它们发出微弱的鸣声。玳瑁仍像没有听见似的。

过了一会，玳瑁给我们女工捉住了。它似乎饿了，走到厨房去吃饭，却不防给她一手捉住了颈背的皮。

"快来！快来！捉住了！"她大声叫着。

我扯了早已预备好的绳圈，跑出去。

玳瑁大声地叫着，用力地挣扎着。待至我伸出手去，还没抱住玳瑁，女工的手一松，玳瑁溜走了。

它再不到厨房里去，只在楼上叫着，寻觅着。

几点钟后，我们只得把玳瑁的小孩们送回楼上。它们显然也和玳瑁似的在忍受着饥饿和痛苦。

玳瑁又静默了，不到十分钟，我们已看不见它的小孩们的影子。现在可不必再费气力，谁也不会知道它们的所在。

有一天一夜，玳瑁没有动过厨房里的饭。以后几天，它也只在夜里，待大家睡了以后到厨房里去。

我们还想设法带玳瑁出来，但是母亲说："随它去吧，这样有灵性的猫，哪里会不晓得我们要离开这里。要出去自然不会躲开的。你们看它，父亲过世以后，再也不忍走进那两间房里，并且几天没有吃饭，明明在非常地伤心。现在怕是还想在这里陪伴你们父亲的灵魂呢。它原是你父亲的。"

我们只好随玳瑁自己了。它显然比我们还舍不得父亲，舍不得父亲所住过的房子，走过的路以及手所抚摸过的一切。父亲的声音，父亲的形象，父亲的气息，应该都还很深刻地萦绕在它的脑中。

可怜的玳瑁，它比我们还爱父亲！

然而玳瑁也太凄惨了。以后还有谁再像父亲似的按时给它好的食物，而且慈爱地抚摩着它，像对人说话似的一声声地叫它呢？

离家的那天早晨，母亲曾给它留下了许多给孩子吃的稀饭在厨房里。门虽然锁着，玳瑁应该仍然晓得走进去。邻居们也曾答应代我们给它饲料。然而又怎能和父亲在的时候相比呢？

现在距我们离家的时候又已一月多了。玳瑁应该很健康着，它的小孩们也该是很活泼可爱了吧？

我希望能再见到和父亲的灵魂永久同在着的玳瑁。

《护生画集》之春草

草妨步则薙之，木碍冠则芟之，其他任其自然。相与同生天地之间，亦各欲遂其生耳。（《人谱》）

● 王鲁彦（1901—1944），原名王衡，浙江镇海人，现代作家、翻译家。20世纪20年代著名的乡土小说家。20年代初曾在北京大学旁听鲁迅的"中国小说史"课程，大受裨益，开始创作时遂用笔名"鲁彦"以表达对鲁迅的仰慕之情。代表作有短篇小说集《柚子》《黄金》等，长篇小说《野火》（《愤怒的乡村》）《童年的悲哀》《小小的心》《屋顶下》《河边》《伤兵旅馆》和《我们的喇叭》等。

　　裹盐迎得小狸奴，尽护山房万卷书。惭愧家贫策勋薄，寒无毡坐食无鱼。

——［宋］陆游《赠猫》

阿　咪

丰子恺

　　阿咪者，小白猫也。十五年前我曾为大白猫"白象"写文。白象死后又曾养一黄猫，并未为它写文。最近来了这阿咪，似觉非写不可了。盖在黄猫时代我早有所感，想再度替猫写照。但念此种文章，无益于世道人心，不写也罢。黄猫短命而死之后，写文之念遂消。直至最近，友人送了我这阿咪，此念复萌，不可遏止。率尔命笔，也顾不得世道人心了。

　　阿咪之父是中国猫，之母是外国猫。故阿咪毛甚长，有似兔子。想是秉承母教之故，态度异常活泼。除睡觉外，竟无片刻静止。地上倘有一物，便是它的游戏伴侣，百玩不厌。

　　人倘理睬它一下，它就用姿态动作代替言语，和你大打交道。

　　此时你即使有要事在身，也只得暂时撇开，与它应酬一下；即使有懊恼在心，也自会忘怀一切，笑逐颜开。哭的孩子看见了阿咪，会破涕为笑呢。

　　我家平日只有四个大人和半个小孩。半个小孩者，便是我女儿的干女儿，住在隔壁，每星期三天宿在家里，四天宿在这里，但白天总是上学。因此，我家白昼往往岑寂，写作的埋头写作，做家务的专心家务，肃静无声，有时竟像修道院。自从来了阿咪，家中忽然热闹了。厨房里常有保姆的话声或骂声，其对象便是阿咪。室中常有陌生的笑谈声，是送信人或邮递员在欣赏阿咪。来客之中，送信人及邮递员最是枯燥，往往交了信件就走，绝少开口谈话。自从家里有了阿咪，这些客人亲昵得多了。常常因猫而问长问短，有说有笑，送出了信件还是流连不忍遽去。

访客之中，有的也很枯燥无味。他们是为公事或私事或礼貌而来的，谈话有的规矩严肃，有的噜苏疙瘩，有的虚空无聊，谈完了天气之后只得默守冷场。然而自从来了阿咪，我们的谈话有了插曲，有了调节，主客都舒畅了。有一个为正经而来的客人，正在侃侃而谈之时，看见阿咪姗姗而来，注意力便被吸引，不能再谈下去，甚至我问他也不回答了。又有一个客人向我叙述一件颇伤脑筋之事，谈话冗长曲折，连听者也很吃力。谈至中途，阿咪蹦跳而来，无端地仰卧在我面前了。这客人正在愤慨之际，忽然转怒为喜，停止发言，赞道："这猫很有趣！"便欣赏它，抚弄它，获得了片时的休息与调节。有一个客人带了个孩子来。我们谈话，孩子不感兴味，在旁枯坐。我家此时没有小主人可陪小客人，我正抱歉，忽然阿咪从沙发下钻出，抱住了我的脚。于是大小客人共同欣赏阿咪，三人就团结一气了。后来我应酬大客人，阿咪替我招待小客人，我这主人就放心了。原来小朋友最爱猫，和它厮伴半天，也不厌倦；甚至被它抓出了血也情愿。因为他们有一共通性：活泼好动。女孩子更喜欢猫，逗它玩它，抱它喂它，劳而不怨。因为他们也有个共通性：娇痴亲昵。

写到这里，我回想起已故的黄猫来了。这猫名叫"猫伯伯"。在我们故乡，伯伯不一定是尊称。我们称鬼为"鬼伯伯"，称贼为"贼伯伯"。故猫也不妨称为"猫伯伯"。大约对于特殊而引人注目的人物，都可讥讽地称之为伯伯。这猫的确是特殊而引人注目的。我的女儿最喜欢它。有时她正在写稿，忽然猫伯伯跳上书桌来，面对着她，端端正正地坐在稿纸上了。她不忍驱逐，就放下了笔，和它玩耍一会。有时它竟盘拢身体，就在稿纸上睡觉了，身体仿佛一堆牛粪，正好装满了一张稿纸。有一天，来了一位难得光临的贵客。我正襟危坐，专心应对。"久仰久仰""岂敢岂敢"，有似演剧。忽然猫伯伯跳上矮桌来，嗅嗅贵客的衣袖。我觉得太唐突，想赶走它。贵客却抚它的背，极口称赞："这猫真好！"话头转向了猫，紧张的演剧就变成了和乐的闲谈。后来我把猫伯伯抱开，放在地上，希望它去了，好让我们演完这一幕。岂知过得不久，忽然猫伯伯跳到沙发背后，迅速地爬上贵客的背脊，端端正正地坐在他的后颈上了！这贵客身体魁梧奇伟，背脊颇有些驼，坐着喝茶时，猫伯伯看来是个小山坡，爬上去很不吃力。此时我但见贵客的天官赐福的面孔上方，露出一个威风凛凛的猫头，画出来真好看呢！我以主人口气呵斥猫伯伯的无礼，一面起身捉猫。但贵客摇手阻止，把头低下，使山坡平坦些，让猫伯伯坐得舒服。如此甚好，我也何必做杀风景的主人呢？于是主客关系亲密起来，交情深入了一步。

阿咪

可知猫是男女老幼一切人民大家喜爱的动物。猫的可爱，可说是群众意见。而实际上，如上所述，猫的确能化岑寂为热闹，变枯燥为生趣，转懊恼为欢笑；能助人亲善，教人团结。即使不捕老鼠，也有功于人生。那么我今为猫写照，恐是未可厚非之事吧？猫伯伯行年四岁，短命而死。这阿咪青春尚只三个月。希望它长寿健康，像我老家的老猫一样，活到十八岁。这老猫是我的父亲的爱物。父亲晚酌时，它总是端坐在酒壶边。父亲常常摘些豆腐干喂它。六十年前之事，今犹历历在目呢。

1962年仲夏于上海作

● 丰子恺（1898—1975），浙江崇德（今桐乡崇福）人。中国著名现代画家、散文家、美术教育家、音乐教育家、漫画家和翻译家，中国现代漫画事业的先驱，卓有成就的文艺大师与新文化运动的启蒙者之一，被国际友人誉为"现代中国最像艺术家的艺术家"。作品内涵深刻，耐人寻味，老少咸宜，深受几代读者欢迎。与恩师弘一法师（李叔同）合著的《护生画集》是丰子恺重要的代表作，是爱护生灵与心灵的呼吁，影响极为深远。

在历史上，我们猫咪曾经对世界上最重要的宗教和社会的发展产生过深远的影响。历史书里充满了对我们智慧的溢美之词。最最典型的例子莫过于埃及：猫咪统治下的古代埃及，孕育了文明史上最了不起的奇迹。

——［美］乔·戈尔登《下辈子做猫吧》

老　猫

季羡林

老猫虎子蜷曲在玻璃窗外窗台上一个角落里，缩着脖子，眯着眼睛，浑身一片寂寞、凄清、孤独、无助的神情。

外面正下着小雨，雨丝一缕一缕地向下飘落，像是珍珠帘子。时令虽已是初秋，但是隔着雨帘，还能看到紧靠窗子的小土山上丛草依然碧绿，毫无要变黄的样子。在万绿丛中赫然露出一朵鲜艳的红花。古诗"万绿丛中一点红"，大概就是这般光景吧。这一朵小花如火似燃，照亮了浑茫的雨天。

我从小就喜爱小动物。同小动物在一起，别有一番滋味。它们天真无邪，率性而行；有吃抢吃，有喝抢喝；不会说谎，不会推诿；受到惩罚，忍痛挨打；一转眼间，照偷不误。同它们在一起，我心里感到怡然，坦然，安然，欣然；不像同人在一起那样，应对进退、谨小慎微，斟酌词句、保持距离，感到异常地别扭。

十四年前，我养的第一只猫，就是这个虎子。刚到我家来的时候，比老鼠大不了多少。蜷曲在窄狭的室内窗台上，活动的空间好像富富有余。它并没有什么特点，仅仅是一只最平常的狸猫，身上有虎皮斑纹，颜色不黑不黄，并不美观。但是异于常猫的地方也有，它有两只炯炯有神的眼睛，两眼一睁，还真虎虎有虎气，因此起名叫虎子。它脾气也确实暴烈如虎。它从来不怕任何人。谁要想打它，不管是用鸡毛掸子，还是用竹竿，它从不回避，而是向前进攻，声色俱厉。得罪过它的人，它永世不忘。我的外孙打过一次，从此结仇。只要他到我家来，隔着玻璃窗子，一见人影，它就做好准备，向前进攻，爪牙并举，吼声震耳。他没有办法，在家中走动，都要手持竹竿，以防万一，否则寸步难行。有一次，一位老同志来看我，他显然是非常喜欢猫的。一见虎子，嘴里连声说着："我身上有猫味，猫不会咬我的。"他伸手想去抚摩它，可万万没有想到，我们虎子不懂什么猫味，回头就是一口。这位老同志大惊失色。总之，到了后来，虎子无人不咬，只有我们家三个主人除外，它的"咬声"颇能耸人听闻了。

但是，要说这就是虎子的全面，那也是不正确的。除了暴烈咬人以外，它还有另外一面，这就是温柔敦厚的一面。我举一个小例子。虎子来我们家以后的第三年，我又要了一只小猫。这是一只混种的波斯猫，浑身雪白，毛很长，但在额头上有一小片黑黄相间的花纹。我们家人管这只猫叫洋猫，起名咪咪；虎子则被尊为土猫。这只猫的脾气同虎子完全相反：胆小、怕人，从来没有咬过人。只有在外面跑的时候，才露出一点儿野性。它只要有机会溜出大门，但见它长毛尾巴一摆，像一溜烟似的立即窜入小山的树丛中，半天不回家。这两只猫并没有血缘关系。但是，不知道是由于什么原因，一进门，虎子就把咪咪看作是自己的亲生女儿。它自己本来没有什么奶，却坚决要给咪咪喂奶，把咪咪搂在怀里，让它咂自己的干奶头，它眯着眼睛，仿佛在享着天福。我在吃饭的时候，有时丢点儿鸡骨头、鱼刺，这等于猫们的燕窝、鱼翅。但是，虎子却只蹲在旁边，瞅着咪咪一只猫吃，从来不同它争食。有时还"咪噢"上两声，好像是在说："吃吧，孩子！安安静静地吃吧！"有时候，不管是春夏还是秋冬，虎子会从西边的小山上逮一些小动物，麻雀、蚱蜢、蝉、蛐蛐之类，用嘴叼着，蹲在家门口，嘴里发出一种怪声。这是猫语，屋里的咪咪，不管是睡还是醒，耸耳一听，立即跑到门后，馋涎欲滴，等着吃母亲带来的佳肴，大快朵颐。我们家人看到这样母子亲爱的情景，都由衷地感动，一致把虎子称作"义猫"。有一年，小咪咪生了两个小猫。大概是初做母亲，没有经验，正如我们圣人所说的那样："未有学养子而后嫁者也",人们能很快学会,而猫们则不行。咪咪丢下小猫不管,虎子却大忙特忙起来,觉不睡,饭不吃,日日夜夜把小猫搂在怀里。但小猫是要吃奶的,而奶正是虎子所缺的。于是小猫暴躁不安,虎子眉头一皱,计上心来,叼起小猫,到处追着咪咪,要它给小猫喂奶。还真像一个姥姥样子,但是小咪咪并不领情,依旧不给小猫喂奶。有几天的时间,虎子不吃不喝,瞪着两只闪闪发光的眼睛,嘴里叼着小猫,从这屋赶到那屋;一转眼又赶了回来。小猫大概真是受不了啦,便辞别了这个世界。

我看了这一出猫家庭里的悲剧又是喜剧,实在是爱莫能助,惋惜了很久。

我同虎子和咪咪都有深厚的感情。每天晚上,它们俩抢着到我床上去睡觉。在冬天,我在棉被上面特别铺上了一块布,供它们躺卧。我有时候半夜里醒来,神志一清醒,觉得有什么东西重重地压在我身上,一股暖气仿佛透过了两层棉被,扑到我的双腿上。我知道,小猫睡得正香,即使我的双腿由

《护生画集》之小猫亲人

人言家畜中,惟猫最可亲。尽偎人怀内,夜与人同衾。索食娇声啼,柔媚可动人。
应是仁慈种,决非强暴伦。岂知见老鼠,面目忽狰狞。张牙且舞爪,残杀又噬吞。
嗟哉此恶习,恐非猫本性。老僧有小猫,自幼不茹荤。日食青蔬饭,有时啖大饼。
见鱼却步走,见鼠叫一声。老鼠闻猫叫,相率远处遁。人欲避鼠患,岂必杀鼠命?(缘缘堂主诗)

于僵卧时间过久，又酸又痛，但我总是强忍着，决不动一动双腿，免得惊了小猫的轻梦。它此时也许正梦着捉住了一只耗子。只要我的腿一动，它这耗子就吃不成了，岂非大煞风景吗？

这样过了几年，小咪咪大概有八九岁了。虎子比它大三岁，十一二岁的光景，依然威风凛凛，脾气暴烈如故，见人就咬，大有死不改悔的神气。而小咪咪则出我意料地露出了下世的光景，常常到处小便，桌子上，椅子上，沙发上，无处不便。如果到医院里去检查的话，大夫在列举的病情中一定会有一条的：小便失禁。最让我心烦的是，它偏偏看上了我桌子上的稿纸。我正写着什么文章，然而它却根本不管这一套，跳上去，屁股往下一蹲，一泡猫尿流在上面，还闪着微弱的光。说我不急，那不是真的。我心里真急，但是，我谨遵我的一条戒律：决不打小猫一掌，在任何情况之下，也不打它。此时，我赶快把稿纸拿起来，抖掉了上面的猫尿，等它自己干。心里又好气，又好笑，真是哭笑不得。家人对我的嘲笑，我置若罔闻，"全当秋风过耳边"。

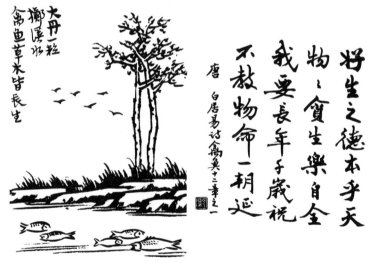

《护生画集》之"大丹一粒掷溪水，禽鱼草木皆长生"

好生之德本乎天，物物贪生乐自全。我要长年千岁祝，不教物命一朝延。

（唐 白居易诗《禽鱼十二章》之一）

我不信任何宗教，也不皈依任何神灵。但是，此时我却有点儿想迷信一下。我期望会有奇迹出现，让咪咪的病情好转。可世界上是没有什么奇迹的，咪咪的病一天一天地严重起来。它不想回家，喜欢在房外荷塘边上石头缝里待着，或者藏在小山的树木丛里。它再也不在夜里睡在我的被子上了。每当我半夜里醒来，觉得棉被上轻飘飘的，我惘然若有所失，甚至有点儿悲伤了。我每天凌晨起来，第一件事情就是拿着手电到房外塘边山上去找咪咪。它浑身雪白，是很容易找到的。在薄暗中，我眼前白白地一闪，我就知道是咪咪。见了我，"咪噢"一声，起身向我走来。我把它抱回家，给它东西吃，它似乎根本没有口味。我看了直想流泪。有一次，我拖着疲惫的身子，走几里路，到海淀的肉店里去买猪肝和牛肉。拿回来，喂给咪咪，它一闻，似乎有点儿想吃的样子；但肉一沾唇，它立即又把头缩回去，闭上眼睛，不闻不问了。

有一天傍晚，我看咪咪神情很不妙，我预感要发生什么事情。我唤它，它不肯进屋。我把它抱到篱笆以内，窗台下面。我端来两只碗，一只盛吃的，一只盛水。我拍了拍它的脑袋，它偎依着我，"咪噢"叫了两声，便闭上了眼睛。我放心进屋睡觉。第二天凌晨，我一睁眼，三步并作一步，手里拿着手电，到外面去看。哎呀不好！两碗全在，猫影顿杳。我心里非常难过，说不出是什么滋味。我手持手电找遍了塘边，山上，树后，草丛，深沟，石缝。有时候，眼前白光一闪。"是咪咪！"我狂喜。走近一看，是一张白纸。我嗒然若丧，心头仿佛被挖掉了点儿什么。"屋前屋后搜之遍，几处茫茫皆不见。"从此我就失掉了咪咪，它从我的生命中消逝了，永远永远地消逝了。我简直像是失掉了一个好友，一个亲人。至今回想起来，我内心里还颤抖不止。

在我心情最沉重的时候，有一些通达世事的好心人告诉我，猫们有一种特殊的本领，能知道自己什么时候寿终。到了此时此刻，它们决不待在主人家里，让主人看到死猫，感到心烦，或感到悲伤。它们总是逃了出去，到一个最僻静、最难找的角落里，地沟里，山洞里，树丛里，等候最后时刻的到来。因此，养猫的人大都在家里看不见死猫的尸体。只要自己的猫老了，病了，出去几天不回来，他们就知道，它已经离开了人世，不让举行遗体告别的仪式，永远永远不再回来了。

我听了以后，憬然若有所悟。我不是哲学家，也不是宗教家，但却读过不少哲学家和宗教家谈论生死大事的文章。这些文章多半有非常精辟的见解，闪耀着智慧的光芒，我也想努力从中学习一些有关生死的真理。结果却是毫无所得。那些文章中，除了说教以外，几乎没有什么有用的东西。大半都是老生常谈，不能解决什么实际问题，没能给我留下深刻的印象。现在看来，倒是猫们临终时的所作所为，即使仅仅是出于本能吧，却给了我很大的启发。人们难道就不应该向猫们学习这一点经验吗？有生必有死，这是自然规律，谁都逃不过。中国历史上的赫赫有名的人物，秦皇、汉武，还有唐宗，想方设法，千方百计，想求得长生不老。到头来仍然是竹篮子打水一场空，只落得黄土一抔，"西风残照汉家陵阙"。我辈平民百姓又何必煞费苦心呢？一个人早死几个小时，或者晚死几个小时，甚至几天，实在是无所谓的小事，决影响不了地球的转动，社会的前进。再退一步想，现在有些思想开明的人士，不想长生不老，不想在大地上再留黄土一抔；甚至开明到不要遗体告别，不要开追悼会。但是仍会给后人留下一些麻烦：登报，发讣告，还要打电话四处通知，总得忙上一阵。何不学一学猫们呢？它们这样处理生死大事，干得何等干净利索呀！一点儿痕迹也不留，走了，走了，永远地走了，让这花花世界的人们不见猫尸，用不着落泪，照旧做着花花世界的梦。

《护生画集》之"天地为室庐，园林是鸟笼"

百啭千声随意移，山花红紫自高低。始知锁向金笼听，不及园林自在啼。

（宋 欧阳修《画眉诗》）

　　我忽然联想到我多次看过的敦煌壁画上的西方净土。所谓"净土"，指的就是我们常说的天堂、乐园，是许多宗教信徒烧香念佛，查经祷告，甚至实行苦行，折磨自己，梦寐以求想到达的地方。据说在那里可以享受天福，得到人世间万万得不到的快乐。我看了壁画上画的房子、街道、树木、花草，以及大人、小孩，林林总总，觉得十分热闹。可我觉得没有什么出奇之处。只有一件事给我留下了永不磨灭的印象，那就是，那里的人们都是笑口常开，没有一个人愁眉苦脸，他们的日子大概过得都很惬意。不像在我们人间有这样许多不如意的事情，有时候办点儿事，还要找后门，钻空子。在他们的商店里——净土里面还实行市场经济吗？他们还用得着商店吗？——售货员大概都很和气，不给人白眼，不训斥"上帝"，不扎堆闲侃，不给人钉子碰。这样的天堂乐园，我也真是心向往之的。但是给我印象最深，使我最为吃惊或者羡慕的还是他们对待要死的人的态度。那里的人，大概同人世间的猫们差不多，能预先知道自己寿终的时刻。到了此时，要死的老嬷嬷或者老头，健步如飞地走在前面，身后簇拥着自己的子子孙孙、至亲好友，个个喜笑颜开，全无悲戚的神态，仿佛是去参加什么喜事一般，一直把老人送进坟墓。后事如何，壁画不是电影，是不能动的。然而画到这个程序，以后的事尽在不言中。如果一定要画上填土封坟，反而似乎是多此一举了。我觉得，净土中的人们给我们人类争了光。他们这一手比猫们又漂亮多了。知道必死，而又兴高采烈，多么豁达！多么聪明！猫们能做得到吗？这证明，净土里的人们真正参透了人生奥秘，真正参透了自然规律。人为万物之灵，他们为我们人类在同猫们对比之下真真增了光！真不愧是净土！

　　上面我胡思乱想得太远了，还是回到我们人世间来吧。我坦白承认，我对人生的奥秘参透得还不够，我对自然规律参透得也还不够。我仍然十分怀念我的咪咪。我心里仿佛有一个空白，非填起来不行。我一定要找一只同咪咪一模一样的白色波斯猫。后来果然朋友又送来了一只，浑身长毛，洁白如雪，两只眼睛全是绿的，亮晶晶像两块绿宝石。为了纪念死去的咪咪，我仍然为它命名"咪咪"，见了它，就像见到老咪咪一样。过了大约又有一年的光景，友人又送我一只据说是纯种的波斯猫，两只眼睛颜色不同，一黄一蓝。在太阳光下，黄的特别黄，蓝的特别蓝，像两颗黄蓝宝石，闪闪发光，竞妍争艳。这只猫特别调皮，简直是胆大无边，然而也因此就更特别可爱。这一下子又忙坏了虎子，它认为这两只小猫都是自己的亲生女儿，硬逼着它们吮吸自己那干瘪的奶头。只要它走出去，不知在什么地方弄到了小鸟、蚱蜢之类，就带回家来，给两只小猫吃。好久没有听到的"咪噢"唤小猫的声音，现在又听到了。我心里漾起了一丝丝甜意。这大大地减轻了我对老咪咪的怀念。

可是岁月不饶人，也不会饶猫的。这一只"土猫"虎子已经活到十四岁。据通达世情的人们说，猫的十四岁，就等于人的八九十岁。这样一来，我自己不是成了虎子的同龄"人"了吗？这个虎子却也真怪。有时候，颇现出一些老相。两只炯炯有神的眼睛里忽然被一层薄膜蒙了起来；嘴里流出了哈喇子，胡子上都沾得亮晶晶的；不大想往屋里来，日日夜夜趴在阳台上蜂窝煤堆上，不吃，不喝。我有了老咪咪的经验，知道它快不行了。我也跑到海淀，去买来牛肉和猪肝，想让它不要饿着肚子离开这个世界。我随时准备着：第二天早晨一睁眼，虎子不见了。结果虎子并没有这样干。我天天凌晨第一件事就是来看虎子；隔着窗子，依然黑糊糊的一团，卧在那里。我心里感到安慰。有时候，它也起来走动了。我在本文开头时写的就是去年深秋一个下雨天我隔窗看到的虎子的情况。

到了今天，半年又过去了。虎子不但没有走，而且顽健胜昔，仍然是天天出去。有时候在晚上，窗外的布帘子的一角蓦地被掀了起来，一个丑角似的三花脸一闪。我便知道，这是虎子回来了，连忙开门，放它进来。大概同某一些老年人一样——不是所有的老年人——到了暮年就改恶向善，虎子的脾气大大地改变了。几乎再也不咬人了。我早晨摸黑起床，写作看书累了，常常到门外湖边山下去走一走。此时，我冷不防脚下忽然踢着了一团软乎乎的东西。这是虎子。它在夜里不知道在什么地方待了一夜，现在看到了我，一下子窜了出来，用身子蹭我的腿，在我身前和身后转悠。它跟着我，亦步亦趋，我走到哪里，它就跟到哪里，寸步不离。我有时故意爬上小山，以为它不会跟来了，然而一回头，虎子正跟在身后。猫是从来不跟人散步的，只有狗才这样干。有时候碰到过路的人，他们见了这情景，都大为吃惊。"你看猫跟着主人散步哩！"他们说，露出满脸惊奇的神色。最近一个时期，虎子似乎更精力旺盛了，它返老还童了。有时候竟带一个它重孙辈的小公猫到我们家阳台上来。"今夜我们相识。"虎子用不着介绍就相识了。看样子，虎子一去不复返的日子遥遥无期了。我成了拥有三只猫的家庭的主人。

我养了十几年猫，前后共有四只。猫们向人们学习什么，我不通猫语，无法询问。我作为一个人却确实向猫学习了一些有用的东西。上面讲过的对处理死亡的办法，就是一个例子。我自己毕竟年纪已经很大了，常常想到死的问题。鲁迅五十多岁就想到了，我真是瞠乎后矣。人生必有死，这是无法抗御的。而且我还认为，死也是好事情。如果世界上的人都不死，连我们的轩辕老祖和孔老夫子今天依然峨冠博带，坐着奔驰车，到天安门去遛弯儿，你想人类世界会成一个什么样子！人是百代的过客，总是要走过去的，这决不会影响地球的转动和人类社会的进步。每一代人都只是一场没有终点的长途接力赛的一环。前不见古人，后不见来者，是宇宙常规。人老了要死，像在净土里那样，应该算是一件喜事。老人跑完了自己的一棒，把棒交给后人，自己要休息了，这是正常的。不管快慢，他们总算跑完了一棒，总算对人类的进步做出了贡献，总算尽上了自己的天职。年老了要退休，这是身体精神状况所决定的，不是哪个人能改变的。老人们会不会感到寂寞呢？我认为，会的。但是我却觉得，这寂寞是顺乎自然的，从伦理的高度来看，甚至是应该的。我始终主张，老年人应该为青年人活着，而不是相反。青年人有接力棒在手，世界是他们的，未来是他们的，希望是他们的。吾辈老年人的天职是尽上自己仅存的精力，帮助他们前进，必要时要躺在地上，让他们踏着自己的躯体前进，前进。如果由于害怕寂寞而学习《红楼梦》里的贾母，让一家人都围着自己转，这不但是办不到的，而且从人类前途利益来看是犯罪的行为。我说这些话，也许有人怀疑，我是不是碰到了什么不如意的事，才说出这样令某些人骇怪的话来。不，不，决不。我现在身体顽健，家庭和睦，在社会上广有朋友，每天照样读书、写作、会客、开会不辍。我没有不如意的事情，也没有感到寂寞。不过自己毕竟已逾耄耋之年，面前的路有限了，不免有时候胡思乱想。而且，我同猫们相处久了，觉得它们有些东西确实值得我们学习，我们这些万物之灵应该屈尊一下，学习学习。即使只学到猫们处理死亡大事这一手，我们社会上会减少多少麻烦呀！

"那么，你是不是准备学习呢？"我仿佛听到有人这样质问了。是的，我心里是想学习的。不过也还有些困难。我没有猫的本能，我不知道自己的大限何时来到。而且我还有点儿担心。如果我真正学习了猫，有一天忽然偷偷地溜出了家门，到一个旮旯里、树丛里、山洞里、河沟里，一头钻进去，藏了起来，这样一来，我们人类社会可不像猫社会那样平静，有些人必然认为这是特大新闻，指手画脚，喊喊喳喳。如果是在旧社会里或者在今天的香港等地的话，这必将成为头版头条的爆炸性新闻，不亚于当年的杨乃武和小白菜。我的亲属和朋友也必将派人出去寻找，派的人也许比寻找彭加木的人还要多。这是多么可怕的事呀！因此我就迟疑起来。至于最后究竟何去何从？我正在考虑、推敲、研究。

● 季羡林（1911—2009），字希逋，又字齐奘。中国著名历史语言学家、古文字学家、文学家、翻译家、教育家、社会活动家。出生于山东省清平县（现并入临清市）。1946年自留学十余载的德国归来，受聘于北京大学，创建东方语文系，开拓中国东方学学术园地。在佛典语言、中印文化关系史、佛教史、印度史、印度文学和比较文学等领域，创获良多、著作等身，成为享誉海内外的东方学大师。历任北京大学教授、中国科学院哲学社会科学部委员、北京大学副校长、中国社会科学院南亚研究所所长等。著有《季羡林全集》30卷。

猫与狗的柔顺和勇敢，还有聪慧和忠诚之类，常常让人叹为观止。它们以完全不同或似曾相识的风度和姿态，赢得了人类的好奇心和同情心，还有发自内心的爱意。可是人类对于动物的暴虐，也往往集中在这两个生灵身上。

——张炜（作家）

我喜爱小动物

冰　心

我喜爱小动物。

这个传统是从谢家来的，我的父亲就非常地喜爱马和狗，马当然不能算只小动物了。自从1913年我们迁居北京以后，住在一所三合院里，马是养不起的了，可是我们家里不断地养着各种的小狗——我的大弟弟为涵在他刚会写作文的年龄，大约是12岁吧，就写了一本《家犬列传》，记下了我家历年来养过的几只小狗。

狗是一种最有人情味的小动物，和主人亲密无间，忠诚不二，这都不必说了，而且每只狗的性格、能耐、嗜好也都不相同。

比如"小黄"，就是只"爱管闲事"的小狗，它专爱抓老鼠，夜里就蹲在屋角，侦伺老鼠的出动。

而"哈奇"却喜欢泅水。

每逢弟弟们到北海划船，它一定在船后泅水跟着。

当弟弟们划完船从北海骑车回家，它总是浑身精湿地跟在车后飞跑。

惹得我们胡同里倚门看街的老太太们喊："学生！别让你的狗跑啦，看它跑得这一身大汗！"

我的弟弟们都笑了。

我家还有一只很娇小又不大活动的"北京狗"，那是一位旗人老太太珍重地送给我母亲的。

这个"小花"有着黑白相间的长毛，脸上的长毛连眼睛都盖住了。

母亲便用红头绳给它梳一根"朝天杵"式的辫子，十分娇憨可爱，它是唯一的被母亲许可走近她身边的小狗，因为母亲太爱干净了。

当1927年我们家从北京搬到上海时，父亲买了两张半价车票把"哈奇"和"小花"都带到上海，可是到达的第二天，"小花"就不见了，一般"北京狗"十分金贵，一定是被人偷走了，我们一家人，尤其是母亲，难过了许多日子！

《护生画集》之犬寄书

陆机有骏犬，名"黄耳"，甚爱之。羁寓京师，久无家问，笑语犬曰："汝能赍书取消息否？"犬摇尾作声。机乃为书，以竹筒盛之，而系其颈。犬寻路南走，遂至其家，得报还洛。其后因以为常。（《晋书·陆机传》）

我永远也忘不了，40年代我们住在重庆郊外歌乐山时，我的小女儿吴青从山路上抱回一只没人要的小黄狗，那时我们人都吃不好，别说喂狗了。

抗战胜利后我们离开重庆时，就将这只小黄狗送给山上在金城银行工作的一位朋友。

后来听我的朋友说，它就是不肯吃食——金城银行的宿舍里有许多人养狗，他们的狗食，当然比我们家的丰富得多，然而那只小黄狗竟然绝粒而死在"潜庐"的廊上！写到此我不禁落下了眼泪。

1947年后，我们到了日本，我的在美国同学的日本朋友，有一位送了一只白狗，有一位送了一只黑猫，给我们的孩子们。

这两只良种的狗和猫，不但十分活泼，而且互相友好，一同睡在一只大篮子里，猫若是出去了很晚不回来，狗也不肯睡觉。

1951年我们回国来，便把这两只小动物送给了儿女们的小朋友。

现在我们住的是学院里的楼房，北京又不许养狗。

我们有过养猫的经验，知道猫和主人也有很深的感情，我的小吴青十分兴奋地从我们的朋友宋蜀华家里抱了三只新生的小白猫让我挑，我挑了"咪咪"，因为它有一只黑尾巴，身上有三处黑点，我说："这猫是有名堂的，叫'鞭打绣球'。就要它吧。"

关于这段故事，我曾在小说《明子和咪子》中描写过了。

咪咪不算是我养的，因为我不能亲自喂它，也不能替它洗澡——它的毛很长又厚，洗澡完了要用大毛巾擦，还得用吹风机吹。

吴青夫妇每天给它买小鱼和着米饭喂它，但是它除了三顿好饭之外，每天在我早、午休之后还要到我的书桌上来吃"点心"，那是广州精制的鱼片。

只要我一起床，就看见它从我的窗台上跳下来，绕着我在地上打滚，直到我把一包鱼片撕碎喂完，它才乖乖地顺我的手势指向，跳到我的床上蜷卧下来，一直能睡到午间。

近来吴青的儿子陈钢，又从罗慎仪——我们的好友罗莘田的女儿——家里抱来一只纯白的蓝眼的波斯猫，因为它有个"奔儿头"，我们就叫它"奔儿奔儿"。

它比"咪咪"小得多而且十分淘气，常常跳到蜷卧在我床上的咪咪身上，去逗它，咬它！咪咪是老实的，实在被咬急了，才弓起身来回咬一口，这一口当然也不轻！

我讨厌"奔儿奔儿"，因为它欺负咪咪，我从来不给它鱼片吃。

吴青他们都笑说我偏心！

● 冰心（1900—1999），原名谢婉莹，祖籍福建长乐，生于福州。1919年开始以"冰心"为笔名发表作品，成为五四新文化运动初期活跃文坛的女作家。《斯人独憔悴》《去国》等一系列小说开创了"问题小说"的创作风气；《笑》《往事》等创造了"冰心体"散文；《繁星》《春水》等形成了小诗流行的时代。1923年燕京大学毕业，赴美留学。出国前后陆续发表《寄小读者》，成为最早的儿童文学力作，哺育了一代又一代读者。1926年回国，先后在燕京大学、北平女子文理学院、清华大学任教，培养了众多优秀人才。抗战时期转移到云南、重庆，尽力参与抗日工作。1946年赴日本，任教于东京大学，并积极从事爱国和平进步活动。1951年回国，相继出版七部小说、散文集。她还将黎巴嫩、印度、尼泊尔、马耳他等八个国家的文学作品译成中文，荣获"彩虹奖"之"荣誉奖"。其作品被外国翻译家译成日、英、德、法等许多国家的文字出版。1979年以后，冰心迎来了第二个创作高潮。历任中国作家协会理事、书记处书记、顾问、名誉主席，中国文学艺术界联合会副主席，中国民主促进会副主席、名誉主席，全国人大第一至五届代表，政协第五至七届全国委员会常委和第八、九届全国委员会委员，全国少年儿童福利基金会副会长，中国妇女联合会常委等职。

> 芬芳的花朵是我们的姐妹，麋鹿、骏马、雄鹰是我们的兄弟，山岩、草地、动物和人类全属于一个家庭。
>
> ——西尔斯（印第安索瓜米希族酋长）

大青、小青和三叔

于志学

我生长在一个大家族里，仅父亲一辈儿就有哥儿八个，他们和祖辈们一样，年复一年地在荒原挥洒汗水，春种秋收，流逝着时光。

我的三叔，是七个叔叔里最少言寡语的一个，但他很内秀，除了能做一手漂亮的农活外，他还是半个兽医，认些字，时常帮爷爷理财记账。

塞外的农时短，农闲时，三叔就放起夜马。放夜马是个苦差事，谁都不愿干。在荒郊野外，搭个草棚子，和风雨做伴，一夜要起来好几次，还要时时提防狼偷袭小马驹儿。三叔把马索子都拴上铃铛，一为防狼，二来可知道在漆黑的夜里，马跑出多远。

三叔的身边有三个宝贝。一条从不离身的小黑狗，三叔为它取名"小青"，还有一匹菊花青马，三叔称它为"大青"，还有一支三叔不离身的箫。每次三叔出门，必得骑大青，牵小青。如果大青不在身边，他宁可步行数十里，也不骑别的马。气得爷爷常常骂他："真是个啃着狗屎不放的三犟眼子！"

每当黄昏来临，三叔噙着烟袋，后背着手低头在前面走，小青跟在他的身后，嘴里叼着大青的缰绳，他们仨儿和谐地走在洒满余晖的小路上……

三叔对小青和大青的喜爱，往往超过我们。他常憨声憨气地说："人可以自己照看自己，可牲畜不行，没有人管，就活不了。"由于三婶不能生育，三叔膝下无儿无女，他十分苦闷。虽然家族里人口众多，也排解不了他的寂寞。大概就是由于这个原因，他总是很孤僻，用爷爷的话说，"老三独静"。我稍长大一点，就有些理解了三叔的心境，在他放夜马时，常去陪他做伴。北国荒原，即使是七月，到了深夜也是冷风习习。我们睡不着，烤着篝火，三叔吹起了心爱的箫。红红的篝火映照在三叔那饱尝风霜的面庞上，呜咽的、凄婉的箫声在这深夜寂静的荒原上回荡。三叔非常喜爱箫发出的低沉的声音，他常说，"吹箫引风"。三叔的那匹菊花青，哪怕是跑出十里外的青岗泡上去喝水，只要听到三叔的箫声，也要跑回来，低垂着那身上修长的鬃毛，立在一旁一动不动地听着……在我从艺懂得了绘画是寂寞之道以后，我才完全理解了三叔当时的心境。三叔吹的不是普通的箫，那是一个得不到生活馈赠、缺少了天伦之乐的一个有血有肉的壮年汉子的孤寂心声。

一年冬季，一个大雪纷飞的夜晚，三叔骑着大青出去找失落的散马，在回家的路上，天气突然变脸，西风大作，气温骤降。三叔的脚冻麻了，从马上摔下来，他用了两袋烟工夫，也没有爬上马背，冻昏在雪地上。小青急了，它飞快地跑回家。这时家里的大门已上栓，小青急得越墙而过，在院子里大叫。爷爷被吵醒后，才知道是三叔没有回来。当家人找到三叔时，他已失去了知觉。大家把三叔抬回来，救活了三叔。爷爷说："要是没有大青挡风，没有小青报信，老三早就见阎王了。"这件事过后，他们仨更亲热了，三叔干脆就把大青牵到了屋里，小青也毫不客气地成了"炕上宾"。

土地革命时，三叔最喜爱的大青被东屯的老顾家分去，没到一年，大青就在老顾家变得骨瘦如柴，要被卖到"汤锅"换酒钱。三叔听到信儿后，急了，他用了全年的口粮——两担苞米换回了大青，领到家里，像伺候孩子一样悉心照料。

又是几年过去了，三叔和他的伙伴都老了。有人劝他，你的大青和小青已经没有用了，赶快换掉吧。三叔不同意，他说，"东西，是新的好，可朋友是老的亲，老的有感情，知情知义，他们俩救过我的命，我不能看他们现在不中用，就不要他们了……"

入冬后，三叔就病倒了，也可能是因为三婶先他而去所致。他常常不吃不喝，打起点精神时，不是抽烟就是吹箫。

三叔过世的那天晚上，二叔把我们召集到三叔的屋里，小青趴在他的身边。三叔看看我们，把大姐叫到身边，断断续续地说："英子，我不行了，要走了。我这辈子虽说没儿没女，可也是侄儿侄女满堂。我没什么记挂的事，就是有一件事求你，我死了，不用费心张罗，你们把我放在爬犁上，让大青拉着，它拉到哪儿，你们就把我埋到哪儿。"然后，三叔又把我叫到跟前，"志学，咱爷俩最对脾气，你会画画，你给三叔画上一匹菊花青马和一条小黑狗，让我带着走……"

出殡这一天，我们和二叔一起，把三叔放在爬犁上，套上大青，出了院子。我们按照三叔的遗愿，放开缰绳，让马自由走。

一出屯子，大青就不愿朝前走了，总是回头看，二叔不断地吆喝它，它也不情愿，二叔狠下心，用鞭子抽它几下，它才慢腾腾地向东甸子走去。一路上，它总是回头，不知在寻找什么东西。来到东甸子小狼山，它就再也不肯向前走了。我们一下子惊住了，这儿不就是三叔平时最常来的地方吗？！虽然眼前被大雪覆盖，可我脑子里立刻清晰地闪现出三叔夏天在这里挖的"地窖子"，我和三叔俩人躺在里面，望着星空，听他为我讲那些久远的故事，这一切就好像是昨天刚刚发生过的事，难道大青也通人性？

《护生画集》之马恋故主

南皮张尚书之万，骑一红马，甚神骏。有军人见而爱之，遣人来买。公不许。固请，遂牵而去。次日，送马回。询其故，曰："甫乘遽被掀下，连易数人，皆掀坠。"以为劣马，故退还。比公乘之，驯良如故。（《庸闲斋笔记》）

我们默默地将三叔葬在这块他生前喜爱的土地上，心里难过极了。我们跪下给三叔磕过头后，就开始按乡下的风俗给三叔烧纸。冬天的原野，不时地卷起一阵阵西北风，愈刮愈烈，我们点燃的纸，烧得哧哧作响，火借风势，将周围的蒿草点燃，溅起一人多高的火苗。透过火光，只见大青站在一旁一动不动。二叔一边扑火，一边用力去推大青，让它离开火场，它也不肯动。当我们把火扑灭，再看大青时，它已变成了一匹秃马，身上的鬃毛被火烧得精光，发出一股毛膻味。

我们在回家的路上，天已经快黑了，家人的心情都十分沉重。当我们正要走进蒿草丛中的小道时，小青突然像想起了什么，大叫起来，掉过头就向东甸子跑去。大青也明显不安起来，挣着缰绳要跟着跑，二叔紧紧地拽着缰绳不放。大青激怒了，它竖起前蹄扒着二叔，二叔一松手，它拖着空爬犁，朝小青追去。不一会儿，就见大青撵上了小青，它俩一前一后，在空旷的原野上向前飞奔。我们站在路边，等了好久，也不见它俩回来。二叔说，回去吧，看样子它们一时半会回不来。

晚上，二叔没让大门上栓，怕小青和大青回来进不了院。

一连几天，它俩都没回来。三天后，我们给三叔圆坟时，看见小青和大青一动不动地趴在三叔的坟头守候着。看到我们来时，小青站起来，向我们不停地叫着，然后就围着坟头绕了一圈又一圈，足有三袋烟的工夫。八叔说，不要理它，这狗可能是疯了。我们离开坟地时，它俩还在那儿一动不动地守着。我一边往家走，一边回头看，在苍茫的夜色中，一大一小的两个黑影，像两个卫士一样守卫着中间的一个圆锥形堡垒。渐渐地，这三个阴影在我的眼前模糊了，消失了……

七年过后，我们给三叔烧七周年时，在三叔的坟头看到一堆已经风化了的白骨，那是马和狗的骨头。二叔弯下腰拾了几块，拿在手里，看了半天，长长叹了一口气后，让我们在三叔的坟旁另挖了一个坑，然后他深情地说，就让他们合葬在一起吧，让他们永远做个伴儿……

舅氏張公夢徵言所居吳家庄
西一丐者死于路所畜犬守之
不去夜有狼來啖其尸犬奮囓
不使前俄諸狼大集犬力盡踣
遂併為所啖惟存其首尚雙目
怒張毗如欲裂有田戶守瓜田
者親見之。

閱微草堂筆記

守亡友尸

《护生画集》之守亡友尸

舅氏张公梦徵言：所居吴家庄西，一丐者死于路所，畜犬守之不去。夜有狼来啖其尸，犬奋啮不使前。俄诸狼大集，犬力尽踣，遂并为所啖，惟存其首，尚双目怒张，毗如欲裂。有田户守瓜田者亲见之。（《阅微草堂笔记》）

● 于志学，1935年生于黑龙江肇东市。冰雪山水画创始人。现任黑龙江省美术协会名誉主席、黑龙江省画院荣誉院长。作为中国20世纪以来较早涉足生态保护领域的艺术家，他将人文理念融入艺术生命之中。2001年和2002年，他来到北极圈的朗格冰川和新西兰的库克雪山，体验冰雪世界的奇妙；2003年，跨越昆仑山口，走进"生命禁区"可可西里，为保护青藏高原的藏羚羊捐款；2004年，来到素有"死亡之海"之称的新疆罗布泊和米兰古城，寻找罗布沙漠和楼兰文明；2006年，登上雪域高原的布达拉宫；2007年，他又重返给予他艺术灵魂的鄂温克敖鲁古雅，为他与中国最后一个狩猎部落的文化情缘，画上了浓浓的一笔。

> 世上最美的东西之一就是母爱，这是无私的爱，道德与之相形见绌。
>
> ——武者小路实笃（日本小说家、剧作家、画家）

西伯利亚的熊妈妈

鲍尔吉·原野

去年夏天，我到南西伯利亚采风，走到小叶尼塞河与安加拉河交汇的一个地方过夜，住在原来的地质队员的营房。房子里茶炊、被褥完好，方糖和旧报纸仍放在那里。二十年了，没人动。

正喝茶，向导霍腾——他是图瓦共和国艺术院的秘书，胡子须永远沾着啤酒沫——说领我们见一个人。

我们开车走进森林，在一幢木房子前，一人远远迎接。

"这是猎人德维·捷列夫涅。"霍腾介绍，"他想见中国人。"

德维·捷列夫涅六十多岁，粉皮肤，楚瓦什人，生就三岁婴儿般好奇的眼睛，缺左小臂。这个名俄语的意思为"两棵树"。

他家墙上挂着熊的头颅标本。熊的眼神像德维一样天真，脸上挂着各种各样的纪念章。它微张着嘴，一边的牙齿断折了，顶戴一只新鲜的花环。

德维在熊面前述说一大通独白。翻译告诉我，"两棵树"对熊讲的话是："熊妈妈，安加拉河水涨高了一尺，森林里又有五种野花开放，拜特山峰从下午开始变青。"

我听过脊背发紧，太神秘了。

霍腾告诉德维："中国人给你带来了青岛啤酒，你喝了之后会觉得日本啤酒简直是尿，连洗屁股都不配。而他们是来听故事的，把故事告诉他们吧，中国人都是很性急的。"

德维新奇地端详我和翻译保郎，从箱里拿出五罐啤酒摆齐，"啪啪"打开，一口气一个，全喝光。

"故事"，德维用歪斜的食指在空中划个圈儿，涵盖了弹弓、琥珀珠、地下的木桶和铁床，"它们都是故事。"

"讲熊的故事吧。"保郎说。

"这是熊妈妈的故事。这是我第三次讲这个故事，对中国人是第一次。"德维又喝三罐啤酒。"不喝了，剩下的让野兔养的霍腾喝吧。那一年，我领儿子朱格去萨彦岭东麓的彼列兑抓岩羊。朱格喝了山洞的水之后就病了，估计水里有黑鼬的尿。我们只好住在山上，住了七天，吃光了干肉。野果还没长出来，我们快要饿死了，朱格会先饿死。他身上轻飘飘的像云彩一样，这是我最不愿看到的。"

"那时候动物也没有食物，春天嘛。它们不出来，我打不到猎物。有一天傍晚，运气来了。我在一个岩洞边发现一只熊仔。它饿得走不动了，舔掌、喊叫。我架好猎枪，这时候空气震颤，刚长出的树叶跟着抖——母熊在树后发出低吼，就是它（德维指墙上的标本）。我明白，这时枪口不能指向它的孩子，于是放下枪。母熊转身走了，它走得很慢，也是缺少食物引起的虚弱。我看它走的方向，突然明白，那是我儿子躺着的地方。我摇晃着回去，见朱格躺在地上的树枝上。他看看我，转回头。我手里什么猎物都没有。在离我们十几米远的树后，母熊看着我们。过一会儿，它走了。母熊回来时，带着熊仔，站着看我们。"

"这是什么意思？"保郎问。

"意思是，它们没食物，要饿死了，想吃掉我们。我们也没食物，想吃掉它们。但是，我没把握一枪打死母熊。它会在我装子弹的空隙扑过来。我可以一枪打死熊仔，母熊也会一掌打死我儿子。然而我有枪，它不敢。"

保郎问："熊知道枪的厉害吗？"

"当然。熊像你们中国人一样聪明。我们就这样对峙。它们母子、我们父子，静静坐着，谁也不动。我儿子朱格已经昏迷过去了，腹泻脱水，加上饿。我心里懊恼，但没办法。我一动，母熊就会扑向我儿子。"

"母熊的眼睛始终看着我的枪。它的小眼睛对枪又迷惑又崇拜。好吧，我举着枪，走到悬崖边上——我身后十步左右是一处悬崖——在石头上把枪摔碎，扔下去。母熊见到这个情景，头像斧子一样往地上撞，这是感激，我能看到它流出的眼泪。这回公平了，我想，搏斗吧，要不然你们走开，像陌生人那样。"

"熊不走，也不上来扑我们。这下我没办法了，我毁掉枪，表明伤不到你们，还要怎么样？再想，母熊是想为幼仔谋一点食物。为了让它们走，也为了我儿子，我闭着眼用刀把左小臂割断扔了过去。上帝啊！熊仔撕咬我的左臂，上面竟然还有我的手指。你们想不到后面的事情，母熊走过来舔我的伤口。它的带刺儿的舌头舔着上面的血，我闭着眼睛对熊说：吃掉我吧，但别伤害我的儿子。"

"可能我昏了过去，总之被母熊的吼声弄醒。它看着我，然后，疯一样奔跑，从悬崖扑下去。我费了很长时间才弄明白，母熊自杀了。要知道动物从来不自杀，但熊妈妈从悬崖跳下去了。我胆战心惊地爬到悬崖边往下看，母熊躺在一块石头上，嘴和鼻子冒血。它死了。"

《护生画集》之已死的母熊

　　猎人入山，以枪击母熊，中要害，端坐不倒。近视之，熊死，足抱巨石，石下溪中有小熊三，戏于水。所以死而不倒者，正恐石落伤其子也。猎人感动，遂终身不复猎。（轶闻）

德维用残臂抱着头，说了一大段话，保郎翻译不出来。我想问"后来呢？"没敢也没好意思问。

霍腾说："告诉他们结局，德维。"

"结局就是，我们活到了今天。我儿子朱格去铁匠家取火镰，明天回来。"

"说熊。"霍腾提示。

"唉！我们吃了熊的肉，活了过来。我又趟着冰水给熊仔捞来很多鱼，它吃饱走了。熊妈妈（指标本）被我带回来。我的伤口被它舔过之后好了。"德维给熊的嘴边塞一支红河牌香烟，往它头上洒一些啤酒。

"这是哪一年？"我问。

"普京第三次到我们图瓦打猎那年。"

"2006年。"霍腾说。

之后，德维问：中国还有皇帝吗？长城上有酒馆吗？中国女人会生双胞胎吗？我一一作答，却不敢看墙上的熊妈妈的眼睛。为了熊仔，它竟有那么大的勇气。

● 鲍尔吉·原野，蒙古族，作家，辽宁省作家协会副主席，出版长篇小说、散文集、短篇小说集90多部。作品获鲁迅文学奖、全国少数民族文学创作骏马奖、人民文学奖、百花文学奖、蒲松龄短篇小说奖、内蒙古文艺特殊贡献奖并金质奖章、赤峰市百柳文学特别奖并一匹蒙古马，电影《烈火英雄》原著作者。作品收入大、中、小学语文课文。作品有西班牙文、俄文译本。全国无偿献血获奖人，沈阳市马拉松协会名誉会长。

> 只要人拿着刀或枪，毁灭那些比他自己弱小的生命，就不会有正义。
> ——艾萨克·巴什维斯·辛格（美国作家、诺贝尔文学奖获得者）

狍子的眼睛

梁晓声

当年我是知青，在一师一团，地处最北边陲。连队三五里外是小山，十几里外是大山。鄂族猎人常经过我们连，冬季上山，春季下山。连里的老职工、老战士向鄂族学习，成为出色猎人的不少。

"北大荒"的野生动物中，野雉多，狍子也多。狍天生是那种反应不够灵敏的动物，故人叫它们"傻狍子"。当时，我在连队当小学老师两年。小学校的校长是转业兵，姓魏，待我如兄弟。他是连队出色的猎手之一。冬季的一天，我随他进山打猎。

我们在雪地上发现了两行狍的蹄印。他俯身细看了片刻，很有把握地说肯定是一大一小。顺踪追去，果然看到了一大一小两只狍。体形小些的狍，在我们的追赶下显得格外地灵巧。它分明企图将我们的视线吸引到它自己身上。雪深，人跑不快，狍也跑不快。看看那只大狍跑不动了，我们也终于追到猎枪的射程以内了；魏老师的猎枪也举平瞄准了，那体形小些的狍，便用身体将大狍撞开了。然后它在大狍的身体前蹿来蹿去，使魏老师的猎枪无法瞄准大狍，开了三枪也没击中。魏老师生气地说——"我的目标明明不在它身上，它怎么偏偏想找死呢！"

傻狍毕竟斗不过好猎手。终于，它们被我们追上了一座山顶。山顶下是悬崖，它们无路可逃了。

在仅仅距离它们十几步远处，魏老师站住了，兴奋地说："我本来只想打只大的，这下，两只都别活了。回去时我扛大的，你扛小的！"

他说罢，举枪瞄准。

狍不像鹿或其他动物。它们被追到绝处，并不自杀。相反，那时它们就目不转睛地望着猎人，或凝视枪口，一副从容就义的样子。那一种从容，简直没法儿细说。狍凝视枪口的眼神儿，也似乎是要向人证明——它们虽是动物，虽被叫傻狍子，但却可以死得如人一样自尊，甚至比人死得还要自尊。

在悬崖的边上，两只狍一前一后，身体贴着身体。体形小些的在前，体形大些的在后，在前的分明想用自己的身体挡住子弹。它眼神儿中有一种无悔的义不容辞的意味儿，似乎还有一种侥幸——或许人的猎枪里只剩下了一颗子弹吧？

它们的腹部都因刚才的逃奔而剧烈起伏。它们的头都高昂着，眼睛无比镇定地望着我们——体形小些的狍终于不望我们，将头扭向了大狍，仰望大狍。而大狍则俯下头，用自己的头亲昵地蹭对方的背、颈子。接着，两只狍的脸偎在了一起，两只狍都向上翻它们潮湿的、黑色的、轮廓清楚的唇……并且，吻在了一起！我不知对于动物，那究竟等不等于是吻。但事实上的确是——它们那样子多么像一对儿情人在吻别啊！

我心中顿生恻隐。

正奇怪魏老师为什么还没开枪，向他瞥去，却见他已不知何时将枪垂下了。

他说："它们不是一大一小，是夫妻啊！"

我不知说什么好。

他又说："看，我们以为是小狍子的那一只，其实并不算小呀！它是公的。看出来没有？那只母的是怀孕了啊！所以显得大……"

我仍不知该怎么表态。

"我现在终于明白了，鄂伦春人不向怀孕的母兽开枪是有道理的，看它们的眼睛！人在这种情况下打死它们是要遭天谴的呀！"

魏老师说着，就干脆将枪背在肩上了。

后来，他盘腿坐在雪地上了，吸着烟，望着两只狍。

我也盘腿坐下，陪他吸烟，陪他望着两只狍。

我和魏老师在山林中追赶了它们三个多小时。魏老师可以易如反掌地射杀了它们了，甚至，可以来个"串糖葫芦"，一枪击倒两只，但他决定不那样了……

《护生画集》之遇赦

汝欲延生听我语，凡事惺惺须求己。如欲延生须放生，此是循环真道理。

他若死时你救他，汝若死时人救你。（回道人诗）

我的棉袄里子早已被汗水湿透。魏老师想必也不例外。

那一时刻，夕阳橘红色的余晖漫上山头，将雪地染得像罩了红纱……

两只狍在悬崖边相依相偎，身体紧贴着身体，眷眷情深，根本不再理睬我们两个人的存在……

那一时刻，我不禁想起了一首古老的鄂伦春民歌。我在小说《阿依吉伦》中写到过那首歌。那是一首对唱的歌。歌词是这样的：

小鹿：妈妈，妈妈，你肩膀上挂着什么东西？

母鹿：我的小女儿，没什么没什么，那只不过是一片树叶子……

小鹿：妈妈，妈妈，别骗我，那不是树叶子……

母鹿：我的小女儿，告诉你就告诉你吧，是猎人用枪把我打伤了，血在流啊！

小鹿：妈妈，妈妈，我的心都为你感到疼啊！让我用舌头把你伤口的血舔尽吧！

母鹿：我的女儿呀，那是没用的，血还是会从伤口往外流啊，妈妈已经快要死了！你的爸爸已被猎人杀死了，以后你只有靠自己照顾自己了！和大伙一块儿走的时候，别跑在最前边，也别落在最后边，喝水的时候，别站定了喝，耳朵要时时听着。我的女儿呀，快走吧快走吧，人就要追来了！

倏忽间我鼻子一阵发酸。

以后，我对动物的目光变得相当敏感起来……

● 梁晓声，原名梁绍生。当代著名作家。1949年生于哈尔滨，祖籍山东荣成。现居北京。曾创作出版过大量有影响的小说、散文、随笔及影视作品。1968年到1975年在黑龙江生产建设兵团第一师劳动。1977年任北京电影制片厂编辑、编剧。1988年调至中国儿童电影制片厂任艺术委员会副主任，中国电影审查委员会委员及中国电影进口审查委员会委员。2002年开始任北京语言大学中文系教授。2012年被聘任为中央文史研究馆馆员。2019年，《人世间》先后获第二届吴承恩长篇小说奖与第十届茅盾文学奖，长篇小说《雪城》入选"新中国70年70部长篇小说典藏"。

愿一切生命得到温饱。愿一切生命得到康复。愿一切生命得到爱。
——［美］约翰·罗宾斯《新世纪饮食》

时间冲不淡一头驴的思念

凌仕江

一位从雪山哨所下来的老兵告诉我，因为一头毛驴的离去，几个哨兵哭得死去活来，几天也咽不下一口饭菜。那时我已离开雪山，回到世俗的都市。起初，对此很是不以为然，生死攸关，除了泪水，还有什么方式能解救悲伤呢？

于是，老兵从容地讲起了这个故事。

当年我们把羊羔状的毛驴从山下的村庄带到哨所时，它才半岁零两周，对哨所的环境既陌生又恐惧，整天不吃不喝，让我们几双眼睛瞪着它干着急。幸好，没隔几天我们哨所来了个北方兵树果。树果不仅懂得将文字分行叫写诗，还懂得二人转和动物的生活习性。原本，他怀揣伟大梦想到哨所来当海拔最高的诗人，写出感动世界人民的诗句。可事与愿违，连他自己也没想到他当了放驴小子。奇怪的是，在树果独特的口技里，我们的毛驴一天天行如风，坐如钟。美妙的音律从树果嘴边溜出，好比温柔的按摩器。无论大家怎么用功地学，树果如何用心地教，几个南方兵都没掌握让毛驴动心的口技诀窍。不是声音轻了，就是声音重了，不是声音高了，就是声音低了。唯有树果歪着嘴，润滑的口技声响起，毛驴跟腔的拖音便萦绕在雪山天地间……战友们羡慕树果，说他是神人。

毛驴与神人，每天正午从七公里外的冰河唱着二人转驮水归来。

那水车的吱吱呦呦声，仿佛一支响在青藏高原永远难忘的歌谣。

看在眼里，我们每个人的心里都喜滋滋的。所有与阳光交相辉映的微笑就像是为毛驴存在的，月光下说不完的故事反反复复都离不开树果与驴，那些风过高原的夜晚，我们简直快活地忘记了月亮。

可自从树果考上军校，这一切都发生了变化。毛驴不再听从我们的使唤，成天不吃不喝，身体非常虚弱，还在驮水路上摔破了水车，然后一病不起。我们看在眼里，急在心里，却不敢对它动粗，只好给山外的树果写信，告诉他毛驴的坏脾气。哪知放驴小子回信告诉我们——思念是一种病，时间可以冲淡一切，但冲不淡毛驴对一个人的思念。他说力争暑假回来看毛驴。

对于毛驴一天天恶化的病情，我们束手无策。盼望树果就像在高空中遇难盼救星降临。

《护生画集》之白驴殉主

明末，张贼破蜀城。蜀藩率其子女、宫人，投井死。王所乘白驴，踯躅其旁，亦跳入殉焉。（《虞初新志》）

当六月的最后一朵雪花从哨所的屋檐飘落，毛驴的生命已到尽头。哨兵们巡逻归来，它完全没有力气到门口迎接了。望着它悲伤的眼睛，我没时间悲伤，我怕自己坚持不住，引发高原心脏病。我警告自己，作为一哨之长必须坚强起来。在这个远离连队集体的地方，必须得有一个人保持镇定来安慰一群痛不欲生的人——他们都是刚到哨所不久的新兵兄弟。他们对毛驴的情和爱比我有着更为绵长的心思。就在树果风雪兼程赶回来的当天晚上，毛驴头朝山外，身向哨所，终于闭上了泪汪汪的眼睛。我们毫无思想准备，无法接受这样的结局，禁不住哭声一片。只有树果镇静自若。他要我们节哀顺变，还建议我们用自己的方式来祝福毛驴。

树果在烛光下如同一位讲师给大家解释毛驴的死亡。他告诉我们，毛驴之死，源于它与主人的感情过火，它太依恋一种声音和一种味道了，这叫绝爱。当思念成灾，就意味着爱的各种神经组织渐渐紊乱，长时间绝食导致它心脏功能快速衰竭，精神渐变崩溃，现在是该它回到天堂的时候了。

小眼睛赵峰问：毛驴在天堂里会遇到好的主人吗？

树果回答：当然。

那它还会生病吗？

树果说，不会的，它会非常快乐，和新的主人一块儿去水边看蓝月亮，去沙漠看长满天空的骆驼刺，去雪山上看偷吃虫草的飞鹰，去高原的尽头看风沙吹来阵阵锣鼓声，它知道它再也不用驮水了，到那时，我们雪山上所有的哨所，都用上自来水了。

我问，那它还会回到我们的哨所吗？

树果重重地点了点头。说，会，当然会，就像我们也想和它永远在一起。

第二天，我们请来了山下村庄里的藏族老人和孩子。他们是我们哨所最近的友邻。我们商量要为毛驴举行一个特别的葬礼。树果就地取材为毛驴做了一个大大的雪糕。旁边燃起了一堆篝火。大家围坐在雪糕前，点燃环绕毛驴的五百支蜡烛，告别这位哨所花名册上唯一编外的亲密战友，与我们一起走过的五百个日日夜夜。边巴大叔念念有词拿出了他在朝佛路上拾到的九块九眼石，老阿妈鲁姆措围着毛驴转三圈从怀里掏出九条长哈达，戴着红领巾的曲珍姑娘从头上解下了她那条漂亮的印度纱，还掏出爷爷给她珍藏已久的三颗天珠。他们要用这些特殊又珍贵的礼物陪伴毛驴上天堂。

边巴大叔和曲珍吹灭了蜡烛，我切了一大块雪糕送到毛驴嘴边。夜风很冷，月亮落地，只剩下星星在天边静静地聆听。哨所里的新兵和老兵，每个人都讲了一堆和毛驴相依相偎相亲相爱的故事。只有树果什么也没讲。他默默地做了一张慰问卡，上面写着"你是我今生最后的爱"。慰问卡里闪动着一枚红豆状的播放器，日日夜夜，高原风送出的全是一个人对一头毛驴的爱之声。

老兵讲到这里，我眼里早已储满了泪水。大玻璃窗外，是低头匆忙而过的人群，霓虹闪烁，谁也不认识谁。总之，我找不到恰如其分的理由安慰自己。望着对面一脸坚毅的老兵，我背过身调整自己的情绪。雪山上飘舞的经幡，仿佛就在眼前，大漠下沉闷的鹰笛声，回荡在耳畔，还有夜夜吹我梦回的高原风……生命已逝，悲伤何用？

在一个遥远又闭塞得不为人知的地方，人与动物拥有如此美好的感情，即使生离死别，也要选择庄重快乐的方式。许多时候，我们去参加葬礼，不仅仅是为了缅怀一个人，与其痛哭流涕，不如以饱满的热情祝福那个人踏上新的旅程。

想到雪山哨所毛驴的一生，想到生命的高贵与尊严，想到远古的坚强与红尘的脆弱，想到千百年来人类所面对的生死问题，我不禁转悲为喜，破涕为笑。

● 凌仕江，国家一级作家，四川作家协会散文委员会委员，成都优秀人才培养对象。《读者》签约作家。鲁迅文学院第九届高级作家班学员。荣获第四届冰心散文奖、第六届老舍散文奖、中国报纸副刊散文金奖、首届中国西部散文奖、《人民文学》游记奖、首届浩然文学奖、首届丝路散文奖等多种奖项。多篇作品入选台湾及大陆《大学语文》及不同地区的初、高中语文课本及课外读物。有30余篇作品成为全国和不同省市的高（中）考阅读试题。出版作品有《你知西藏的天有多蓝》《飘过西藏上空的云朵》《西藏的天堂时光》《说好一起去西藏》《西藏时间》《藏地圣境》《天空坐满了石头》《藏地羊皮书》《锦瑟流年》《蚂蚁搬家要落雨》等十余部。

> 从天地人三者之间的生存伦理来看，能够与动物产生深刻情感的人，才算得上是健全和自然的人。
>
> ——张炜（作家）

雪　娃

凌仕江

想了又想，这么多年，我在藏地遇见的所有动物中，印象萌萌哒的恐怕非雪猪莫属了吧，只是它有一个我极不喜欢的学名——旱獭。这样的学名非常影响它在我视线里呆萌的形象，或者说我是讨厌旱獭这个名字的。

原本这仅仅代表我的私人观点，哪知有一天会在人多时候，不小心说漏嘴，迅即被在场的喜马拉雅动物专家进行反驳。

"先生，你或许可以保留你的观点，但你不喜欢的动物名字可能还有土拨鼠、哈拉、齐哇。"

这个动物专家高高的鼻梁上，架着一副思想者的玻璃镜片。在我们一起徒步通往神山岗仁波钦的路上，他配以话语的手势比划动作弧度很大，并且用十分诧异的眼神纠正我的动物观，那深陷额骨之下的眼珠子如神鹰洞察大地上的食物一样敏锐、锋利，满头被风吹乱的银丝恰似乌云滚动中乍现岗仁波钦的雪，充满了奇异与别样的神秘。有一瞬间，错觉仿佛是雪在他头顶上随风奔跑。

对雪猪可能没有了解的人，肯定以为他说了很多种动物的名字。单凭我对这种能够像人一样直立行走的动物的了解程度，知道这个英国人只是在强调一种动物——雪猪。

结伴同行者，背包客居多，还有一些是从事科考与探险的爱好者。这其中就有泰国的八岁少年柏朗依林和他的父亲托尼·贾。他们是家庭旅行爱好者，因为几年前到西藏游历，便爱上了喜马拉雅的雪猪。柏朗依林说他去过很多地方，遇见过很多动物，最忘不了的还是雪猪。奇怪的是，喜马拉雅的雪猪每次见柏朗依林，不仅愿意接受他的食物，还会对他拱手作揖示谢，而其他地方的雪猪见他就躲，这也成了父子俩每年返回西藏的理由。

"詹姆斯先生，你一定是旱獭的亲人。"托尼·贾微笑着，双手朝他伸出大拇指，点赞。

此刻，真应验了我长期思考的现象一种，无论明星还是普众，权贵或底层，专家还是英雄，哪怕他是总统，只要相遇西藏路上，随便挥手打个招呼，统统都将被阳光打回凡人的原形。说得直接一点，在茫茫旷野的喜马拉雅腹地，雪猪便是所有凡人神奇相遇的最好见证者。很多时候，它听到大自然发出的声响，先独自从洞口探出一个脑袋来，若发现不是其他庞然大物的侵略者，而是人类，马上就会蹦到地面上，立起身子，向同类击掌发出热烈的欢呼声，几乎用不了五分钟，一群雪猪便向你围过来了。

那些手脚短小，身体圆嘟嘟，向着人拱掌直立行走的家伙，眨着小眼睛，活脱脱像动画片中的熊大熊二。那一刻，柏朗依林的视野里装满了欢欣鼓舞。在阿里以西的那片草原上，足有七八只雪猪对他拱掌，等着他奖赏食物，他在它们中间辗转反侧，对着动物世界两眼放光，却敬畏着，真不知应该先抱起哪一只？在他眼里，雪猪一只比一只可爱。他弓着身子，伸长脖子盯着一只雪猪看了半天，然后又是下一只。

突然，他在奔跑中呼喊起来，那声音听上去有些坚决和忧伤，谁也不知他喊的什么？那群雪猪在他的声音里早已跑得无影无踪。

我想，雪猪对人类的亲近，有很大程度是先发现了人类自然心灵渴望相遇的善举，它一定是愿意用亲近人类的方式来获取人类的感动，当然有了这种信赖，世间就能创造更多不可预计的奇迹。

"你们与哈拉居然有这样的约定，喜马拉雅真是一片圣洁的土地呀！"詹姆斯知道了托尼·贾与柏朗依林父子来找寻去年遇见的那只雪猪，而倍受感动。

"噢，哈拉是谁？"神情慢慢安定下来的柏朗依林耸耸肩，这回他并没有看詹姆斯一眼，而是在詹姆斯的声音里，将目光锁定在我的目光里，显然他是想找我求证这个答案。

詹姆斯一脸沉重地望着我，表示对我有些质疑。但他眼神的余光分明在对着柏朗依林微笑。

我知道詹姆斯说的那些名字，全是旱獭的别名，只不过齐哇属于雪猪的藏名，这听上去相对汉语还是比较有一点西方发音的味道。只是如此动物外貌，在东方人的审美意识里，我会首选并认定雪猪，而且它的可爱与憨态，只配得上这两个字。我悄悄拉过柏朗依林的手告诉他，詹姆斯所说的土拨鼠、哈拉、齐哇、旱獭，都是同一种动物，而且都是你最喜欢的雪猪。

柏朗依林搔了搔自己的头，然后歪着脑袋懊恼地问我："那你不喜欢旱獭，就是不喜欢雪猪对吗？"我赶紧向他"嘘"了一声，示意他把这个问题打住。可他一脸桀骜不驯道："你们讲的这些名字都不好听，我只叫它雪娃。"

此时，我们一行人已来到一片宽阔的阳坡上。

远处的岗仁波钦神山若隐若现，雪越来越白。

山上一杆杆五彩的经幡，在大风吹拂下，猎猎作响。不远处，有一顶黑帐篷，与山上的经幡相依相伴：它在烈风中安静地等待转场离去的牧人明年如期归来，那时青草疯长，牛羊成群。里面除了几只雪猪，并没有发现羊群的踪迹。相比之下，雪猪的出没，让雪风中的黑帐篷更加灵动：牧人不在，神灵还在。雪猪乐观豁达不怕人的栖息，在世界最高的草原甚至超越了其他物种。

詹姆斯建议大家坐下来歇一会儿。

我们坐在阳光里，有的人微闭双眼打盹，有人在分享途中拍摄的美图，还有人拿出随身携带的小水壶，倒出热气腾腾的酥油茶，分享给旅伴。我看见托尼·贾倒立在草地上，轻松自在，像一朵自由绽放的野花。

只有岗仁波钦神山的雪，看着我们离它越来越近。

一路闲不住的柏朗依林，在草地上奔跑，找寻着他渴望的奇迹。在爸爸头倒立式的瑜伽动作里，他飞过托尼·贾的裤裆，像一道风，越过太阳的光芒，嗖的一声钻进帐篷里。忽然，一声慌乱的尖叫，惊扰了每一个人。紧接着，他喘着粗气，从帐篷里爬出来，像是中了邪一样说他刚刚看到一只大雪猪，从他身边经过，他蹲下身给它喂饼干，遗憾那只雪猪并没有用鼻子问候他，他失落地抽泣着——"它不是我的雪娃，它不是我去年遇到的那一只雪娃，我说过今年还会回来看它，可是我的雪娃，它究竟去了哪里？"

"依林别哭，我们再等等，说不定它还会出现呢！"托尼·贾安慰孩子。

詹姆斯拉过柏朗依林坐到自己身边，为他讲了一个故事。

以吃植物根茎为主食的雪猪，它最致命的敌人叫马熊。不过，现在的马熊早已经遗落在喜马拉雅民间故事中了。马熊喜欢挖地洞在里面睡觉，只要遇上雪猪就免不了一场搏斗，甚至杀害。尤其在冬天里，它挖洞的过程中，经常会挖到正在冬眠的雪猪，马熊看到雪猪一家都在睡觉，就特别生气，于是把一只挖出来，用拳头狠狠地打一拳，放在屁股下，又继续挖另一只。因为前面那只已被打醒了，所以它抓住另一只时，前面那只又跑了……这样一来，马熊不管挖了多少只雪猪，到头来只能得到一只。

我们笑了，为得不偿失的马熊，也为逃过马熊之手的那只雪猪。

詹姆斯继续道，不过，还有一种普遍存在的可能，到了冬天，喜马拉雅的雪猪会进入一种与生俱来的禅定，在温暖舒适的洞穴里，基本上三个月都不出来。当然，这些行为习惯，都是被喜马拉雅的朝圣者所感染，他们在风雪路上，随时会给雪猪准备一些食物，比如奶酪、糌粑、青稞、饼干，还有糖。有雪猪闻到熟悉的朝圣者气息，还会围着他们舞蹈呢。这时，朝圣者就会变戏法逗雪猪玩，在开满野花的山坡上同它们亲嘴，打滚，翻跟斗。

所以，进入状态的修行者，有时会把自己比喻成雪猪。说的就是禅的一种境界。当然，也有其他动物研究者夸张地讲，雪猪是喜马拉雅最具信仰的动物之一。我想这一定是爱的造化，生活在这片土地上的人，离天最近，与佛为邻，所有的生命都被一视同尊。詹姆斯对此的看法是——地域的属性培育了动物的行为！

柏朗依林眼里蓄满了泪花："完蛋了，我的那只雪娃，一定是马熊带走了！"他从詹姆斯身边站起身，在草地上放眼搜寻着……

我们打起精神，拍拍尘土，准备上路，令人意外的奇迹出现了。

一只体积偌大的雪猪，像是披了一件毛茸茸的灰风衣，忽然从狮泉河边朝着人群直奔而来。柏朗依林闪身而出，一个箭步飞冲出去。它跑在路上的憨态惹人怜爱与注目，那调皮的尾巴和短短胖胖的手脚煞是可爱，憨态可掬的模样如同婴孩，足有十五斤重。眨眼之间，它一个猛扑投入他怀里。

"雪娃，雪娃，我的雪娃！"

这一回，我们都听清了他的呼喊——像家中饲养的小萌宠一样，他唤它雪娃，只有他赋给它这个独有的昵称。去年的去年他们早已相遇，他长大了，雪娃却老了。他又掏出了一块夹心饼干，它为他拱起了双手，屁颠屁颠伴随他前后左右。

《护生画集》之旧雨重逢

陈州倅卢某，畜二鹤甚驯。一创死，一哀鸣不食。卢勉饲之，乃就食。一旦，鸣绕卢侧。卢曰："尔欲去，不尔羁也。"鹤振翮云际，数四徊翔，乃去。卢老病无子，后三年，归卧黄蒲溪上。晚秋萧索，曳杖林间，忽有一鹤盘空，鸣声凄断。卢仰祝曰："若非我陈州侣耶？果尔，即当下。"鹤竟投入怀中，以喙牵衣，旋舞不释。遂引之归。后卢殁，鹤亦不食死。家人瘗之墓左。（《虞初新志》）

"说好的，我们明年还会来。"托尼·贾忍不住抱起柏朗依林和雪娃，在野花拂动的长风中，他们天旋地转，相亲相爱。

顿时，所有人都不约而同下了跪。

在悲悯的天地万物面前，我不知他们各自下跪的理由是什么，可能大多数人会有一个共同的触点是感动，来自生命深处的感动，人与动物之间建立信赖后的感动，我想我给神山岗仁波钦的仁慈下跪。世上不少地方视雪猪为有害动物而展开捕杀，但喜马拉雅的雪猪，一直在神的手掌，在灵的怀抱，在风的眼里，被爱暖暖地呵护着。

《护生画集》之鹤识旧人

　　唐刘禹锡诗序云：友人白乐天，去年罢吴郡，挈双鹤雏以归。予相遇于扬子津，阅玩终日。翔舞调态，一符相书，信华亭尤物也。今年春，乐天为秘书监，不以鹤随，置之洛阳第。一旦，予入门问讯其家人，鹤轩然来睨，如旧相识。徘徊俯仰，似含情顾慕填膺，而不能言者。回作《鹤叹》，以赠乐天。（《唐诗金粉》）

> 如果人不窒息他人性的情感，他一定会对动物友善。因为对动物残忍的人，在与人打交道时也会变得严酷。我们通过一个人对待动物的态度来判断他的心地。
>
> ——伊曼努尔·康德（德国古典哲学创始人、作家）

短 尾 黄

朱天文

是猫爸爸晓谕儿子们的："这家人家可以进去。"尾黄这一进，是我们的十年，猫的一生……

它们是乞丐王子，它们是一胎双胞两种命运。它们是乌鸦鸦和黄豆豆，橘子和橘兄弟，三脚猫和短尾黄。

它们是，一只继续在街上生活，一只因缘际会住到我们家来。但就像朱莉跟布拉德·皮特收养的孩子们给牵着抱着挂着在身上出现于国际媒体时，总让我嘀嘀咕咕想起那些孩子的兄弟姊妹们，为什么是他们，而不是另外的他们，一个仍留在饥饿的埃塞俄比亚，一个却去了阳光加州的马里布海滩？

我有朋友（心脏无敌强）去收容所（这是我此生的怯懦永远不能的一访之地）认养狗，朋友说每只狗都对她吠叫（认养我，认养我），而就在她抱起一只黑奶狗的那一刻，万吠俱息，安静沉默到她哭着跑出来。

如果把TNR（诱捕，结扎，放回原居地，以结扎取代扑杀）当成动保运动里的初阶段来做，其中一项有待大力传播的观念是认养，以认养取代购买（宠物）。

拒绝皮草的团体找我们连署支持并留言，我说，我们要做的是改变一代人的审美，那就是，天啊！怎么会有人把动物尸体穿在身上！宠物亦然，我们带着跟时间赛跑的迫切感要把观念变成审美，努力于不必很久的将来，宠物一词，不但会像"生番""山地人"这种歧视语已销声匿迹，而且已变成是脏字眼的再也说不出口，而且万一不小心说出口时立马被"K"得满头包。

所以，还记得天心《猎人们》里的猫爸爸吗？我们抑扬多姿地喊它卯霸吧、猫疤疤、猫把拔，那只王国辖区比我们兴昌里里长管的还大、生涯短暂却冒险事业辉煌如希腊神话英雄的黄虎斑大公猫。记得吗，它死之后一场以重新划分势力范围遂出现的恶战分占了巷坡上下段，呃，任谁一看都会大为惊呼的，猫爸爸的儿子吼！天心描述它们好似《百年孤寂》中老上校散落各地、额上有着火灰十字印记的儿子们，"两皆黄虎斑白腹、绿眼睛、大头脸、太爱用讲的以致打斗技术不佳的时时伤痕累累，太像了，只好以外观特征为名。一只叫（三）脚猫，一只叫（短）尾黄。"

脚猫一脚略瘸，我们就对它偏心偏顾，它在某日黄昏喂食时间没有出现，以后亦再也没有出现。对于街猫，我简直淡定得不得了地安慰过猫天使小郑，我说也许我们应该把它们当作草本植物，一年生二年生的草本，看它们开，也看它们谢。

它们像刻在古岩上的未识之文刻在志工心上，谁能解读谁已泪水盈眶，因为那岩刻向我们展开了一幅清晰的街猫谱系，它们熠熠如繁星。

所以脚猫的兄弟尾黄，它据有的巷坡上段，人族住户包括了我们家及一家子狗猫。通常，不到吃饭时间不见它，但只要我们为了找猫在哪里朝空摇响猫饼干罐呼名时，尾黄就出现了，出现得如此之忽然之无形，也许只有土地公或忍者龟才可能，不然是小叮当开了任意门从异次元蹦现的。本来猫族是，除非它自己愿意或者不介意被看见，那么人们是看不到它也找不到它的。

尾黄吃饭处在我们家斜对面，贴院墙好几树马拉巴栗、桂花、九重葛的大花盆后面，我就安置一座微型金字塔般放一撮猫饼干，这样尖尖的既便于摄食，又看起来丰盛可口，可有时便遭到它等不及了迅击一掌："动作太慢了啦！"哀号的我怒斥它喂（尾的第四声）："打我没关系，不要出爪子嘛！"爪子在我手上留下钩点和抓痕并渗出血来。尾黄睨我一眼（好男不与女斗），埋头大吃（好猫不跟人争）。

似乎是，猫有两种。一种出爪子打人的，即便是爱的表达。一种不出爪子的，因此我们完全可以感受到它肉掌垫里收住爪子的那股抑制力量，结结实实挥出了一记。或者，或者它挥出的肉掌垫就那样按住我们停着不动，这时它只能以不动来止住出爪，好像吸血鬼接触到所爱之人的颈子那一瞬息张力达到临界。

面对后者，我永远心生悲悯。因为我正目睹着，濒于临界的一边是涨到满的本能和野性，而另一边，则是一样涨到满非如此不足以抗衡的、违反本能和野性的抑制力量。这力量，我认为至少蓄积了五千年，这是猫族成为人族友伴动物的年数。

狗族呢？狗跟人相处了一万年。狗驯化了，猫还未。狗身边一定要傍着人，不是吗？孔子时代便已有惶惶如丧家之犬的形容语，无人可傍满街乱跑的流浪犬是我看过世间最惨淡的景象之一。狗是满心愿意被人看见的，而猫并不。所以出爪子打人的猫，可能更是一只猫，让我能够明朗待之以猫的我是多么为它欣喜啊。

然而有一天，尾黄从对门移至我们家院墙外的邻居停车底下邀食了。院墙里的猫狗没有驱赶它，显然，一番人族看不见的交涉已经进行到允许它越过"海峡中线"。于是仍旧保持警戒的它，加上闻风奔至每每处在饥饿状态的青少年猫，加上致力于它能吃到不会被抢食一空的人族我们，喂方与食方，每个黄昏便得在那儿声东击西、进进退退、既拒又迎地角力着跳一支人猫探戈。跳着跳着，尾黄跳进院子来了。于是有那么一天，客厅里，人族哪位使劲地挤眉弄眼打手势告知其他人族，不要惊动，不要吓跑，静悄悄看过去，尾黄咧，就蹲在纱门边（纱门设有可供猫狗自由出入的空隙），它那暂且的蹲姿是准备随时跑掉的，但想必蹲有一阵子了因此呈瞌睡眯眼状。

人族全部同意，是猫爸爸晓谕儿子们的："这家人家可以进去。"

尾黄这一进，是我们的十年，猫的一生。

我怀念尾黄，它是极少数像小狗一样爱跟脚的猫，不畏惧步履平地走长长的路，这点自是遗传猫爸爸——啊猫爸爸，那些再不复返的旧日时光，没有结扎又话特多的猫爸爸，在不须远征追母猫的休养生息空档期，便爱陪我们边走边喵到公车站牌，或途中相遇陪我们走回家，一路上你一句我一句的问答任谁都听得出那是跟人族讲话的声音而非猫语。但猫爸爸火灰十字印记的儿子，被人族结扎了的尾黄，不远游，不送往迎来，唯每次在我找猫叫唤时应声而出，令我好恼地要对它跺脚："怎么又是你，萨斯呢？有没有看到萨斯？"（孤儿猫萨斯是"SARS"时期捡回来的小女生）

尾黄觑睐一眼十分抱歉地以长短句回复我，然后走墙边走车底地陪我平行同走，听我用匙子敲响猫罐头（比摇响猫饼干更有召唤力）喊着萨萨，萨啊幼幼……走得远了，尾黄发出古怪的声腔叫住我，我回头看它，没错，它在对我说，我们猫族每个都是各有地盘的欧，除非天大了不起的理由，例如被陈家那只活似埃及冥界守尸神的黑狗追袭，谁又会没事跑开自己的地盘！

好吧，我接受尾黄的呛声折返，一进家门，可不是，敲罐头声已把所有猫召了来在欢喵大合唱，其中最欢喵的，萨斯喽。当场，世界蓝色变粉红，再没什么比失猫复得更高兴了，找不到的时候找得眼睛脱窗也找不到，找到时可容易得天经地义好像我是神经病疯婆子。我狂欢节放烟火的见者有份分掉一罐鱼不够，又开一罐。尾黄陪找有功，多分两匙。

尾黄一定陪我走路找猫。我们最远走到过"敦南第一景"侧背的坡顶上，为了找纳莉。

是的，纳莉台风。我们家有三只台风猫，纳莉，海棠，和最近苏拉台风大雨中湿透到快失温的孤儿猫苏拉。为免闽南语发音"苏拉"为竖仔之意，我们叫这只橘猫小男生啦啦、拉里、辣黎、利露、乌拉拉、努利厘，各种排列组合的狎呼终至于对它唱来，啦啦鲁剌啦……

纳莉是《猎人们》里的首席猎人，它只要开了三楼纱门，纵身几户雨棚，仞壁一跃就上去的"敦南第一景"社区，我们笨重人族却得绕道走斜坡大马路，经过社区地下停车场外边才到社区大门。不进大门，沿鹅掌木为屏篱的两段陡阶爬得气急汗热才到坡顶，那里有凉亭石凳，有堪供打羽毛球的水泥方场，那整片坡地灌木丛到春天开花年年仍教人惊喜原来是杜鹃。纳莉极爱去那里打猎，流连忘返，我们就得千里跋涉去呼叫它。最久一次，是除夕夜放鞭炮，接着几日又冲天炮蝴蝶炮地炸，硝烟迷雾我们好忧愁这趟它回不来了。虽然天心一家三口仍如期去京都，但京都刷上一层蓝色是纳莉不在了的少掉一大块的京都，我则日日提猫笼爬坡登顶唤纳纳。

长征途上，就是尾黄陪我。对它来说，明明三维空间不过几个纵跳飞跃即可抵达的地方，它却得贴着墙根和排水沟走，望山跑死马的，忍受着我这四体不勤的人族拙劣移动。若碰到马路边没有停车可掩护（此之于猫族等同要它们跑过一片密布地雷的广场那样可怕），尾黄却不打退堂鼓，它会像旧日好莱坞电影里的越狱好汉或爆破死士，瞅准探照灯扫过的片刻黑暗，搏命从这个点奔到另个点，然后待在那个点的屏蔽物（有一次是消防栓）的影子里等我慢吞吞跟上。而只要拼到了坡地灌木丛，顿时，尾黄膨风得如一头满洲虎钻入丛中，发出宣布势力范围的嗷嗷声，不一刻已盘踞在坡头，自以为无敌猛地眈眈虎瞰着我。

《护生画集》之"小猫似小友，凭肩看画图"

裹盐迎得小狸奴，尽护山房万卷书，惭愧家贫资俸薄，寒无毡坐食无鱼。
（宋 陆游《赠猫诗》）

这样十天，为了找纳莉，我不抱希望的唯是行礼如仪。

第十一天，有猫回讯，不是幻听，我退出石岩仰头朝上望，覆满藤蔓蕨草且长年滴水的挡土墙巍峨得令人每一目视就觉会遭土石流活埋，而纳莉于其上仿佛狩猎中正忙碌的月神黛安娜拨冗露脸一下，瞧这人族在下面大呼小叫什么呀？那一刻，我感天谢地得狂喜挥舞着无异于原始初民，还没回过神，不是幻象，纳莉已落在我脚前。

两只猫，尾黄和纳莉，蓬起威吓的骨架真像两支大瓶刷，旋绕逼近，鼓动着佛朗明戈的舞势，鼻凑鼻触嗅了一番，哦同一家的，很瞎兮。松开的二猫，纳莉才摇摇娆娆向我蹭过来。一身油光水滑好皮毛的纳莉，想必打了不少野味滋补吧。此刻它慷慨接受我的盛情，瞳孔缩成针芒觑着松眼，变回一只任我抓颈入笼提回家的世间小猫了。

在喂食"敦南第一景"和"林荫大道"街猫的日子里，偶尔不见任何猫，我们便站上这烽火台的制高点呼啸，清楚鸟瞰着这只，那只，矍然冒出地表敏捷往喂食地集结。啊一切有情，依食而往，吃饭果真是件教人神往开心的事。

《护生画集》之天地好生

　　天地别无勾当，只以生物为心。如此看来，天地全是一团生意，覆载万物。人若爱惜物命，也是替天行道的善事。（朱熹）

一个溶溶的春暮，杳无猫踪，我爬到坡顶摇响饼干罐。稍后，兴昌亚种们，是的，就是那群黄骰子（以脊椎为中轴线有小黄块或小黄斑呈互生或对生的）白毛猫，我们开始做TNR的第一批猫，包括那只还未见便嘹亮喵音先回荡在社区中庭的乌鸦鸦，由于春困（我猜），众猫并不太有食欲的，三三两两悠然浮现，在山坡，在树丛，远望去白团团的像云朵，像绵羊，无雨而湿的天气，我倒是在苏格兰高地放羊呢？此时，绝无例外地，尾黄应我唤猫声而出现，在那更远更低的黑板树下的谷地，它像一枚金龟虫姗姗越过警卫亭人行道，跳上十字花科草本簇生的石砌矮墙，若是晴天，会有许多纹白蝶纷飞如雪片。那里是个喂食点，尾黄重温它街猫生涯地等候于彼处。

真是一页好光景！

亲人安康，朋友健在，猫们活着，眼前当下如果不是永生，我不知还有什么样的永生能够吸引我前往？

● 朱天文，1956年生于台北，原籍山东省临朐县，台湾著名作家、编剧，毕业于淡江大学英文系。16岁发表第一篇小说，曾办《三三集刊》并任三三书坊发行人。长期与侯孝贤导演合作编写电影剧本，三度获得金马奖最佳改编剧本及最佳原创剧本奖。文学创作不辍，为台湾当代著名小说家，有英、法、德、日、韩等译本。曾获《联合报》小说奖、《中国时报》文学奖短篇小说优等奖等，1994年以《荒人手记》获《中国时报》百万长篇小说奖首奖。2015年获美国第4届纽曼华语文学奖。著有《淡江记》《小毕的故事》《最想念的季节》《炎夏之都》《世纪末的华丽》《荒人手记》《巫言》等作品。朱天文、朱天心、朱天衣是已故台湾著名军旅作家朱西宁与日本文学翻译家刘慕沙的三个女儿，朱氏三姊妹均为台湾文坛重要作家。

> 生命的每种形式都是独特的，不管它对人类的价值如何，都应该受到尊重，人类的行为必须受到道德准则的支配。
>
> ——《世界自然宪章》

我的街猫朋友——最好的时光

朱天心

那时代，大部分人们还在汲汲忙碌于衣食饱暖的低限生活，怎的就比较了解其他生灵的也挣扎于生存线的苦处，遂大方慷慨地留一口饭、留一条路给它们，于是乎，家家无论住哪样的房（当然大都是平房），都有生灵来去。

那时候，土地尚未被当商品炒作，有大量的闲置空间，荒草地、空屋废墟、郊区的更就是村旁一座有零星坟墓和菜地的无名丘陵……对小孩来说，够了，太够了，因为那时没太多电视可看，电视台像很多餐馆一样要午休的，直至六点才又营业，并考虑在小孩等饭吃时播半小时的卡通，于是小孩大部分课余时间都游荡在外，戏要、合作、竞争、战斗……习得与各种人族相处的技能，他们又且没有任何百科全书植物图鉴可查看，但总也就认得了几种切身的植物，能吃、不可吃，什么季节可摘花采种偷果，不开花的野草却更值采撷，因它那辛烈鲜香如此独一无二，终至人生临终的最后那一刻才最迟离开脑皮层。是故他在树上或草里发现或抓来的一枚虫，可把它看得透透记得牢牢，以便日后终有机会知道它是啥。

那时候也鲜有毛绒玩具，于是便对母亲买来养大要下蛋的小绒鸡生出深深的情感，自己担起母亲的责任日夜守护，唯恐无血无泪并老说话不算数的大人会翻脸在你上学期间宰杀了它们。

那时离渔猎时代似乎较近，钓鱼捕鸟是极平常的事，你们以简陋的工具当作万物中你们独缺的爪翼，与你们欲狩猎的对象平等竞逐，往往物伤己也伤，你眼睁睁见生灵的搏命挣扎，并清楚知道那生命那一口气离开的意思，是故轻易就远离血腥，终身不在其中得到乐趣。因此你们都不虐待恶戏那流浪至村口的小黑狗，你们为它偷偷搭盖小窝，那蓝图是不久前圣诞卡上常出现耶稣降生的马槽。焉知小黑狗不安分待窝里，总这里那里跟脚，跟你上学，跟你去同学家做功课，最终跟你回家，成了你家第三或第四只狗。

那时奇怪并没有流浪动物的名称或概念，是故没有必须处理的问题。每一个村口或巷弄口总有那么一只徘徊不去的狗儿，就有人家把吃剩的饭菜拌拌叫小孩拿出去喂它，小孩看着路灯下那狗大口吃着，便日渐有一种自己于其他族类生灵是有责任有成就之慨。

那时候，谁家老屋顶发现一窝断奶独立但仍四下出来哭啼啼寻母的小仔猫，便同伴好友一家分一只去，大人通常忙于生计冷眼看着不怎么帮忙，奇怪小猫也都轻易养得活，猫兄妹的主人因此也结成人兄妹，常你家我家互相探望猫儿，终至一天决定仿效那电视剧里的情节促成它们兄弟姐妹大团圆地把大猫们皆带去某家，那曾共咂一奶的猫咪们互相并不相认的冷淡好叫你们失望哪，但你们也因此隐隐习得不以人一厢情愿的情感模式去理解其他生灵。

那时候，人族还不思为猫们绝育，于是春天时，便听那猫们在屋顶月下大唱情歌或情敌斗殴，人们总习以为常翻身继续睡，因为墙薄，不也常听到隔邻人族做同样的事发同样的声响或婴儿夜啼这些个生生不息之事吗？

那时候，友伴动物的存在尚未有商业游戏的介入，人们不识品种、混种，就如同身边万物万事，是最自然的存在，你喜欢同伴家中的一只猫，便追本溯源寻觅到它妈妈人家，便讨好那家的大人或小孩，必要他们答应你在下一次的生养时留一只仔仔给你。你等待着，几个月，大半年，乃至猫妈妈大肚子时，你日日探望……这样等待一个生命降临的经验，只有你盛年以后等待你儿你女的出生有过，所以怎会不善待它呢？因此那时候最幸福的事是，家中的那只女孩儿猫怎么就大着肚子回来了，因为屋内屋外猫口不多，你们丝毫不须忧虑生养众多的问题，你们像办一桩家庭成员的喜事一样期待着，每日目睹它身形变化，见它懒洋洋墙头晒太阳，它有点不幼稚了，眯觑眼不回应你与它过往的戏耍小把戏，它腹中藏着小猫和秘密都不告诉你，那是你唯一有怅惘之感的时候。终至它肚子真是不得了的大的那一天，爸爸妈妈为它布置了铺满旧衣服的纸箱在你床底，你守岁似的流连不睡，倒悬着头不愿错过床下的任何动静。

然后，永远让你感到神奇的事发生了。

那猫妈妈收起这一向的懒散，片刻不停地收拾照护一只只未开眼圆头圆耳的小家伙，妈妈（你的）为它加菜进补得奶帮子像果实一样，小猫们两爪边吮边推挤着温暖丰硕的胸怀，是至今你觉得人间至福的画面，你由衷夸奖它："哇，真是个好棒的妈妈！"

然后是小猫们开眼、耳朵见风变尖了，它们通常四只，花色、个性打娘胎就不同，你们以此慎重为它们命名，那名字所代表的一个个生命故事也都自然地镌刻进家族记忆中，好比要回忆小舅舅到底是哪一年去英国念书的，唔，就乐乐生的那年夏天啦！生命长河中于是都有了航标。

《护生画集》之"鸡抚群雏争护母，猫生一子宛如娘"

慈乌失其母，哑哑吐哀音，昼夜不飞去，经年守故林。夜夜夜半啼，闻者为沾襟，声中如告诉，未尽反哺心。百鸟岂无母，尔独哀怨深？应是母慈重，使尔悲不任。昔有吴起者，母殁丧不临，嗟哉斯徒辈，其心不如禽。慈乌复慈乌，鸟中之曾参！

（唐 白居易《慈乌夜啼》诗）

因此，你们可以完整目睹并参与一只只猫科幼兽的成长，例如它们终日不歇地以戏耍锻炼狩猎技艺，那认真的气概真叫你惊服。与后半生捡拾的孤儿猫不同，你日日看着猫妈妈聪明冷静尽职地把整个祖祖辈辈赖以生存的技能一丝不打折地传授给仔猫们，乃至你们偶尔地求情通融（好比它将仔猫们都叼上树丫或墙头要它们练习下地，有那最胆小瘦弱你们最心疼的那只独在原处喵哭不敢下来，你们自惭妇人之仁地搬了椅子解救它下来）完全无效，那妈妈，以豹子的眼睛看你一眼，返身走人。

那时候，人们以为家中有猫狗成员是再自然不过的，就如同地球上有其他的生灵成员的理所当然，因此人族常有机会与猫族狗族平行，或互为好友地共处一时空，目睹比自己生命短暂的族裔出生、成长、兴盛、衰颓、消逝……提前经历一场微型的生命历程。（那时，天宽、地阔，你们总找得到地方为一只狗狗、猫咪当安歇之处，你们以野花为棺、树枝为碑，几场大雨后，不复辨识，它们既化作尘土，也埋于你记忆的深处，你比谁都早地爱那深深埋藏你宝贝记忆的土地。）种种，奇怪那时候猫儿狗儿们也没因此数量暴增，是营养没好到让它们可以一年两甚至三胎吗？又或它们在各自的生存角落经历着它们的艰险，就如同它们历代的祖先们？它们默默地度不过天灾（寒流、台风）、度不过天敌（狗、鹰鸷、蛇）、度不过大自然妈妈，唯独没有（此中我唯一也最在意的）人的横生险阻、人的不许它们生存甚至仅仅出现在眼角。

我要说的是，为什么在一个相对贫穷困乏的时代，我们比较能与无主的友伴动物共存，反倒富裕了，或自以为"文明""进步"了，大多数人反倒丧失耐心和宽容，觉得必须以祛除祸害脏乱地赶尽杀绝？这种"富裕""进步"有什么意思呢？我们不仅未能从中得到任何解放、让我们自信慷慨，慷慨对他人、慷慨对其他生灵，反而疑神疑鬼对非我族类更悭吝、更凶恶，成了所有生灵的最大天敌而洋洋不自觉。

曾经，我目睹过人的不因物质匮乏而主客悠游自在自得不计较不小器，我不愿相信这与富裕是不相容的。眼下我能想到的具体例子是京都哲学之道的猫聚落（尤以近"若王子寺"处），那些猫咪多年来如约不超过十只，是友爱动物的居民持续照护的街猫而非偶出来游荡的家猫（观察它们与行人的互动和警觉度可知），它们也观察着过往行人，不随意亲近也不惊恐，周围环境的气氛是友善的，没有樱花可赏的其他季节，哲学之道也没冷清过，整条一公里多的临人工水圳的散步道，愈开愈多以猫为主题的手工艺品小物店和咖啡馆，显然居民们不仅未把这些街猫视作待清除的垃圾，反而看作观光资源和社区的共同资产。

这其实是台湾目前某些动保团体如"台湾认养地图"在努力的方向，走过默默辛苦重任独挑的猫中途、TNR之后（或该说之外，因这些工作难有完全止歇的一天），欲以影像、文字（如今年内我、朱天文、LFAF、骆以军的系列猫书）、草根的社区沟通（如其实我一直很害怕的村民大会）……营造的猫文化，让喜欢和不喜欢的人都能习惯那出现在你生活眼角的街猫，就与每天所见的太阳、所见四时的花、所见的季节的鸟一般寻常，或都是大自然最令人心动爱悦或最理所当然的构成。

（早于1987年，欧洲议会已通过法案，"人有尊重一切生灵之义务"现为欧盟一二五号条约。）

我不相信我们的努力毫无意义。

我不相信，最好的时光，只能存在于过去和回忆中。

● 朱天心，台湾著名作家，山东临朐人，1958年生于台湾高雄凤山。台湾大学历史系毕业。曾主编《三三集刊》并多次荣获《中国时报》文学奖与《联合报》小说奖，现专事写作。著有《方舟上的日子》《击壤歌》《昨日当我年轻时》《末了》《时移事往》《我记得……》《想我眷村的兄弟们》《小说家的政治周记》《学飞的盟盟》《古都》《漫游者》《二十二岁之前》《初夏荷花时期的爱情》《猎人们》《三十三年梦》《那猫那人那城》等。朱天文、朱天心、朱天衣是已故台湾著名军旅作家朱西宁与日本文学翻译家刘慕沙的三个女儿，朱氏三姊妹均为台湾文坛重要作家。

> 猫是文明程度最奇妙的"指示器"之一。请告诉我你怎样看待猫，我就能说出你的为人、你的所思所想、你相信什么以及你所生活的世界的真正价值。
>
> ——弗雷德里克·维杜（法兰西学院院士、作家）

我的猫女们

朱天衣

我生命中的第一只猫是只肥硕的大黄橘，它有着标准大公猫圆滚滚的脸庞、不可一世的睥睨神态。是因为如此，父母才为它取了个"皇帝"的名号吗？它是童年中少数会让我害怕的事物，素爱东倒西歪窝在沙发上的我，常侵犯到它的地盘，因而惨遭猫爪洗礼，几次暴怒之下抓的我头发头皮都快分家了，素来人狗猫一视同仁的母亲说它是在帮我洗头，为此，年幼的我总是躲它远远的。

年轻忙功课忙恋爱，家中所有的动物同伴中，狗儿的热情洋溢相对显眼得多，与来来去去猫族的关系则比较似君子淡如水的交情，不过父亲写稿时卧在案上的猫儿剪影，冬天时偎在父亲脚边暖炉旁一起取暖的猫儿画面，都深深烙印在我的脑海中。若硬是要做区隔，狮子座的母亲比较像众狗之王，同是狮子座的父亲似乎更愿意亲近猫女们。

我一直以为自己和母亲是同一国的，当年纪渐长，自己有了家，开始认真对待身边每一个同伴动物时，才发现猫女们的繁复细腻是如此令人着迷，且即便流落街头也谨持着尊严，这让人多了份心疼，也深深为其折服，也因此才曾有这样很不动保志工的说法："我一直提醒自己，所有的动物都是平等的，每一个生命都该被同等珍爱，但我心底清楚，猫族是我的罩门，营救狗及其他动物是不忍、是责任，而遇见猫，则是上帝给我的礼物。"

　　实情确是如此，长久以来，在帮助流落街头动物时，我会不断地警醒自己，千万不要爱心泛滥、不断地你丢我捡，真需要紧急救援的才插手，面对猫族尤其如此，毕竟年岁已长，若不能活得比这些动物同伴久，那么它们将何以为继？也幸好多半能被人看见的流浪猫，多已有自我谋生的能力，只要辅之以定时喂食、医疗照护以及绝育手术，即能让它们的流浪质量大幅改善。

　　但也有例外的状况，这也是家中毛孩子始终无法减少的原因，像前年冬便在常去的一家便利商店前遇到一只灰狸母猫，它总是固定时间出现在这家"SEVEN"门口，端坐在那儿向来往客人索食，以往我只见过"SEVEN"狗，被面包热狗便当喂惯的它们，是不屑我随身携带的饲料的，多半时候我只会静静在一旁观察，若发现附近有人不太友善，才会适时地插手。

　　而这只"SEVEN"猫，我一样注意了它许久，它总在晚间9点到10点间出现，若没等到客人喂食，那么店里的女店员会偷偷把它引到角落倒些食物给它，所以在吃食上它是无虞的，唯一需要解决的是绝育的问题，但重点是它的肚子圆圆的，完全分辨不出是个孕妇，还是刚产过小孩的妈妈猫，若轻易带它去手术，那一窝嗷嗷待哺的小猫就惨了，为此我还搞跟踪，一路尾随它潜进巷子、拐进大停车场，最后眼看着它跃上墙头、消失在屋顶上。

　　在无法确认的状况下，我只得继续观察，如此这般一个月过去，它的肚子也一天天地增长，确定它是孕妇不是产妇后，便开始加入喂食的行列，待等建立起交情，再把它带回家。回家第二天，躺在猫屋窗台上晒太阳的它，明显地看得到小猫在肚子里滚动，第三天清晨便在我辅助下生出五个孩子，一只白腹灰狸哥哥猫，其他全是橘黑白三花女生，分别以家中种植的花卉命名，桃花、桂花、樱花及杏花，产妇猫妈妈则唤它"SEVEN"，每天数次供应月子餐，猫孩子则是除了母奶，不时还辅以猫咪专用乳喂哺，断奶后更是以各式营养食品帮它们打好底子，与其将来花医药费，不如在成长期下些重本，让它们有足够的抵抗力，对抗各种疾病，也因此除了桂花因先天疾病早夭外，其他四只都头好壮壮，狂野到了一种地步，也许它们一直视我这大妈妈为同类，全然不管我有没有皮毛防身，只要我一现身，便争相扑爬到我身上，薄些的衣衫，全被它们抓成褴褛条状，腿及背更是爪痕累累，那个夏天被它们家暴到完全无法穿短裙，隔年冬天穿上厚外套，我便像棵圣诞树般，身上不时挂着这三四只皮到不行的花花猫。

除此之外，也会遇到整窝遭人丢弃的奶娃猫，那也是不接手不行，像去年秋末镇上的教堂便遭人弃置了一窝未断乳的幼幼猫，神父勉强以牛奶喂了一周，眼看不是办法，辗转联络上我们，接手时四只小猫状况都很差，尤其最小的那只身架只有同窝手足的一半大，若在自然环境中，它会是第一个被母猫放弃的孩子，还好它很肯吃，除了乳猫专用奶，每天还吃得下一罐婴儿食品，因此即便在上呼吸道感染的状态下，仍是撑了过来，反而它的一对哥哥姐姐没熬过来。

照顾没有母亲的幼猫是很辛苦的事，它们和奶娃一样，每三四个小时就要进食一次，还需要用湿纸巾轻拭排泄器官帮助排便，所以只要有乳猫入住，肯定会严重睡眠不足。但即便如此，仍不见得都能带得起来，因为它们缺乏母乳抗体，一旦染病，情况就会很糟，若进食状况又不佳，那么病情常会急转直下，短短几天便离开了，每当守着这些幼小生命流逝，真的只能以心碎形容。

《护生画集》之托孤

唐时北平王家，有二猫同日生子者。其一死焉，有二子饮于死母，母且死，其鸣咿咿。其一方乳己子，若闻之，起而听，走而救，衔其一置于其栖，又往如之。返而乳之，若己子然。（《虞初新志》）

幼猫也不容易辨认性别，依过往对猫族性情的了解，我认定这幸存的乳猫是个小男生，因此为它取名"弟弟"，没想到稍长后它竟是个女娃，只好改名"蒂蒂"了。刚带它回来时全身黑乎乎的，尤其那张脸糊成一团，来帮忙的阿姨还以为我从哪儿抓来只老鼠，后来经一次次耐心抹拭，才发现它也是只白腹灰狸猫，尤其脸庞养圆了后，显得俊秀异常，只是那圆碌碌的双眼永远睁得老大，让我一看到它便忍不住说声："惊悚！"

先天不良的它一入冬便喷嚏连连，到院子玩耍时，只好把旧袜子剪四个洞权充外套防风，它也乖乖任我摆布，只是五短身材经这么一打扮，完全就像只鳄鱼，引得周遭猫狗侧目不已，它另一个幸存的亲姐姐为此发挥手足之情，想尽办法为它褪去衣袜，于是整个早晨，就看到我们俩一个努力帮它穿上毛袜，另一个则努力为它还原猫的模样。这"蒂蒂"还有个怪癖，只爱狗不爱猫，新猫入驻它总要噗斥个把月才勉强接受，但对才来一天的新狗，却主动向前翻着肚皮讨玩，为此我不禁会想它是哪只早逝的狗儿又回来找我了。

近年来，我身边的同伴动物多已上了年纪，看着它们渐渐衰老步向死亡，我选择陪伴，而不是过度的医疗，尤其是侵入性的医疗，与其让它们在陌生充满药味的医院离开，我宁愿它们在自己熟悉的环境中、在我的怀里咽下最后一口气，但这陪伴过程是需要一颗强健心脏的，记得老猫"金果果"离开前，我努力调配各种好吃的食物希望它多少吃一些，它看着我因劝食无效而落泪时，竟伸出它的肉掌轻抚我的脸，它的眼神直直看着我，像要告诉我别伤心，像要把我牢牢烙印在它瞳孔深处。

狗儿猫女们若能选择，当它们离开世间时多会躲开人躲开同伴，寻找一处隐秘的角落走向死亡，我知道该尊重它们，但仍会禁不住想做最后的努力，当看着它们撑着仅存的一丝力气跳过浮出水面的石头，到对岸找最后的据点时，站在河这岸的我总挣扎着要不要唤它们回来，也许相较于我怀抱的温暖，它们更愿意选择尊严地面对死亡，隔着一条河，我除了掩面恸哭，什么也不能。

我一直以为有一天或许就能适应身边动物的离去，但没有，从没有，这是我人生的课题？是我必要做的功课？若是，那么我还在努力学习中。

● 朱天衣，台湾著名作家、动保志工、环保志工。出身文坛世家。主要著作有《三姊妹》《甜蜜梦幻》《下午茶话题》《我的山居动物同伴们》《记忆如此奇妙》《朱天衣的作文课》（1—5）与《朱天衣说故事》等。朱天文、朱天心、朱天衣是已故台湾著名军旅作家朱西宁与日本文学翻译家刘慕沙的三个女儿，朱氏三姊妹均为台湾文坛重要作家。

> 猫教给我们如何享受简单的快乐，如何利用勇气和智谋克服困难，如何随遇而安，如何做到达观淡定，如何从容优雅地度过人生的每一个季节……我们当中的每一个人都从可爱的猫咪身上感受到了上帝的慰藉、上帝的微笑和上帝的博大……我身边的每一只猫都是我的朋友。
> ——［美］帕特里夏·米切尔《永远的好朋友——我和我的猫咪》

樱花树下的爱①

吴淡如

亲爱的孩子：

在你之前，我有五个孩子。

他们分别是Bubble、阿宝、妹妹、咖啡和狐狸（排名按年龄排序）。

他们都是猫。

妈妈从小就很喜欢猫。猫，如果你好好对待他，他们会是天底下最善体人意的动物。

每一只猫，都是我从小养大的。说实在的，我不是一个细心的主人，只能和他们共存，并维持着他们的基本清洁，让他们不愁饿肚子。但从另一方面来说，我还算是个好脾气的妈妈，我几乎没有对猫大声过（对人偶尔还会大声咆哮一两次），因此他们都是很有安全感的猫——温驯、内向、不会攻击别人、懒洋洋的。我和他们像家人或者家具一样，在一个屋檐下，一起安家立业。

虽然没有太殷勤地呵护，但猫并不常生病，对猫族来说，他们已经活成老先生老太太了。有人说，猫一岁大略等于人七岁，那么，我们家最大的Bubble（其实她的学名叫做"梦幻泡影"，很有佛学意味吧）已经一百岁了吧。

① 本文摘自台湾皇冠文化出版有限公司出版的《亲爱的孩子》（吴淡如著），初版日期为2011年10月。

她还很硬朗，很固执，很爱跟我抢东西吃。

我要告诉你的是阿宝哥哥的故事。

阿宝是全世界最好的猫。人家说，人有五只指头，都不一样长，虽然都爱，但总会偏疼一个。我对阿宝确实如此。

记得村上春树有篇文章写到他家的猫，文中说，他养过很多猫，虽然每只都很有感情，但大概四五只猫中才有一只猫让他有"中了"的感觉。村上春树没有太详述什么是"中了"的感觉，但我大概可以意会。

阿宝就是有"中了"的感觉的猫。

我们家的猫中有三只是你的哥哥。都是黑的。因为黑猫被视为不祥，没有人要，所以妈妈养的都是黑猫。

以前我还认识一个很残忍的兽医朋友，他会打电话给我说：

"喂，我这里又有一只卖不出去的黑猫，如果……如果你不来领走，我可要给它安乐死哦。"

所以我有三只黑猫。不是黑色的，都是你的姐姐。

《护生画集》之"姊妹折时休折尽，留他几朵覆鸳鸯"

莲华莲叶满池塘，不但花香水亦香，姊妹折时休折尽，留花几朵护鸳鸯。

（清 王淑《采莲词》）

阿宝是一只胖胖的黑猫。他的体型硕大，以人来说，应该是一八零的猫了吧。

他从小就很顽皮，比其他的猫多了体味。他的脸很可爱，圆圆憨憨的，鼻子塌塌的，他的眼神好亲切好纯洁。

有好长一阵子，我一个人和五只猫一起住。他总是盘在我的头边。在寒流来袭的夜里，他会抱住我的头，我做噩梦时，他也会因我呼声徐徐走过来，给我一些温暖，好像在告诉我：不怕，我在。

我记得，有一次，不知道遇到什么事情（我对人生中发生过的灾难，记忆力都不佳，只要过了几年，它们就会不知不觉地被Delete掉），我回到家，委屈地哭了。阿宝似乎能够感应到我的情绪，他慢吞吞地走到我的面前，用他刺刺的猫舌舔我的手。

那一刻，我看着他，他看着我，我知道我不是孤单的。

亲爱的孩子，我一直是个爱动物的人，他们给我的比我给他们的多。

我的朋友都知道，我是一个很少诉苦的人。

我怀着你的时候，本来一直是很快乐的，到了第五个月之后，我身体出现了问题，没有一个晚上是睡得着的。

有好几个晚上，我梦见自己身处第二次世界大战的战壕，战壕里有无数的尸体，我喘不过气，全身僵直地醒来，仿佛木乃伊，半夜惊坐起，四下无人，还好，我有阿宝暖暖的拥抱，他用无声的语言安抚着我。

他扮演了最忠实的朋友与看护的角色。如果没有阿宝，我不知道自己是否能如此坚强而且稳定地撑下去。

你出生了。你在医院住了两个多月。你健康出院了。你越长越大，变成一个顽皮的孩子。

你长在一个有猫的家庭，你对他们并不好奇，只是把他们当成会动的家具。你企图抓他们晃动的尾巴拔他们的胡须——这是猫的地雷区，一般的猫会很生气，会迅雷不及掩耳地回过头咬你。但你的哥哥姐姐们只是无助地抗议两声，希望你住手。他们知道，你不是故意的。

你越长越大，得了慢性肾脏病的阿宝，越来越虚弱。

有一天，他站不起来身子来，我送他到医院住院。

医生说，猫老了，很棘手，万一不行，可能要洗肾。

阿宝走的前一天，我还去看过他。

他不像其他病猫那样爱发脾气，只是静静地躺在我的膝盖上。我和他说了一会儿话。

第二天，他走了。

我哭了。他很伟大，他知道你很健康而我很好，我有你为伴，他的责任了了。

我知道，这十多年来，不是我照顾他，而是他在照顾我。

慢慢地，你一岁半时，已经学会温柔地抚摸猫了。我为阿宝选了一个基督教的葬礼，将他葬在淡水的樱花树下，他会知道，我如何感激他。

动物会比我们早走，很多人怕伤心，所以不敢养他们。我当然也怕伤心，但是，我不会因为害怕，就不去爱。

最重要的是爱的过程。我们爱过的，在这宇宙之中，我们虽然是不同物种，但互相给过温暖与温情，那就足够了。

● 吴淡如，台湾省宜兰县人。台湾大学法律系学士，台湾大学中国文学研究所及EMBA硕士。10岁开始写作，20岁出版第一本小说集，已出书50多种，连续五年获金石堂最佳畅销女作家第一名，被誉为"台湾畅销书天后"。著作热销中国、马来西亚及泰国，也深受欧美地区华裔欢迎。她不仅是畅销书作家，还是家喻户晓的电视主持人及广播人。

　　猫咪在我生命中一直扮演着重要的角色：开始是在格拉斯哥的童年时光，接下来是我当外科实习兽医的时候，如今在退休的日子里，它们依然围在我身边，照亮着我的生命……这群小家伙都各有特殊的魅力，它们与生俱来的优雅和极度纤细的情感使得我们更加亲密。

——吉米·哈利（大英帝国勋章获得者、兽医、作家）

地球上不是只有人住

陈祖芬

　　什么声音？儒岱朝台北街头的一只垃圾箱看去。鸟叫？垃圾箱里有小鸟？儒岱走近一看，垃圾箱里有一只小纸盒，纸盒里有一只——这也叫猫吗？猫还能这么瘦小？也许，母猫生下小猫后觅食去了，一会儿会回来的，等吧！等等吧。儒岱看看表，看看猫。可是，有人倒垃圾了，弄得小猫满头满脸的土。儒岱推开垃圾，抱起这只被遗弃的小猫。小猫用一只眼睛看着儒岱。他看我，他看我呢！儒岱心里升起一阵阵说不上来的温馨、甜蜜和酸痛。

　　小猫只有一只眼睛。儒岱把小猫放在左手心里用右手安抚他，可是小猫皮包骨架的真叫人不忍触摸。儒岱双手捧住他急急回家。

　　儒岱和妻子倩雯都是教授，除了必然会有的书籍外，家徒四壁，一如他们淡泊宁静的心境。倩雯习惯了两人世界，突然多出一"人"，而且那么丑的猫，要是弃之街上，不会有人收养。好吧！留下吧。

　　小猫弱得不会吃奶。儒岱只好用滴管喂他。不过小猫聪明过人，倩雯指着一个下水洞喊：猫猫！他就跑那洞口撒尿。只这一次，他就永远记住了他的洗手间。以后他上别处，也非要找到有洞口的地方才"洗手"。倩雯打开水龙头，他会用前爪拉倩雯的手，示意她用手掌接住水给他喝。小猫跳跃起来那么轻、巧、灵，倩雯的视像里用慢镜头分解着小猫的一个个舞姿。人再怎么训练，能跳出这样的舞蹈动作吗？

小猫一天天长大，一身白毛变得光泽美丽，儒岱和倩雯叫他：白白。

这天儒岱在台北街头走过一棵榕树。树下窜出一只黑猫，围着儒岱的双脚直打转，显然早早地在这里等候他呢。儒岱向前走，黑猫一路跟；儒岱停下看，黑猫打转转。儒岱回到家，黑猫也进家门——黑猫既然认定了跟定了儒岱，就是缘分。

倩雯下班回家，一看已是四口之家，而且又是一只丑猫，黑得不能再黑。你怎么专捡丑猫？

再说，那白白从懂事的时候起，就知道他爸爸儒岱和妈妈倩雯只他一个Baby。黑猫的出现，娇惯了的白白在精神上实在承受不了。他窜到大衣柜的顶上，不吃不喝不下来。叫儒岱、倩雯心疼得不行。儒岱只好搬来一个梯子，天天爬上梯子给白白送饭、送水。白白看老爸这等辛苦，才怨怨地吃起饭来。但是七天没下柜子。

黑猫刚来时脏得不行，满身蚤子。倩雯让来家里干活的阿妹把他好好洗干净。洗完澡，黑猫摇头摆尾地好生舒服，他想象不出这世上还会有什么比洗澡更舒心更幸福的事了。倩雯不由想，猫和人其实也一样，一只野猫，一直不能洗澡，那么他是怎么熬过来的哟！她抱起黑猫，心疼地叫着小黑，让他在自己腿上睡觉。从此只要倩雯在，小黑就要在她腿上睡。晚上就钻进倩雯的被窝在她脚边睡。倩雯觉得小黑体温冬暖夏凉的，自行调节，和小黑一起睡温度总是正好。

阿妹一周只来三次。阿妹开门，但小黑总能听到，哪怕他本来在倩雯腿上睡觉。倩雯想想，她对小黑那么好，可小黑怎么对阿妹那么好呢？后来想到，小黑一来，是阿妹把他洗干净让他像个人样的，小黑就记恩一辈子。后来，十来年了，只要阿妹开门，小黑总是一跃而起地去亲热去撒娇。

小黑厚道，这是最叫倩雯喜爱的。有时倩雯和儒岱关起卧室的门说话，就听到小黑在卧室门外喵喵，他想进来又怕吵了儒岱和倩雯，想叫又不敢大声叫，就想法压低了声音沙沙地喵喵。

倩雯教学的那所大学，有一天晚上，一只母猫走到女生宿舍楼，锁定一个女生的房门，举起前爪抓门。那女生把门打开，让进这位不速之客。母猫进屋后巡视一圈，找到一只纸箱，就走进纸箱生下一窝小猫。第二天那女生端起纸箱放到楼梯拐角下，给他们喂食。可是校方有规定，不准养猫。女生端起这只纸盒找到倩雯家，希望倩雯把猫们收留下。倩雯说你看我家已经养两只猫了，不能再养了。说着看那母猫，瘦得不成样，叫她有什么奶来喂养小猫？女生说，要不老师先养着，她6月一毕业就可以把这一窝猫带走了。倩雯想这很好，就这么办。

6月了，6月过去了，并不见女生来带猫。后来听说那女生是出家了。倩雯不觉慨叹系之。心想女生找她不稀奇，稀奇的是，这只母猫怎么单单挑选这女生，这女生可是有佛心的，这母猫那是有灵性的。

儒岱笑倩雯：你还说我捡猫呢，你一下捡了大小四只，这下我家多了六口人了。两个又给那一家四口起名字。母猫么，就叫妈咪了。一只小猫用儒岱的话来说体型漂亮得不得了，雪白的毛上有两个圆圆的黑斑，就叫圆圆。圆圆会用两只后腿站起来看电视。看一会儿就绕到电视机后看看是怎么回事，然后再立起后腿站着看电视，然后又绕到电视机后想去看个究竟。猫也有好奇心，有探索精神。圆圆还喜欢跃到儒岱身上，两只后腿在儒岱的腿上立起，两只前爪搭在儒岱肩上，凑到儒岱脸颊旁这儿舔，那儿舔。儒岱觉得这份爱有点叫他受不了，他对圆圆笑道：好了，好了，好了。

儒岱的院子里，高高的院墙旁有一棵高高的九重葛树，树下一只缸，缸里放着一只纸盒。有一天，儒岱发现缸里有什么声音，一看那纸盒里有一只刚出生的小猫。儒岱抬头一看，一只母猫叼着又一只刚出生的小猫正从高高的树干上下来。这猫怎么能从外边上得那么高的院墙？这只母猫是他们家的，到了男婚女嫁的年龄，自己出门找配偶了。生完孩子就回娘家，一只一只地把儒岱、倩雯的外孙们叼回外婆家。儒岱和倩雯看着他们的外孙被一只一只地从高高的树上叼到缸里纸盒里，看到母猫这样迫不及待地回娘家，这份感动啊！

儒岱、倩雯正在院子里看他们的小外孙的时候就见屋顶间的空隙里，突然掉下一只小猫。一定是有野猫找到他们家的屋顶生下小猫，然后弃之不管了。或许那野猫知道这里有人会比她更好地照料她的孩子。儒岱捧起那只天上掉下的小猫，那么那么小，可是那么那么漂亮，皮毛是黑色、白色、咖啡色的三色交叉。他们立刻叫她彩彩。他们把彩彩放到那四个小外孙一起，让那母猫喂奶。母猫毕竟是在儒岱、倩雯家长大的，有仁爱之心博爱之精神，把彩彩和自己生的孩子同等对待，一起喂大。

猫们之间一定有语言，有信息传递。这个有高高的九重葛的家，使猫们心向往之。有一只野猫跃上他家的院墙，又从九重葛树上下到缸里那只纸盒里生孩子，生完又越墙而去，把孩子托给了儒岱、倩雯。又有一只野猫到儒岱、倩雯门口觅食。儒岱请他进客厅就坐，他谢绝了。因为他野惯了。儒岱、倩雯干脆早晚在门口放一盆食物，野猫到就餐时间就会款款而来。

一天，儒岱听见轻轻的敲门声，他走到玻璃门前一看，是一只陌生的猫。这位陌生猫的来访，让儒岱明白又是来投奔他家的。他轻轻地打开门，生怕惊吓了来者。猫进来了，在儒岱脚边磨来磨去地激动着：到家了，我可找到家了！

台北，敦化南路一家咖啡店。我和儒岱、倩雯坐着喝咖啡。不知怎么就从我领养着洋娃娃讲到他们领养猫。我就要去他们家看看他们的32只猫。那天暴雨。车在雨世界里开着，前方有条狗在雨中奔跑。"它怎么下雨还在乱跑？"儒岱说。我想，如果那是只猫，他恐怕要下车前去把它抱回家了。

我担心他们家的住户再要增加怎么办？儒岱说买美国进口的猫食，里边多种维生素都有了，而且浓缩成各种色彩的饼干。我想，那一定很诱人，很好吃的。不过，儒岱倩雯的饭食，大体就是用一大锅煮上开水，青菜、胡萝卜、豆腐干的全往里扔，也是多种色彩、多种维生素都有了。我说你们吃的那才是猫食。

他们家是一长排平房。儒岱住右半部，倩雯住左半部，中间有院子。两边各有一扇纱门通往院子。平时儒岱或倩雯只要走进院子，猫们便蜂拥着奔跑出来，隔着左、右两边的纱门，冲着他们喵喵一通叫，猫们堆成一堆地喵喵，孩子们见爸爸妈妈回家就是这样欢欣鼓舞！

猫们迎接他们归来的欢跃，一下就把家的感觉浓浓地推到他们跟前。猫们喵喵地抒发他们见了亲人的快乐，要是他们的语言能译出来多好！

可是，我一进屋，猫们像见了外星人似的四下奔逃。倩雯说，只要有客人来，他们总是没命地逃跑。因为猫们知道人类对他们不那么好，他们还有个小心眼——怕万一被送给了客人。他们是再不愿离开这个家的。

我看那些猫，有的躲到柜子上，有的藏到旅行箱后，有的躲到椅子上——椅背上搭着衣服，猫就以为我看不到了。有一只猫躲到窗台的竹帘后面，我透过竹帘看个清清楚楚。但他以为逃出了我的视线，即使这样他一直蹲在那里，一直到我走都没敢动弹。

只有倩雯那床上，团着一只漂亮小猫，不逃。倩雯说，这就是从天上掉下来的那只彩彩。因为她一生下来就在我们家，头两三周她一直睡在我胸上，她把人间看成了天堂。她不相信这世间会有不善，也不懂得惧怕。你看她睡觉的表情多安详，多甜美！

《护生画集》之白象及其五子

我家有猫名白象，一胎五子哺乳忙，每日三餐匆匆吃，不梳不洗即回房。五子争乳各逞强，日夜缠绕母身旁，二子脚踏母猫头，母须折断母眼伤，三子攀登母猫腹，母身不动卧若僵。百般辛苦尽甘心，慈母之爱无限量，天地生物皆如此，戒之慎勿互相戕。（缘缘堂主诗）

倩雯拿出一叠相本："来，看看我们家猫的影集！你看，这只叫乖乖，他的眼睛本来有病。我给他点眼药，他特别配合。你想，一般小孩都不愿意点眼药的，可是他就乖乖地让你点！一个月他的眼病就好了。你看乖乖这照片多神气！眼睛亮亮的像大将军在巡视！"

倩雯眼睛睁那么大，闪亮着那么好看的光。我第一次发现倩雯的眼睛又大又光明又传神又动人。她讲激动了，就那么动人地定格在那里了。一个人，升腾起爱的光辉的时候，多美！

倩雯翻着猫的影集：你看这白白，多雍容，像我们的守护神。不过他的性格很孤傲，不合群。猫也是一只一个性格。一开始他们不能共处，后来他们自己协调。你看这是虎妹和虎哥，多好看啊！

这么说着，倩雯突然黯淡了。她说虎哥虎妹情深意笃。那天倩雯用摩托车带着虎哥去结扎。正是假日，很多人出门游玩，汽车、摩托车响成一片。倩雯遇上车祸，倩雯没伤着，虎哥遇难了。倩雯悲痛地回到家，虎妹躲在厨房不出来。本来，虎妹一定会跳跃着迎上来的，但是，她没有看到她哥哥，她一下就明白她已经永远失去了哥哥。她伤心得躲在厨房一动不动，只有泪水在滚动。倩雯用面巾纸给虎妹擦泪水，把虎妹抱上床，让她跟自己睡。小黑跟倩雯睡惯了，认为倩雯是他的，可是虎妹也认为倩雯是她的。两人对峙，互相吹气。倩雯劝慰小黑，安抚虎妹，让虎妹和自己睡了三年，慢慢抚平了她的伤痛。

倩雯是教授，还要做饭，还要侍奉猫。我问你们各养几只？说是儒岱养18只，倩雯养14只。倩雯不无忧虑地说，有5只又该结扎了，可是儒岱还舍不得，人当然要慈悲，但一定要有智慧。如果猫再增加，一旦照顾不周又有哪只猫出什么事了，"我没有办法接受猫的意外！"

小黑也结扎了。倩雯说小黑就是厚道，结扎了也很有母爱，老带着一只不是他生的小猫，还给小猫吃奶。虽然他其实没有奶。那小猫知道小黑没奶，也吸，觉得在小黑怀里特别有安全感。猫和人一样，小猫就是要吃奶，大猫就什么都吃了。

白白、小黑和妈咪一家四口，都能听懂人话。让去书房就去书房，让去客厅就去客厅。白白生性聪颖，进来之前会敲门，就是自以为是元老，高人一等，不屑于和芸芸众猫来往。猫和人一样，妒嫉、生气、恐惧、忧虑，知冷知热会爱会恨，会撒娇会调皮，只是不会用语言和人交流。但是一点一滴猫都在告诉我们：地球上不光是有人住。

　　作者附注：本来写及猫应该用"它"字，但写这篇文字的时候，我自己也不知怎的都用了"他"或"她"，而且不愿改过来。请读者谅解了。

《护生画集》之翩翩新来燕

翩翩新来燕，双双入画楼，叨借椽间住，茶饭不相求。娇儿戏庭前，莫将金弹投，狸猫穿花阴，与汝素无仇。和爱共相处，美景可长留，阳春布德泽，万物皆悠游。
（藤壶诗）

　　● 陈祖芬，上海人，1943年生，上海戏剧学院毕业，北京作家协会一级作家。担任过北京作家协会副主席、北京文联副主席、中国报告文学学会副会长、中国作家协会主席团委员、连续五届全国政协委员，五次获得全国优秀报告文学奖。出版的作品有《青春的证明》《挑战与机会》《中国牌知识分子》《成年人的童话》《青年就是GO》《你就是人才》《童话与国家》《杭州的现代童话》《看到你知道什么是美丽》《八十年代看过来》《哈佛的证明》等40余种，以及长篇小说《你知道我在等你吗》、童话书《我的小小世界》、摄影集《西湖树语》等。

晚安，我的小猫。

——美国作家、诺贝尔文学奖获得者海明威的临终遗言

岛耕二先生的猫

蔡 澜

我和岛耕二先生相识，是因为请他编导一部由我监制的电影，谈剧本时，我常到他家里去。走进他家，我便看到一群花猫。年轻时的我，并不爱动物。

岛耕二先生抱起一只猫，轻抚着说："都是流浪猫，我不喜欢那些富贵的波斯猫。"

"怎么一养就养那么多？"我问。

"一只只来，一只只去。"他说，"我并没有养，只是拿东西给它们吃。我是主人，它们是客人。'养'字太伟大，是它们来陪我的。"

我们一面谈工作，一面喝酒。岛耕二先生喝的是最便宜的威士忌，才卖五百日元，他说宁愿把钱省下去买猫粮。

当年面巾纸还是奢侈品，只有女人化妆时才用，但是岛耕二先生家里总是这里一盒、那里一盒，随时能抽几张来用。他最喜欢为猫儿擦眼睛，一见到它们眼角不干净就跟我说："猫爱干净，身上的毛用舌头去舔，有时也用爪子洗脸，但是眼缝擦不到，只好由我代劳了。"

我们一起合作了三部电影，遇到制作上的困难，岛耕二先生总有用不完的妙计，为我这个经验不足的监制解决问题。半夜，岛耕二先生躲在旅馆房中分镜头，推敲至天明。当年他已有六十多岁，辛苦了老人家，但我当时并不懂得去珍惜。

后来羽翼丰满的我，已不再局限于在日本发展，便飞到世界各地去工

作，许久未同岛耕二先生见面。

　　他去世的消息传来，我不能留下工作人员去奔丧，我的第一个反应并没想到他悲伤的妻子，反而是想到那群猫怎么办。

《护生画集》之白象的遗孤

　　回到香港，我见办公桌上有一封他太太的信。

　　……他告诉我，来陪他的猫之中，您最有个性，是他最爱的一只。（啊，原来我在岛耕二先生眼里是一只猫！）他说有一次在槟城拍戏时，半夜三更您和几个工作人员跳进海中游泳，身体沾着飘浮着的磷质，像条会发光的鱼。他看了好想和你们一起去游，但是他印象中日本的海水，即使在夏天也是冰凉的。他身体不好，不敢和你们一起游。想不到你不管三七二十一地拉他下海，下了海才知道，水是温暖的。那是他晚年最愉快的一次经历。去世之前，NHK（日本放送协会）派了工作人员来为他拍了一部纪录片《老人与猫》，一同奉上。我知道您一定会问主人死后，那群猫儿由谁来养。因为我是不喜欢猫的。托您的福，最后那三部电影的片酬，令我们有足够的钱去重建房子，将它改为一座两层楼的公寓，有八个房间可以向外出租。在我们家附近有间女子音乐学院，房客都是爱音乐的少女。岛先生去世了，大家伤心之余，把猫儿分开，带回自己房间收养，它们活得很好……

读完信，我禁不住流下了眼泪。那盒录影带，我一直都不敢看，我知道看了一定会泪崩。

今天搬家，我又找出录影带来，硬起心来放进机器，屏幕上出现了老人，抱着猫儿，为它清洁眼角。我眼睛又湿润了，谁来替我擦干？

● 蔡澜，1941年出生于新加坡，祖籍广东潮州，电影监制、美食家、专栏作家、电视节目主持人、商人，中国美食纪录片《舌尖上的中国》曾特邀蔡澜作为节目总顾问。与金庸、黄霑、倪匡并称为"香港四大才子"，有"食神"美称。

> 我们所爱护的，其实不是禽兽鱼虫的本身（小节），而是自己的心（大体）。
>
> ——丰子恺（中国现代画家、作家、教育家及翻译家）

羊 的 事

李 娟

在塔门尔图春牧场，一只母羊死了。卡西帕告诉我，它犯了胸口疼的病。说着，还按住自己的胸口做出痛苦状。真是奇怪，她怎么晓得的？羊是怎么告诉她的？为什么就不是死于肚子疼或头疼呢？

而失去母亲的小羊刚出生没几天，又小又弱。卡西帕把它从羊羔群里逮出来养在毡房里。扎克拜妈妈不知从哪儿找来一只奶嘴儿，往一只空矿泉水瓶上一套，就成了奶瓶，然后把小羊搂在怀里给它喂牛奶。

虽然小羊被直立着拦腰搂抱的姿势非常不舒服，但牛奶毕竟是好喝的，于是它站在扎克拜妈妈膝盖边，一声不吭，急急地啜吮。足足喝了小半瓶后，就挣扎着从妈妈怀里跃出来，满室奔走，东找西瞅，细声细气地咩叫着，想要离开这个奇怪的地方。

我们在它脖子上拴了绳子，不许它出门。每天都会喂两三次牛奶。哎，日子过得比我们还好，我们还只有黑茶喝没奶茶喝呢。

然而，悲惨的事情发生了。直到第三天，大家才发现搞错了：死了妈妈的不是这一只，是另一只……三只羊的痛苦啊！一只想妈妈想了两天，一只想孩子想了两天，还有一只饿了两天……看卡西帕这家伙办的事！

相比之下，斯马胡力就厉害多了。要是数羊时，数字对不上，斯马胡力在羊群中走一圈就能立刻判断出丢的是哪一只，长得什么模样。还知道它的羊宝宝是哪一只，有没有跟着母亲一起走丢。——真厉害啊，我家大羊有一百多只呢！小羊也有七八十只。他就像认识每一个人似的认识它们。

塔门尔图地势坦阔，原野里孤零零地砌着一个年代久远的石头羊圈。为了便于管理，塔门尔图的四家人把羊集中在一起放牧。虽然羊群混在了一起，但每只羊心里都清楚谁和谁与自己是一拨的，谁都愿意和熟悉的伙伴挨在一起走。于是哪怕已经混成了一群，也一团一团地保持着大致的派别。

大家在分羊的时候，先骑着马冲进羊群，将它们突然驱散开来。慌乱中，羊们各自奔向自己认识的羊，紧紧跑在一起。于是自动形成了比较统一的几支群落。然后大家再将这些群落远远隔开，女人和孩子们守得紧紧的，不让这几支羊群互相靠拢。男人们则一群一群地逡巡，剔出自家的羊拖走，扔进自家羊占绝大多数的一支羊群。这样，四家人的羊很快就全分开了。

分羊时，大家也都和斯马胡力一样厉害，只消看一眼就知道是不是自己的羊。我却非要掰过羊头，仔细地查看它们耳朵上的标记。

一般记号都是在羊耳朵上剪出的不同缺口。大约规定记号时，大家都坐到一起商量过的，所以家家户户的记号绝不相同。但有的人家羊少，托人代牧，没有属于自己家的特定记号，就在羊身上涂抹大片的鲜艳染料来辨识。有的统统往羊脖子上抹一整圈桃红色，像统一佩戴了围脖。有的抹成红脸蛋，角上还扎着大红花，秧歌队似的。最倒霉的是一些雪白的山羊，人家长得那么白，却偏要给它背上抹一大片黑。

后来，在不看记号的情况下，我也能认下好几只羊了。因为我目睹过这几只羊的出生，我喜爱过它们初临世间的模样——在最初的时候，它们一个一个是与众不同的。然而等它们渐渐长成平凡的大羊模样后，我仍然能一眼把它们认出来。因为我缓慢耐心地目睹了它们的成长过程。"伴随"这个词，总是意味着世间最不易，也最深厚的情愫。一切令人记忆深刻的事物，往往是与"伴随"有关的。

在这个大家族里，对于年轻人，大家平日里都以小名昵呼之。有趣的是，所有人的小名都与牲畜有关——比方说：海拉提的小名"马勒哈"是"出栏的羊羔"的意思。海拉提的养子吾纳孜艾小名"胡仑太"，意为"幼龄马"，而胡仑太的哥哥杰约得别克的小名（忘记怎么念的了）意为羊角沉重巨大、一圈圈盘起的那种绵羊。呵呵，这就是"伴随"。

我们伴随了羊的成长，羊也伴随了我们的生活。想想看，牧人们一次又一次带领羊群远远绕开危险的路面，躲避寒流；喂它们吃盐，和它们一同寻找生长着最丰盛、最柔软多汁的青草的山谷；为它们洗浴药水，清除寄生虫，检查蹄部的创伤……又通过它们得到皮毛御寒，取食它们的骨肉果腹，依靠它们一点点积累财富，以延续渐渐老去的生命。牧人和羊之间，难道仅仅只有生存的互相利用关系吗？不是的，他们还是互为见证者。从最寒冷的冬天到最温暖喜悦的夏日，最艰辛的一些跋涉和最愉快的一次停驻，他们都一起紧密地经历。谈起故乡与童年、爱情时，似乎只有一只羊才能与那人分享这样的话题，只有羊才全部得知了他的一切，只有羊能理解他。

而一只小羊在它的诞生之初，总是得到牧人们真心的、无关利益的喜爱。它们的纯洁可爱也是人们生命的供养之一啊——一只羊新鲜蓬勃的生之喜悦，总是浓黏温柔地安慰着所有受苦的、寂寞的心。这艰辛的生活，这沉重的命运。

哺乳类

甲申雜記

宣仁同听政日，御厨进羊乳房及羔儿肉。宣仁蹙然动容曰："羊方羔而烹之，伤天折也。"却而不食。有旨不得宰羊羔以为膳。

《护生画集》之哺乳类

　　宣仁同听政日，御厨进羊乳房及羔儿肉。宣仁蹙然动容曰："羊方羔而无乳，则馁矣。"又曰："方羔而烹之，伤天折也。"却而不食。有旨不得宰羊羔以为膳。（《甲申杂记》）

因此，在宰杀它们，亲手停止它们的生命时，人们才会那样郑重。他们总是以信仰为誓，深沉地去证明它们的纯洁。直到它的骨肉上了餐桌，也要遵循仪式，庄严地去食用。然而，又因为这一切都是依从"命运"的事，大家又那么坦然，平静。

失去母亲的幼小羊羔，它的命运则会稍稍孤独一些。在冒雨迁徙的路途中，那么冷，驼队默默行进。它被一块湿漉漉的旧外套包裹着绑在骆驼身上，小脑袋淋在雨里，一动不动。到达临时驻地后，扎克拜妈妈赶紧先把它解下来，又找出它的奶瓶喂它。但它呆呆的，一口也不吃。我摸一摸它的身体，潮乎乎的，抖个不停。我怕它会死去。但那时，大家都在受苦——班班又冷又饿，一整天没有进食了，毛茸茸的身子湿得透透的；小牛们被系在空旷风大的山坡湿地中过夜；满地冰霜。我们的被褥衣物也统统打湿了，身上最贴身的衣物也湿透了，不知如何捱这即将到来的寒冷长夜……而长夜来临之前，天空又下起了雪……像我这样懦弱的人，总是不停地担忧这担忧那的人，过得好辛苦啊。这也是我的命运。

在恶劣季节里，虽然大家非常小心地照顾着羊群，及时发现了许多生病的羊并帮它们医治，但还是免不了让一些母亲失去孩子，一些孩子失去母亲。当羊群回来，又少了一只大羊的时候，扎克拜妈妈就牵着它的羊宝宝四处寻找。旷野中，小羊凄惨悠长地咩叫着，大羊听到的话一定会心碎的。但如果那时大羊已经静悄悄地在这原野中的某个角落死去，它就再也不会悲伤心碎了。小羊也会很快忘记一切，埋首于新牧场的青草丛中，头也不抬，像被深深满足了一切的愿望。

我总是嘲笑家里养了群熊猫。来到塔门尔图，看到努儿兰家的羊群后更乐了——努儿兰家养了群斑马。我家黑白花羊的纹路是团状的，而他家是条状的。

我在那群斑马中找了半天，总算发现一只皮毛单纯的漆黑小羊了。但仔细再看，很惊吓地发现那只小羊是畸形羊，腰部严重扭曲，脊椎呈"S"形，走起路来一瘸一拐，费力地跟着羊妈妈。难道羊也会有小儿麻痹症吗？真可怜……卡西帕说它一生下来就是那样的。

一天赶完羊后，我们拍打着身上的尘土往家走。经过大羊群时，突然扎克拜妈妈说："看！耳朵没有！"我顺着她指的地方一看，果然有一只羊没有耳朵，秃脑袋一个。大吃一惊，连忙问："怎么回事？长虫子了？剪掉了？"大家说不是。又问："太冷了，冻掉的？"大家都笑了，说又不是酒鬼。

卡西帕想告诉我它天生就没耳朵，却不会说"从来"这个词（那段时间她坚持以汉话和我交流），便如是说："它嘛，在妈妈肚子里嘛，就是这样的！"

斯马胡力说，因为没有耳朵，它的耳朵眼里老是发炎、流脓水。于是整天偏着头在石头上蹭啊蹭，像班班一样。

羊的生命是低暗、沉默的，敏感又忍耐的。不知它们在不在意自己的与众不同，会不会因此暗生自卑和无望呢？然而，这世上所有的，一出世就承受着缺憾的生命们，在终日忍受疼痛之外，仍然也需要体会完整的、具幸福感的成长过程。这些有着艰难生命的羊，每天不也同样地充满了希望，同样跟着大家四处跋涉，寻找青草，急切地争吃盐粒吗？它们一次又一次忘了自己的病痛，忘了自己更容易死去。因此，羊的生命又是纯洁、坚强的。

嗯，仔细观察的话，羊群里奇怪的羊很多。比方说，山羊的角又直又尖，都是很漂亮很气派的。可却有一只山羊的角像某些绵羊那样，一圈一圈盘曲着冲后脑勺下方生长，山羊怎么会有绵羊的角呢，我初步认定它是……混血儿？……

还有一只山羊也与众不同，两只角交叉呈X形长着。难道小时候和高手顶架顶歪了？卡西帕说，这也是天生的。

我们还有一只羊，一只角朝前长，一只角朝后长。这大约也是天生的。

● 李娟，1979年出生于新疆生产建设兵团，籍贯四川乐至，中国当代作家。1999年开始写作，曾在《南方周末》《文汇报》等报纸开设专栏。2003年出版首部散文集《九篇雪》。2010年出版散文集《阿勒泰的角落》。2011年获茅台杯人民文学奖"非虚构奖"。2012年相继出版长篇散文《冬牧场》与《羊道》系列散文。2017年出版散文集《遥远的向日葵地》，获第七届鲁迅文学奖散文奖。

狗把它们的所有给了我们，我们是它们的宇宙的中心，我们是它们爱、忠诚和信任的对象。毋庸置疑，人类最聪明的决定就是选择了狗作为好朋友。

——罗杰·卡拉斯巴达（作家）

过年三记·散步

李 娟

我在腊月二十九晚上回到家。大年三十我们大扫除了一通，晚上我们边吃年夜饭，边商量明天怎么过年。后来妈妈想出一个主意来，她说："我们一大早起来，穿得厚厚的，暖暖和和的，把家里的三条狗也带上，一起穿过村子进入荒原，一直向南面走，直到走累了为止。"她还说："这一次要去到最远的——远得从未去过的地方看看。"我们都是喜欢散步的。

于是，大年初一早上，我们吃得饱饱的上路了。最近几天天气非常暖和，清晨一丝微风也没有，天空明净地向前方的地平线倾斜。远远的积雪的沙丘上，牛群缓缓向沙漠腹心移动，红色衣裙的放牛人孤独地走在回村的途中。

除此之外，视野中空空荡荡，大地微微起伏。

十七岁的大狗阿黄已经很老很老了，皮松肉懒的，牙齿缺了好几颗，其他的也断的断，烂的烂，没一颗好牙。狗最爱的骨头它是嚼不动的，只能吃馍馍剩菜。阿黄是我今年回家看到的家里的新成员。原来的大狗死了。

阿黄原先是邻居家的狗，后来邻居搬家，嫌它太老了就不要它了。于是我们就把它带回了家。它一副懒洋洋的模样，整天趴在墙根下晒太阳，叫它三声才爱理不理地横你一眼。但一出了门就立刻变了样，精神抖擞，远远甩开赛虎和赛虎的狗宝宝小蛋蛋，从东边跑到西边远远的地方，再从西边跑向远远的东边。一会儿逮着野兔子狂追，一会儿从柳丛中拼命扒土，一刻也静不下来。总是跑着跑着就跑到我们看不到的地方，急得赛虎和蛋蛋四处找它。

有好几次半天也没见它出现，我们便加快脚步，一边四面寻找一边大声呼喊。结果喊到筋疲力尽时，它却幽灵一样从背后冒了出来。

小狗蛋蛋第一次走这么远的路，一路上兴奋又紧张。我想它是崇拜阿黄的，看上去它极想跟着阿黄乱跑，却又不敢远离我们。于是不停地在我们和远远的阿黄之间来回奔波。结果，它一个人走的路估计比我们四个加起来走的路还要多。

赛虎已经是妈妈了，非常懂事，一点也不乱跑，大部分时间跟在我们脚边一步一步地走。偶尔去追赶一下蛋蛋，有时也会去找阿黄。但阿黄总是很凶，龇牙咧嘴的，不许它靠近。

戈壁坦阔无边，我们微渺弱小地行走在大地的起伏之中。有时来到高处，看到更远处的高地。起风了，三条狗蹲立在风中向那边眺望，狗耳朵吹得微微抖动。我们把领子竖起来，解下围巾包住头，继续往前走。渐渐走进了一道干涸宽阔的河床里。这是一条山洪冲刷出来的沟壑，每年夏天下暴雨时，洪水都会从这里经过，奔向地势低的乌伦古河谷。长长的风刮去平坦处的积雪，裸露出大地的颜色。走在上面，脚下的泥沙细腻而有弹性，背阴的河岸下白雪皑皑。赛虎和蛋蛋一头扑进雪地里打滚，我和我妈顺势把两条小脏狗塞进雪堆里，用碎雪又搓又揉，好好给它们洗了个澡。等洗完了，我们的手指头都快冻僵了。

越往前走风越大，天空越蓝。我妈说拐过前面那座沙丘会有树。不久后，果然就看到了，已经走过那么远的空无一物的荒野，突然看到树，真是难以言喻的感觉。在阿克哈拉，以为树只长在乌河两岸，想不到离水源那么远的戈壁滩中也有。

大约一共十来棵，都是杨树。有三棵在远一点的地方安静地并排生长着，其余的凑成了一片小小的树林，林子里长着芨芨草、红柳和铃铛刺。我们走出河床，向三棵树那边走去，看到树下有毡房驻扎过的圆形痕迹。这些树离地两米高的地方一点树皮也没有，全被骆驼啃光了，裸露着光滑结实的木质。但它们并没有死亡。

我妈向我描述了一下她所观察到的骆驼吃树叶的情景：先用嘴衔住树枝的根端，然后顺着枝子一路撸到枝梢上——于是，这条树枝上的全部树叶一片不剩地全都进了嘴里，又利索又优美。骆驼真聪明，不像牛和马，只会逮着叶子多的地方猛啃一通，一点也不讲策略。

《护生画集》之惠而不费

勿谓善小，不乐为之，惠而不费，亦日仁慈。

出了林子继续向南，风越来越大。快中午了，赛虎和蛋蛋都累得直吐舌头，只有阿黄仍兴致勃勃地东跑西跑，神出鬼没。我们又走上一处高地，这里满地都是被晒得焦黑的拳头大小的扁形卵石，一块一块平整地排列在脚下，放眼望去黑压压一大片。而大约两百米处，又有一个铺满白色花岗岩碎片的沙丘。两块隆出大地的高地就这样一黑一白地紧挨在大地上，相连处截然分明。天空光滑湛蓝，太阳像是突然降临的发光体一般，每当抬头看到它，都好像是有生以来第一次看到一样——心里微微一动，惊奇感转瞬即逝，但记起现实后的那种猛然而至的空洞感却难以愈合。

月亮静静地浮在天空的另一边，边缘薄而锋利。

　　我的额头和后脑勺被风吹得冰冷发疼，咽喉有些疼，大家便开始往回走。回去的路恰好正迎着风，于是我们都不再说话了。满世界都有风声，呜呜地南北纵行、通达无碍。狗儿们似乎也累了，再也不乱跑了，三个并成一排跟在我们脚边。赛虎本来就身体不好，更是累得一瘸一拐，我们只好轮流抱着它走。

　　我妈边走边骂阿黄："刚才我们叫你，为什么不理？就只顾自己瞎跑。哼，现在再听话再摇尾巴也没有用了。"

> 和神最亲密的人，是在一切生命中没有敌人的人，是对所有生命不施加暴力的人。
>
> ——古印度《薄伽梵歌》

老人与老牛①

陈一鸣

李忠烈生在乡下，长在乡下。少年时发奋苦读，考进了韩国排名前三的高丽大学。他从小喜欢影视，坚信自己就是这块料。大学毕业之后他一头扎进影视圈，搞了几年动漫。1993年一个偶然的机会，受电视台委托，李忠烈开始拍纪录片。

韩国很多电视节目都由外包公司制作。纪录片人接下任务，时间紧任务重不说，电视台对最终作品还有诸多要求与限制。如果仅仅把纪录片看成养家糊口的工作，李忠烈也能活得不错。可随着拍摄经验的成熟，他越来越不能忍受"戴着镣铐跳舞"，决心单干。

起初，李忠烈瞄准边缘、奇特、不为人知的题材——煤矿工人、同性恋、算命先生……为了让片子更真实，他往往和拍摄对象同吃同住，努力让对方忘记自己是纪录片人。

但效果并不理想——同性恋者误认为李忠烈是同道中人；算命先生渐渐起了戒心，怕他抢了自己的饭碗……纪录片人的原则——"不介入"三个字说起来简单，做起来却没那么容易。激情开始冷却，自我怀疑日益浓重，李忠烈"甚至搞不清纪录片到底要怎么拍了"，那段时间很绝望。

在韩国搞独立纪录片很艰苦，"有人连吃饭、结婚的条件都没有"。李忠烈倒是结婚了，还生了一个女儿，可妻子越来越忍受不了缺乏安全感的生

---

① 原发《南方周末》，2020年作者重新修订。

活，带着女儿离开了他。

　　一个快四十岁的男人潦倒如此，李忠烈心灰意冷，决意自杀，但职业习惯随即一闪："一个独立纪录片人的自杀过程，兴许是一部不错的片子。"他在屋顶架起摄像机，整整半年足不出户，坐吃等死。当他心怀忐忑观看积攒下的素材，不由得大失所望，镜头中的他"像鬼一样，胖得不行"。看不到凄美悲怆，看不到崇高的审美价值。李忠烈决定，先减肥再死。

　　就在他减肥的过程中，一位朋友敲开了他的门："我发现一位老爷爷和一头黄牛，要不要拍？"

　　几年前他曾委托朋友为他寻找农村题材。多年来一直拍城市边缘人，农村的事他自己都忘了。李忠烈从小生长在乡下，尽管努力挤进了城市，但心底一直有种局外人的感觉。"朋友讲起老人和牛，我耳边马上就响起了牛铃的声音，想起我父亲和他身边的老黄牛。"李忠烈说。尽管农村生活困苦，但那些乡村往事总能让他感到"很优美、很幸福"。

《护生画集》之白云明月任西东

白牛常在白云中，人自无心牛亦同，月透白云云影白，白云明月任西东。

（普明禅师《牧牛图颂》）

2005年，李忠烈开始跟踪拍摄崔益钧。这位78岁的老爷爷始终不明白李忠烈想干什么，不想让他拍。崔益钧有9个孩子，老大是美术老师，与李忠烈算是艺术同行。在老大的劝说下，老人终于接纳了李忠烈。开机后，李忠烈努力不靠近老人，尽量藏起摄像机或远远地偷拍。因为一看见摄像机，崔益钧的老伴就要换上漂亮的衣服，两个人都很不自在。

崔益钧8岁那年左脚坏死，落下残疾。但他生性勤劳上进，竟然养活了9个儿女。9个儿女都接受了教育，也很有出息，都在首尔成家立业。但老人离不开乡村，每天都要让老牛架上牛车，晃晃悠悠地走到田里。无论耕耘还是收获，崔益钧都带着老牛一起按老传统干。几十年来，老人带着唠叨的妻子和任劳任怨的牛，风雨无阻，在稻田里劳作不息。

崔益钧每年除了要给孩子过生日外，还会给牛过生日。那天，全家人都要割最嫩的青草喂牛，而且还要举行仪式，感谢牛的功劳。

孩子们大了，经常给父亲按摩、捶背，可崔益钧老人却经常给老黄牛按摩。老黄牛生病时，崔益钧甚至搬到牛圈和牛睡在一起。他从不买饲料，而是坚持自己割草喂牛。他拒绝农药，拒绝机器，宁可跪着拔草，爬着用镰刀收割。别人在田里打农药，崔益钧马上给牛戴上笼头，生怕牛吃到毒草。

有一次黄牛断炊了，老人拖着病腿爬上稻田边的小坡，割来蒲公英喂牛，老太太急了，那些蒲公英是她留着当药的。老太太抱怨丈夫对牛比对自己好，崔益钧也不辩解，该怎么做还怎么做。每当牛"哞哞"叫起，崔益钧老人的神情都会为之一动。而且还不让牛干重活，常常是自己代替牛耙田……养牛为了干活？还是干活为了养牛？已然不得而知。

崔益钧老人身体越来越差，孩子和妻子都劝他把牛卖掉，安心养老。多方劝解之下，老人不得不牵着黄牛去了趟牛市。牛贩毫不留情地说，这牛白送都未必有人要。然而老人却给牛开了个天价，500万韩元（合人民币3万元左右）。没人买，正合老头心意。

崔益钧待牛好，牛也知道。它对老人百依百顺，从来不耍牛脾气。每次崔益钧出门，老牛都依依不舍，叫几声为他送行，老人认为这是在祝他一路平安，快些回来；而当老人回到家里，老牛又会叫几声表示欢迎。在老人看来，老牛早已不只是耕田的牛了，而是心灵相通的人生伴侣。

春去秋来四十载，老牛浑身皱褶，毛色斑驳，两边牛角朝内弯着，都快顶到脸了。

兽医说，牛顶多还能活一年。对这个判决崔益钧并不意外，但就是不愿承认，他惨笑着应道，假的。从此以后，他更离不开这头陪伴了他很久很久的老黄牛了。

每一天，老人都像往常那样驾着牛车去稻田里，老牛拉车一步三摇，似乎随时都有可能倒下。乍看上去，老人有些狠心。可是到了稻田里，老人把自己当成了老黄牛，连跪带爬劳作不息。老牛什么活儿都不用做，只是在田埂边吃草、休闲，给老人做伴儿。

也许在老人看来，老黄牛就在那里，生活就在当下，必须坚持下去。坚持，坚持到底，哪怕再艰辛也绝不放弃。

《护生画集》之人牛相对眠

山村柳絮天，稚子习耕田，饭罢日亭午，人牛相对眠。（清 汤贻汾诗）

《牛铃之声》的投资人原本计划拍摄一年，拍到老牛过世。李忠烈也以为牛只能活一年，拍完这一年自己接着自杀。没想到一年过去，牛在崔益钧老人的精心照料下仍然活着，投资人见状，连招呼都不打一个就走了，然而李忠烈不想放弃,他发现自己已经离不开崔益钧老人和他的老黄牛了。两年过去了,老黄牛还是没有死,摄影师、录音师、工作人员……一个个都离开了,他们都不愿意把自己宝贵的时间搭在一位老人和一头老黄牛的身上。

牛越来越老,崔益钧也越来越老,跟人交流时,别人只有对着他的耳朵大声喊叫他才能听清楚,渐渐地他与人断绝了交流。只有面对老黄牛时,老人嘴里才有说不完的话。再后来,只要崔益钧老人走近老黄牛,老黄牛就会睁大眼睛看着老人流泪,老人也总是不加掩饰地热泪盈眶。

崔益钧老人喜欢和老黄牛说话,说得最多的话是"活着!好好地活着!"每当太阳落山,稻田中两个苍老的生命都沉浸在暮色里,相偎相依,不离不弃。这时候,现场只有李忠烈一个人扛着摄像机,背着录音机,默默地待在老人和老黄牛的身边。

三年后,老黄牛死了,走得非常安详。耕牛的寿命通常只有15年,而崔益钧老爷爷的这头牛整整活了40年。

崔益钧的老伴儿说,"没有这头牛,老崔大概早死了。我敢说韩国没有任何一头牛驮了这么多柴禾才死。"李忠烈坚持拍摄三年,一直拍到老黄牛离开世界。这期间他渐渐发现,老人和老黄牛就像一味药,治愈了自己的自杀倾向,"我终于懂得,活着,才是人世间最美好的事情!"如此说来,一头牛救了两个人,它让两个男人在困境中选择了顽强。

李忠烈的纪录片《牛铃之声》,创下了投资不到200万元人民币却赚得1.2亿元超高票房的世界纪录。凭借《牛铃之声》,李忠烈获得韩国第45届百想艺术大赏电影类新人导演奖,在获奖感言中他眼含热泪动情地说:"感谢片中那对老夫妇,感谢那头老黄牛!"

● 陈一鸣,自由撰稿人。出生于黑龙江,1992年毕业于厦门大学,工作生活在北京。曾任《南方周末》编辑、记者。酷爱在人文地理、民族宗教领域探幽索微,曾在《南方周末》《华夏地理》等刊物上发表哈尼梯田、塔吉克鹰笛、热贡唐卡、西北民族走廊等多篇报道。

> 洪荒时代，人类从大自然中选择了狗，而它也终究没教人失望，成了自然界中最善解"人"意的动物。
>
> ——嘉贝丽·文生（比利时插画家、《流浪狗之歌》作者）

在巴黎宠物公墓读诗

刘心武

索菲对我说，你先去远处转转，不要回头看我。我就背对她往巴黎宠物公墓深处走去。公墓位于巴黎北郊的塞纳河畔，不闻市声，只有鸟鸣。徘徊在排列大体整齐的墓位间，观看着墓碑上那些宠物的照片或雕像，还有扫墓者留下的鲜花与祭物，心中不免与此前参观过的埋人的拉雪兹、蒙玛特、蒙巴那斯等墓地景象相比，觉得除了墓体较小外，整个儿的氛围是完全一样的，那就是亲情流溢，生者与死者在这里可以对话，继续心灵间的沟通。

那天是典型的巴黎天气，时而云开光泄，时而细雨霏霏。那时墓园里除了我和索菲，只有一对老夫妇，我依稀看见他们在那边一个墓边弯腰摆放盆花，本想用望远镜头拍张情景照，想到老友索菲为她的狗扫墓都不愿我干扰，怎能去惊动那对陌生的夫妇呢？我把镜头对准了身边的一座猫、狗合葬墓，猫名琵琪，逝于1992年，活了12年，狗名尼可拉，逝于1997年，享年15年，可知主人事先就买下了足能葬下它们的穴位，顶部呈波浪形的黑大理石碑体上，两位的玉照都是被女主人拥在怀中拍下的。

流连间，索菲走了过来，眼角的泪痕尚未拭净。她主动为我翻译那些墓碑或座石上的题词。"十二年里，我们共同度过/那些好的和坏的日子/刻在我心上的记忆/岁月也不能剥蚀"，这是为一只名为茜贝的猫。"你/我们的狗/比人更有人情味/有的人会在某个时刻背弃/而你始终如一/甚至在我们倒霉的时候/我们心灵深处/你排名第一"，后面有一家人的签名。"一颗真诚的心/用毛包裹/6千克是纯粹的爱/你给予我们的欢乐/无法用言辞表达", 6千克的猫咪爱米丽, 逝后获得如此厚重的谥语, 天堂有知, 该怎样幸福地微笑?

索菲告诉我, 这座占地数顷的公墓, 是1899年由马尔格利特杜朗侯爵夫人捐建的。当时她死去一匹爱马, 就葬在了公墓一进门的地方。进门那座很高的大狗雕像下, 则是墓园里的第二位入葬者, 是杜朗夫人家乡阿涅尔市的市政府来公葬的, 那里是个滑雪胜地, 那一年发生雪崩, 这条名巴帕利的义犬一连救出了40个遇难者, 却在去救第41个时, 被那心慌意乱的家伙开枪打死了。我们在参观中发现了几个鸟墓一个猴墓, 其余几乎全是猫、狗的墓葬。

《护生画集》之守冢(灵犬六)

陈武帝既害王僧辩, 王之属吏扬州刺史张彪亦败走。彪与妻杨氏, 及所养犬名"黄苍"者, 入匿若耶山中。陈文帝遣章昭达领千兵重邀之, 并图其妻。彪眠未起, 黄苍惊吠, 劫来便啮, 一人中喉即死。及彪被害, 黄苍号叫尸侧, 宛转血中……既葬, 黄苍又俯伏冢间, 号叫不肯离。(《南史》)

西洋人的墓地重艺术装饰, 重氛围的营造, 巴黎那些葬人的墓地里, 有更多的题词、题诗, 但是, 人对人, 有时就不能免除虚伪, 绮丽动人的诗句, 也许是违心敷衍的产物, 这宠物墓地里的题词、题诗就绝不可能含虚伪的成分, 据说这是目前世界上唯一正式经营的宠物墓地, 墓位基本上已满,新申请者要等到购买期满的旧墓过了法定等待续款期以后，才能启用那墓位，而且费用不菲，若不是心中真有挚爱，谁会为死去的动物图虚荣写虚伪的词句呢？

索菲说有两个最好的题诗我一定要听她翻译，说着带我到那两个墓前，一首短的："我的欢愉我的悲愁/都能从你眼里看到/这是双重思想的光芒？/你逝去了/可你的眼光还在我眸子里"；一首长的："这里安葬着狄克/我生命中唯一的朋友/内疚刺痛我的心/我曾那样粗暴地将他训斥/想起那时他脆弱的样子/惊异于我怎么没及时中止？/现在我多么孤凄/想对他说我再也不会粗暴/期待着梦中相会时的原谅/狄克的主人真心实意地深爱过他/正是因为相信他懂得这爱/我心里才不再一阵阵疼痛"，写下这些句子的都不是诗人，可谁能说这不是诗？

不过墓园里更多的墓上只有一句"我们生活中的挚爱""永生难忘"之类的简短题词，又转到索菲爱犬咪噜的墓前，素净的花岗石墓体上只有名字和生卒年，像这样的处理方式也为数不少。我望了索菲一眼，她眼角又有泪光。我知道，咪噜是在她生活最艰难的时刻来到她家的，却在她生活得到提升时溘然而逝，那共度的岁月里有许多诡谲的遭际、幽深的心曲，她那眼角的泪光，不也就是为咪噜吟出的诗句么？

● 刘心武，1942年出生于四川成都。中国当代著名作家、红学研究家。曾任中学教师、出版社编辑、《人民文学》主编等。1977年发表的短篇小说《班主任》被认为是"伤痕文学"的发轫之作。长篇小说《钟鼓楼》获得第二届茅盾文学奖。长篇小说《四牌楼》获第二届上海优秀长篇小说奖。2019年，长篇小说《钟鼓楼》入选"新中国70年70部长篇小说典藏"。20世纪90年代后成为《红楼梦》的积极研究者，2005年起陆续在中央电视台《百家讲坛》录制播出《刘心武揭秘〈红楼梦〉》《〈红楼梦〉八十回后真故事》系列节目共计61集，并推出同名著作。2011年出版《刘心武续红楼梦》，引发国内新一轮"红楼梦热"。除小说与《红楼梦》研究外，还从事建筑评论和随笔写作。

> 狗是佛法的实践者，它很清楚自己在生物界里的角色扮演，分分秒秒都是很欢喜很自在地生活着。
>
> ——杜白（兽医、作家）

狗性与人性

陈　染

我家的小狗三三是个英俊的"男孩"，黑黑的卷毛，长长的耳朵，大大的眼睛，如同一只黑色的羊羔。我常趴在地上和三三抢球球，我们俩摸爬滚打、叽里咕噜不分彼此。三三眼中一定觉得我是他的同类，并且和他长得一样，因为三三拒绝照镜子，见到认清自己真实面目的镜子，他总是掉头就跑。所以，至今他也不知自己是个什么样子。

外面的世界越是现实与功利，我对三三的感情越是纯朴与真切。甚至，我对他的溺爱已经到达丧失原则、毫无节制的地步，这多少有些违背我一贯的处世姿态。人大概都会有这样的一面：面对强权无理的时候，可以据理力争，可以反抗，可以不妥协，起码可以用沉默无声表达自己的不认同；但是，面对一个弱小无助的被剥夺了话语权的小生命，只能是除了怜爱，还是怜爱。

想当初三三刚到我家来时，他总是用那清澈纯粹的眼神看着我，那种眼神你只能在孩童的眼里才能看到——纯真的、恳切的、企盼的、无辜的、忘我的……黑黑大大的瞳仁占据了他的整个眼孔。他就那样长时间地凝望着我，我走到哪儿，他的小脑袋就转向哪儿，向日葵似的。更多的时候，他亦步亦趋地跟着我，我去厨房，他就跟到厨房；我去卫生间，他就跟到卫生间，仰着头守候在一边。他好像随时在观察我的脸色，揣摩我的心思，判断着我此刻的打算，时刻准备着我说出一句："三三，带你玩儿去喽！"三三会一跃而起，跳起来热烈地扑向我，然后迫不及待地冲向房门，哈哈哈地吐着舌头，兴奋不安地在门口踱来踱去。只是我太"吝啬"了，有时候好几天才带他出去玩一次。每每这时，我的内疚之情便油然而生，一遍又一遍地跟三三道歉："对不起啊三三，不能天天带你出去玩，真是对不起！"但是，三三从来没有对我挑过眼，永远一副不计前嫌、宽容大度的样子，欢快地摇着小尾巴，接受和理解着我的歉意。

很多时候，三三并不期待"出去玩儿"这样盛大奢侈的欢乐，只消我说，"三三，给你小片片"（一种宠物营养片），他就会手舞足蹈，以最快的速度奔向他的专用食物柜旁边，蹲在地上仰着脑袋等候着。

甚至有时候，三三只是等待我用手拍拍他的后背，说一声："宝贝，我在工作，你自己玩儿好吗？"他就会心满意足地摇摇尾巴，欣然接受，然后选择离我最近的地方卧下来。三三缠在我的脚边，我建议他回窝里睡觉，他不肯离开，倚着我的脚踝骨卧在小毯子上。一团热乎乎的羊羔似的小身体把我的脚弄得暖暖的，那种不离不舍的绵绵的温暖传递到我心里，总是使我感怀。直到我关上电脑，主机发出轻微的咝咝声，他便迅速抬起脑袋，支起耳朵，眼神里充满了新的期待。他已谙熟这咝咝声意味着我的工作结束了。

《护生画集》之知音犬

勾吴孙方伯藩家，畜一犬，闻弦歌声，辄摇尾至。坐于弹者之侧，侧耳倾听，声哑哑然，似相应和状。叱之不去，曲终自退。闻声则又来。家人呼之为"知音犬"。（《已疟编》）

经常是在傍晚，我对三三说："咱们出去玩儿喽！"三三立刻放下嘴里的狗咬胶，颠颠地跑过来和我热烈拥抱。每当三三表达他最大的感激或者高兴之情时，他就用两条后腿站在地上，两条前腿搭在我的肩上（我蹲在地上），做出拥抱的样子。我拍拍他的后背："好了，好了，咱们准备出发了！"

到了户外，三三就如同去周游世界一般欢快。天色已渐渐发黑，月光透过小路两边的树枝，洒下斑斑驳驳的暗影，三三的黑色卷毛立刻在傍晚的天色中变得影影绰绰，模糊难辨。我们呼吸着冬天冰冷的晚风，心中无比惬意。三三和我一前一后，他跑一会儿就停下来回头等会儿我。我们并不是总沿着平时熟识的路线走，有时我会引领着三三走向一条从未走过的新路。三三完全信赖地任凭我引领着，无论往哪里走，只要跟着我，三三就会觉得是走向自由与光明。

客厅沙发旁边的窗台是三三经常光顾的地方，不出门的日子，他喜欢在那里望风景，窗户外边是一片矮楼的顶层平台，隔着一片空旷，可以眺望到车水马龙的三环路，川流不息的车辆似乎是三三永不怠懈的风景片，他在窗台上能够静静地观赏半个小时甚至一个小时。我在电脑前专心工作，偶然一抬头，看到三三独自在窗台上隔着玻璃眺望窗外，孤单单的小脊背落满了寂寞，我心里立刻忍不住地发疼，对自己充满深深的自责——我为什么不能像那些悠闲无事的人们一样，每天牵着狗狗到街上或公园漫步玩耍呢？那才是属于狗狗的真正的欢乐啊！

亲爱的三三，真是对不起！

三三在家里自愿担任保安工作。可是，每当我要出门时，他这个保安就会上来找我的麻烦。他缠在我身边，或者抢我的包，或者叼走我的手套围巾，以示不满。后来，我从一个同行朋友那里学来一句灵验的话，才算解脱了我的离家之难。现在，只要我出门前说："三三保家卫国！打倒法西斯，自由属于人民！"三三就会立刻掉转身，回到离家门口最近处的自己的毛毯上卧下来，开始了他安静的毫无怨言的默默守候。那眼神似乎在说：我的使命就是为人服务的啊！

　　几年来，我和家人给三三以完全的平等和充分的民主，让他感受到他的生命和我们人类一样没有高低贵贱之分。这的确是我们的初衷：世界万物都是平等的，人类没有权利对一花一草一只小动物不尊重甚而践踏。有时候我在街上看到有人粗鲁地虐待不会说话的小动物或植物，总是痛心疾首，义愤填膺。我觉得，我有义务代表人类对以三三为代表的小动物表示我们的尊重和爱。

　　家中的阳台是三三的私用厕所，神圣不可侵犯。空闲时候我常常把报纸分类，具有浏览价值的部分我和母亲用来翻看，空洞无物、套话连篇或者低俗煽情、无聊广告的版面，就给三三铺在阳台上用来排泄大小便，物尽其用。但是，我有时候忙起来也顾不上分类。三三在阳台的报纸上弓着小脊梁拉臭臭，低着头好像专注地读报纸的样子。我注意到他每次如厕都要先看一看纸上的标题，然后专往某种版面上尿尿或者大便。他的选择常常让我惊诧。

　　我夸赞说："三三不用请就亲自去拉臭臭，值得颂扬。而且报纸也学得好啊！以后我介绍你当××协会的会员。" 三三似乎不怎么爱听这话，拉完臭臭就大摇大摆高傲地离开了，对我的称赞置若罔闻，不屑的样子。我猜测，三三的小心眼儿里也许觉得我小看了他呢，自以为起码得请他当个理事、副主席之类的吧？我又是自讨一场没趣。

　　三三的趾甲长了，走在木地板上发出踏踏的响声，经常是从一个房间奔跑到另一个房间后，收不住脚地在地板上打滑。我和母亲决定带他去医院剪趾甲。我家附近有两家宠物医院，我决定带三三去那一家全是由男人当医生和护士的宠物医院。到了医院门口，我把三三抱起来，对他说："三三，我们进去让叔叔修修你的趾甲，然后我们就回家好吗？"三三来不及表示什么，我们已经走了进去。三三见到那些身穿白大褂的男医生男护士走来走去地忙碌着，立刻被镇住了，一下子变得听话、乖巧、顺从，十分配合，全然没有了在家里给他剪趾甲时的反抗。我们坐下来，他自觉地伸出小腿，一声没吭，男护士只用了十几分钟，趾甲就被喀里喀嚓剪完了。整个过程，三三像个最听话懂事的好孩子。

　　回到家，到了属于自己的地盘，三三有恃无恐地发泄起来。他毫不犹豫地一头钻进卫生间，以迅雷不及掩耳之速，把整整一卷卫生纸拖拉着展开，从卫生间拖到客厅，然后又从客厅拖到卧室，他滚动着卫生纸四处铺展……

待我换完拖鞋走进屋时，只看到一片白茫茫大地，真可谓：忽如一夜春风来，千树万树梨花开……

我一下子"怒"从中来，随手抄起茶几上的一本鲁迅的书，虚张声势地对准三三的臀部，雷声大雨点小地打起来：

我让你见了高大的权威就低眉俯首、媚态百出，极尽奴颜婢膝、阿谀奉承之能事！我让你号称是家里的保安，号称以家为本，以为人服务为己任，实际上你骄横无礼，作威作福，只会争权和夺利！我让你整天骗吃骗喝，好吃懒做，贪婪腐化，不学无术，不注意体形，整天"只仰卧，不起坐"！我让你……大概是手握鲁迅书的缘故吧，我的言辞忽然变得一反常态的激烈和刻薄。三三一溜烟地跑开了，躲到远远的桌子底下，露出一双惊恐无措的大眼睛……

（附言：亲爱的三三，我为了写这一篇《狗性与人性》，专门挑出你的小毛病放大、夸张，并升华到"人性"的层面，这对本是狗狗的你实在有失公允，你这代人受过的可怜的哑巴孩子，对不起！你有那么多狗狗的可爱与美德，只是不适宜放在本篇来说。我与你一起的日子，所有人世间的纷争和冷酷，全被你无限的信赖与欢乐驱散了，你教我抓住生活中的点点滴滴尽情地珍爱和享受，教我宽容大度平常心，告诉我狗狗从不像我们人类那样看重功利目的这一美德。与其说收养你是我改变了你的命运，毋宁说是你改变和教会了我很多很多。永远爱你，三三！）

● 陈染，当代著名作家。生于北京。1986年大学毕业。已出版小说专集《纸片儿》《嘴唇里的阳光》《无处告别》《与往事干杯》《陈染文集》6卷，长篇小说《私人生活》，散文随笔集《声声断断》《断片残简》《时光倒流》，谈话录《不可言说》等多种专著。在中、英、美、德、日、韩、瑞等十几个国家出版了近200万字文学作品。

> 动物到此其来有自，它们在地球上有任务；当它们完成任务时，会感到愉快而满足。我们可以观察其神圣的生涯目标，比较动物和人类，欢乐、愉悦、大爱是动物朋友的本质。它们努力将那些品质带进我们的生活和世界，因此它们于我们实在是亦师亦友、至亲所爱，而人类就是其照护者。
>
> ——琳达·罗斯鲁特（荷兰心理医师）

共同的家

刘亮程

那头黑猪娃刚买来时就对我们家很不满意。母亲把它拴在后墙根，不留神它便在墙根拱一个坑，样子气哼哼的，像要把房子拱倒似的。要是个外人在我们家后墙根挖坑，我们非和他拼命不可。对这个小猪娃，却只有容忍。每次母亲都拿一个指头细的小树条，在小猪鼻梁上打两下，当着它的面把坑填平、踩瓷实。末了举起树条吓唬一句：再拱墙根打死你。

黄母牛刚买来时也常整坏家里的东西。父亲从邱老二家买它时才一岁半。父亲看上了它，它却没看上父亲，不愿到我们家来。拉着一个劲地后退，还甩头，蹄子刨地向父亲示威。好不容易牵回家，拴在槽上，又踢又叫，独自在那里耍脾气。它用角抵歪过院墙，用屁股蹭翻过牛槽。还踢伤一只白母羊，造成流产。父亲并没因此鞭打它。父亲爱惜它那身光亮的没有一丝鞭痕的皮毛。我们也喜欢它的犟劲，给它喂草饮水时逗着它玩。它一发脾气就赶紧躲开。我们有的是时间等。一个月，两个月。一年，两年。我们总会等到一头牛把我们全当成好人。把这个家认成自己家。有多大劲也再不往院墙牛槽上使。爱护家里每一样东西，容忍羊羔在它肚子下钻来钻去，鸡在它蹄子边刨虫子吃，有时飞到脊背上啄食草籽。

牛是家里的大牲畜。我们知道养乖一头牛对这个家有多大意义。家里没人，遇到威胁时，其他家畜都会跑到牛跟前。羊躲到牛屁股后面，鸡钻到羊肚子底下。狗会抢先迎上去狂吠猛咬。在狗背后，牛怒瞪双眼，扬着利角，像一堵墙一样立在那里。无论进来的是一条野狗、一匹狼、一个不怀好意的陌生人，都无法得逞。

在这个院子里我们让许多素不相识的动物成了亲密一家。我们也曾期望老鼠把这个家当成自己家，饿了到别人家偷粮食，运到我们家来吃。可是做不到。

《护生画集》之冬日的同乐

盛世乐太平，民康而物阜。万类咸喣喣，同浴仁恩厚。

昔日互残杀，而今共爱亲。何分物与我，大地一家春。

经过几个夏天——我记不清经过了几个夏天，无论母亲、大哥、我、弟弟妹妹，还是我们进这个家后买的那些家畜们，都已默认和喜欢上这个院子。我们亲手给它添加了许多内容。除了羊圈，房子东边续盖了两间小房子，一间专门煮猪食，一间盛农具和饲料。院墙几乎重修了一遍，我们进来时有好几处篱笆坏了，到处是大大小小的洞。拆掉重盖又拆掉垒了三次狗窝，一次垒在院子最里面靠菜地的那棵榆树下，嫌狗咬人不方便，离院门太远，它吠叫着跑过院子时惊得鸡四处乱飞。二次移到大门边，紧靠门墩，狗洞对着院门，结果外人都不敢走近敲门，有事站在路上大嗓子喊。三次又往里移了几米。

这些小活都是我们兄弟几个干。大些的活父亲带我们一块干。父亲早年曾在村里当过一阵小组长，我听有人来找父亲帮忙时，还尊敬地叫他方组长，更多时候大家叫他方老二。

牲畜们比我们更早地适应了一切。它们认下了门：朝路开的大门、东边侧门、菜园门、各自的圈门，知道该进哪个不能进哪个。走远了知道回来，懂得从门进进出出，即使院墙上有个豁口也不随便进出。它们都已经知道了院子里哪些东西不能踩，知道小心地绕过筐、盆子、脱在地上没晾干的土块、农具，知道了各吃各的草，各进各的圈，而不像刚到一起时那样相互争吵。到了秋天院子里堆满黄豆、甜菜、苞谷棒子，羊望着咩咩叫，猪望着直哼哼，都不走近，知道那是人的食物，吃一口就要鼻梁上挨条子。也有胆大的牲畜趁人不注意叼一个苞谷棒子，狗马上追咬过去，夺回来原放在粮堆。

一个夜晚我们被狗叫声惊醒，听见有人狠劲顶推院门，门哐哐直响。父亲提马灯出去，我提一根棍跟在后面。对门喊了几声，没人应。父亲打开院门，举灯过去，看见三天前我们卖给沙沟沿张天家的那只黑母羊站在门外，眼角流着泪。

● 刘亮程，著有诗集《晒晒黄沙梁的太阳》，散文集《一个人的村庄》《在新疆》，长篇小说《虚土》《凿空》《捎话》等，获第六届鲁迅文学奖。有多篇散文选入中学、大学语文课本。现任中国作家协会散文委员会副主任、新疆作家协会副主席、木垒书院院长。

日出照东城，春乌鸦鸦雏和鸣。雏和鸣，羽犹短。巢在深林春正寒，引飞欲集东城暖。群雏缘徙睅睨高，举翅不及坠蓬蒿。雄雌来去飞又引，音声上下惧鹰隼。引雏乌，尔心急急将何如，何得比日搜索雀卵啖尔雏。

——［唐］韦应物《乌引雏》

乌鸦姑娘

海 若

小姑娘沙丫生下来不久就得了小儿麻痹症，不能走路了。沙丫的家周围方圆十几里沙地上，只住着稀稀落落的几户人家，他们都是人工草场林场招募来的治沙工人，沙丫的爹妈每天要走到十里地外的生态实验地去种草种树。

比起旁的种草人家，沙丫家幸运的是院子里有一棵大树，方圆十多里，沙地上也就这么棵树。白天，沙丫的爹妈出门的时候，把沙丫放进一个倒卡过来的箩筐里，那箩筐的底部编制的时候特意留了一个洞，拴进一块木板，好让沙丫坐在里面，半个身子露在箩筐外面，再用一根绳子系在树干上拴住箩筐。他们每天给沙丫留下一些干粮作午饭，有时候是一个干馍，有时候是一张烙饼，再就是一小瓶矿泉水。

沙丫一直不怎么会说话，但凭着她对声音有反应，嘴里从小就能发出咿咿呀呀的声音，爹妈知道她不聋也不哑，是因为常日里没人和她说话才这样的，可后来，他们总是听她憋着喉咙发出老腔老调的"呀——呀——"的声音，沙丫妈说，坏了，这孩子怎么学会了老鸹子叫呀？

种草的人都劝这对夫妇再要一个健康的孩子，沙丫她妈就又怀孕了。头三个月里，她没大去种草，守在家里自己下些面疙瘩，好让肚子里的娃儿有营养。本来想着这几个月里，苦命的沙丫跟着娘好吃上些热汤面，却不曾想到，沙丫不吃面疙瘩，沙丫还是要啃干馍。

没哪个娃儿不知道，漂着蛋花，撒上野葱的热汤面比干馍好吃。沙丫妈守在家里的第一天给沙丫端上热汤面，她就在大树下吃了，树上一只乌鸦呀的一声飞下来，落在沙丫的肩膀上，沙丫端起碗，把半碗热汤面送到乌鸦的嘴边，乌鸦歪了一下下脑袋，呀的一声又飞回了树上。沙丫不再吃了，对着树上叫："呀——呀——……"树上的那只乌鸦也回应她："呀——呀——……"一直对叫到沙丫叫累了，上半身伏在箩筐上睡着了。

第二天，沙丫不肯吃热汤面了，她要馍。干馍一到手，沙丫就对着树上唤："呀——呀——"，那只乌鸦扑簌簌飞了下来，落在沙丫的膀子上，沙丫掰开干馍，自己咬一口，乌鸦啄一口，两个小东西不一会儿就把一个干馍吃得渣都不剩，那些吃掉下来的馍渣都被乌鸦啄干净了。吃完以后，乌鸦还是舍不得离开，沙丫打开矿泉水瓶子，把水倒在瓶盖上给乌鸦喝，半瓶水下去，乌鸦喝足了，呀的一声朝远方飞去。

《护生画集》之抚孤

卫衙梓巢，鹳父死于弩。顷之，众拥一雄来，匹其母。母哀鸣，百拒之，雄却尽啄杀其四雏。母益哀顿以死。群凶乃挟其雄逸去。（《虞初新志》）

这一切都被沙丫妈看见了，可怜女儿只能和乌鸦做伴，难怪五岁了都不会叫娘！她还纳闷那只乌鸦吃饱喝足了咋不回到树上去，却是飞走了。是不是自己躲在窗口偷着看的时候惊动了它？它还会飞回来吗？沙丫的妈这会儿多希望它还能再飞回来呀！可怜的沙丫只能和乌鸦做朋友，沙丫自己并不觉得，她觉得她和乌鸦在一起很愉快。要是没了乌鸦，沙丫才是真的可怜呢！

傍晚的时候，乌鸦回来了，沙丫迎着大漠天边金红色的又大又圆的落日向着远处飞回来的乌鸦大笑着伸出了一双小手，乌鸦飞落在她的手上，张口吐出了一团绿色的东西，接着又飞到了沙丫的肩膀上，沙丫妈见女儿把那团乌鸦吐出的东西往嘴里放，三步并两步地上前抢到手上，天哪！那含着乌鸦唾液的东西竟是些半死不活的青虫和草籽！

丫头，这些东西怎么能吃呀！沙丫妈大叫起来！一甩手把这些东西扔到地上，乌鸦吓得飞回到树上，沙丫哇——的一声大哭了起来。

不久，沙丫的弟弟沙娃出生了，他们一家要搬到长出了人工新草地和人工林的地方去落户，那里有希望小学，沙丫也该上学了。

沙地的邻居说，他们一家人那天坐着骡子拉的大平板车，带着不多的家什走的，树上的那只乌鸦跟着骡子车飞着送出去很远很远，再也没见它飞回来。

● 海若，原名汤海若，1954年生于江苏南京。1970年进南京汽车制造厂工作。1983年开始发表文学作品，至今共发表过散文、报告文学、小说、诗歌、文学评论计百万余字。代表作有：绿色生态纪实文学集《家在青山绿水间》，中篇小说《上世纪的恋情》，报告文学《大漠沙魂》《黑杨礼赞》《江南舞魂》，文学评论《玉秧·活生生地演示〈1984〉》《毕飞宇笔下女性引来的话题》等。

> 现在，我可以平静地注视着你：我已经不再吃你了。
>
> ——弗兰兹·卡夫卡（奥匈帝国作家）

沙漠人家

海 若

在中卫沙坡头，一对中年夫妇带着儿子承包了腾格里沙漠边的沙都公园。开园那天，朋友送了他们一只公鸭以示祝贺，并说好了晚上来园里吃酒，要用这只鸭子做下酒菜。

他们没有舍得杀这只鸭子，在沙区，生命是脆弱的，也是难得的，他们收养了它。为了招待朋友，男主人专门跑了一趟县城，买回一只南京板鸭。从此，这只公鸭成了这家的中心成员，起名鸭嘎，全家人都围绕这只鸭子改了称呼：男主人是鸭爸，女主人是鸭妈，10岁的儿子是鸭哥。

公园里有个人工沙湖，岸边长满了黄柳、花棒等沙生植物。赤足走在岸边，细沙的舒软遍及全身。湖水是从黄河引上来的，经过三级泵打，两重过滤，湖面天光云影，碧水见底，是鱼虾的乐园、鸭嘎的天堂。在这里，鸭嘎恢复了远祖的天性，知道在"家里"得宠，对鸭爸和鸭妈不大买账，男女主人唤它，它时常是爱理不理，只对鸭哥特别青睐，每天早晨都用两声叫唤送鸭哥去上学，下午又摇摇摆摆地走到公园门口去等放学的鸭哥回来，一见到鸭哥的身影，它就扑扇着翅膀迎上前去，用它那杏黄色的扁嘴蹭鸭哥的脚脖子。鸭哥也很护鸭嘎，他不让进园的游人逗它，每天都拿出父母为自己准备的冰激凌与鸭嘎共享。

沙湖里有个湖心岛，主人用芦柴在岛上搭了歇凉亭，植了草皮，供游人品茗赏景。客人上岛乘脚踏游船，主人自备了一艘小快艇做上岛服务之用。有趣的是，如果快艇上只有鸭爸鸭妈，鸭嘎只是在水中兀自玩耍，只要鸭哥在船上，鸭嘎必定尾随其后，时而搔首弄姿，时而张开双翅在水面轻步疾走，欢快异常。鸭哥对我说，他一直想进城买只母鸭给鸭嘎做老婆，又怕鸭嘎有了老婆就不和自己亲近了。这个男孩儿说得很认真，真把鸭嘎当成了人。

这家人还养了一窝鸡，也养出了灵性。原先只有一公一母，母鸡刚会下蛋就不见了踪影，公鸡在母鸡失踪的日子里每天早出晚归，显得很平静。主人以为母鸡被狼拖了去，不再去找。没想到，20来天后，母鸡挺着胸，领着一群鸡娃娃回来了。鸭哥跟踪母鸡，找到了它每天下蛋的那个沙坑，在一座大沙梁的后面，它每次下过蛋都刨上沙掩埋起来。蛋积多了，它又来抱窝，公鸡每天来给它送食吃。他们发现后没有声张，只是在犯愁，养着这群"神鸡"，既不能杀着吃，又吃不着蛋，这鸡婆子还不断地给增添着"人口"，怎么办？

真是一群幸运的生灵，遇上了对生命倍加关爱的沙漠人家。

《护生画集》之余粮及鸡犬

一川草长绿，四时哪得辨？短褐衣妻儿，余粮及鸡犬。（唐丘为诗）

> 积善之家，必有余庆，积不善之家，必有余殃。
>
> ——《易传·文言传·坤文言》

躲不开的甲鱼[①]

路长青

2014年"五一"期间，我和在京打工的几位四川老乡到密云水库去玩。为图便宜和安静，我们住在密云水库不远处的一个农家院里。

我们准备离开的时候，小院来了一个大胡子男人，带着一大两小三只甲鱼，与房东讲起了价钱。大胡子男人要价1200元全卖，而房东最多只出600元。

大胡子男人有些生气，把竹筐里的三只甲鱼倒在小院的水泥地上，嘟哝道："您看清楚了这是纯野生甲鱼，光这只大的就有5斤多，在市场上最少能卖1500元……"说话间，大甲鱼一走一斜楞地拼命地往门口方向逃，两只几两重的小甲鱼紧随其后。这时我才发现，大甲鱼的左前肢受了重伤、还在不停地流血，只能用两个后肢和一个前肢艰难爬行。

大胡子男人并不着急，等三只甲鱼快到小院门口的时候，大胡子男人才慢腾腾走过去，一手抓住一只小甲鱼，回到原来的位置上，然后抬起左脚踩在那两只可怜的小甲鱼身上，小甲鱼的脑袋本能地缩回甲壳里。房东指着那只大甲鱼说："它已经爬出院门了，让我帮你把它抓回来。"大胡子男人诡秘一笑："不用，它自己会乖乖地走回来的。"左脚一用力，两只小甲鱼缩脑袋的凹坑里顿时"嘟嘟"地冒气泡，紧接着，两只小脑袋伸了出来，发出"吱吱"的哀叫声。我内心感到一阵揪心的疼痛，想制止他，最终却选择了沉默。

大概也就过了不到一分钟的时间，那只大甲鱼果然拖着一根伤腿、一走

---

① 原载《博爱》2015 年第 10 期。

一斜楞地爬了回来。它径直来到两只小甲鱼身旁，使劲地用甲壳推大胡子男人的脚。大胡子男人用右脚使劲往上一勾，顿时把大甲鱼掀了个四肢朝天。房东感慨："都说老牛舐犊情深，想不到这甲鱼也特护崽呐！"大胡子男人嘿嘿笑着说："我也正是因为它的这一致命弱点，才逮到这个大家伙的。"

看到大家好奇的目光，大胡子男人愈加得意地显摆道："今儿中午我在水库边的一个小沟岔闲溜达，意外看到这仨甲鱼在一个倾斜的青石板上晒甲壳。我悄悄接近，这大甲鱼'滋溜'一声顺着石板滑进水里。我急忙扑上去，也只抓到了这两只小甲鱼。谁知，就在我懊恼不已的时候，这大甲鱼竟然又游到水边来，瞪着一双绿豆眼直愣愣地看着我。我飞快出手把它捞起，它伸长脖子还想咬我的手，我连忙把它狠狠摔在乱石堆里，把它的左前腿给摔折了。"

大胡子男人为房东递了一支烟，最后提价"再加200就卖"，房东说"我最多给你加100元"，还说"你这属于非正常渠道弄来的，算是白捡，给你700块已经不少了"。两人谈崩，大胡子男人更狠地踩那两只小甲鱼撒气。

大甲鱼听到两个小甲鱼的哀叫，咬住大胡子男人的裤脚使劲往外拖。我忍不住多了一句嘴："先生，您就松松脚吧，再这样踩下去，这两个小东西会没命的。"中年男人立即把火气撒在我身上："要心疼你买了去！"

几位老乡连忙为我打圆场，连推带拉地催我赶紧上路。大胡子男人斜着眼嘲讽我们说："你们一帮打工的，想必也吃不起这种东西。如果你们要，给600元我就卖——怎么样？"

中年男人说这话的时候，我一只脚已经迈出小院的大门了，不由又回头看了那一大两小三只甲鱼一眼。也就是这忍不住的一眼，让我作出了一个大胆的决定："将这三个甲鱼全部买下！"于是，我站在原地不卑不亢地对那中年男人说："这可是您说的，咱们一言为定！"中年男人不相信地对我说："一言为定！"并指着甲鱼又说了一句："谁反悔，谁就是它！"

我身上只有300多块钱，只得让几位老乡帮我凑齐。老乡们感到不解，纷纷问我"你真要这种东西"，我来不及解释，把600元钱往中年男人手里一塞，用竹筐装上甲鱼就走。

出农家院不远，就是密云水库的一个小沟岔，我小心翼翼地把这三只甲鱼拿出来，款款放在水边的石坪上，自言自语说："你们快走吧！以后长点记性，放机灵点，别再让人逮着。"

几位老乡发现我要将这三只甲鱼放生，十分惊讶。两位老乡不由分说，把三只甲鱼捉进竹筐，提起就往回走。我说："这是母子三条命啊，吃掉哪一个我都不忍心！"把竹筐重又夺了回来。为避免再有反复，我不由说了狠话："我买的东西我做主，就是600块钱当水漂玩，也与你们无关！"

我再次把三只甲鱼放在石坪上，用手从后面推着它们往前爬。三只甲鱼终于到了石坪边缘，再有一步就可以游进水里了。而那只大甲鱼却慢慢回转身子，用右前肢艰难地支撑身体前端，尽量往高处抬，而后重重地扑倒在地上，一次又一次。老乡们惊呆了，纷纷议论说：都说甲鱼有灵性，难道还真知道叩头谢恩？

我把三只甲鱼放进了水里。那大甲鱼久久待在浅水里，不肯离去。

说实话，我不相信甲鱼有着与人相似的答谢礼仪，但至少也是具有一些感恩意识的。

《护生画集》之放鱼

李冲元将破一鱼。先梦一皂衣姬妪曰："妾腹中有五千子。妾生，五千子亦生。妾死，五千子亦死。敢望哀怜，特贷一命。"元遂放之，立意戒杀。后于水滨得珠。（《慈心实录》）

2014年秋，我随建筑队来到了北京潮白河畔一个工地，并当上了工作相对轻松的库管员。一个周日的上午，我到一个不大的农贸市场买菜，看到一个摊贩正狠狠地摁住水盆里的一只大甲鱼直嘟哝："自从逮住你之后，你就一直缩着个脑袋半死不活的，害得我几天都卖不出去。我看算了，今天晚上我就宰了你清蒸着吃。"

甲鱼那残疾的左前肢和那双温和的绿豆眼，让我突然眼前一亮："这不正是我在密云水库放走的那只甲鱼吗？"这次，我又是哭穷、又是乞求，就差给摊主跪下了，最终以500元的价格买下了这只甲鱼。一位顾客问摊贩："小小潮白河，怎么会有这么大的甲鱼？"摊贩笑着说："这有什么奇怪，前段时间密云水库放水，好多鱼被冲到了潮白河中。"我暗暗地为这只甲鱼舒了一口气，却不敢想象它的两个幼崽的命运。

买下容易喂养难。首先，肯定不能将它放在人杂又逼仄的临时宿舍里；库房虽有地方，但我又担心夜里没人守候而被人偷走。我小心翼翼喂养了一个多月，那甲鱼瘦了很多不说，腹部还出现了溃烂。我为此手足无措，伤透了脑筋。快入冬了，妻子在老家来电话说，她的头疼病又犯了，而已经三岁的女儿依旧不能开口说话。我一狠心，第二天就向老板辞了职，带着简单的行李和这只甲鱼回到了四川老家。

我的老家地处大山深处，闭塞而贫穷，唯一的好处是气候适宜、水资源丰富。回家后，我花很少的钱在自家屋前挖了一个两亩地大的水塘，搞起了养殖业。这个甲鱼也成了水塘中的快乐女王，潜游觅食无忧无虑，晾晒甲壳随心所欲。没多久，甲鱼身上的溃疡不治而愈，个头也明显大了许多；它的胆子也越来越大，偶尔还会爬进我屋里。

这只甲鱼的到来，给女儿带来了快乐：她经常站甲鱼背上，让甲鱼驮着她满院子跑，银铃样的笑声，也为我们夫妻俩带来了些许安慰。有一次，甲鱼出乎预料地把女儿驮进水塘的浅水区，虽然没有什么危险，但女儿却被吓得大哭大叫："妈呀，快斗（救）我！"

当时我们夫妻俩都被惊呆了：天哪，我们的女儿终于开口说话了，并且第一次就说出这么长的句子！说来也怪，自此之后女儿开始说话了，并且变得越来越能说，她那奶声奶气的声音，让我和妻子心里像灌了蜜，妻子的头疼病自此以后也全好了。

《护生画集》之放鱼得报

　　饶州商人，过鄱阳湖，见网户得一大鱼，重百余斤。渔人索银一两，商人如数买之，投河中。越月，商人挟赀归，夜过鄱阳。盗登其舟，移至芦苇中，将杀而劫其赀。忽一大鱼跃入舱中，泼剌格盗，盗刃不能伤。俄而巡捕船至，执盗，鱼即跃入江中。此康熙三十六年七月事。（《小豆棚》）

　　年关，邻村一位大老板专程来我家买这只甲鱼，并开出了2000元的高价，我说："这只甲鱼我们是养着玩的，不卖。"老板最后给到了3000元，我还是执意不卖。村里好多人都说我"放着金砣砣不拿，死守个肉坨坨当球要"。说实话，当那么多钱堆在面前，我还是动了心的，但一想到一条活生生的生命将变成人们的口中餐，心里就不由得刀割一般难受。

　　2015年5月一天中午，我看到甲鱼爬出水塘，然后沿着小路继续往远处爬。我怕被村里的狗叼了去，就连忙捉住它放水塘里。谁知，甲鱼刚被丢水里，就又爬了出来，速度更快地沿着小路往远处爬。"怪了怪了，这真是怪了！"听我这么说，妻子和女儿也走过来看热闹。

　　说话间，那只甲鱼匍匐在地，把脑袋缩回甲壳，一动也不动。

　　我怀疑甲鱼得了什么病，就半蹲在它的身边左看右看。以往，只要我用嫩草在它甲壳正中间的那个凹坑里轻轻一逗弄，它一准会猛地伸出又尖又圆的小脑袋，以表示自己的恼怒，而这次，无论我怎么撩逗，它就是不把脑袋伸出来，而只是慢慢转动身体避开。妻子也怀疑甲鱼得了什么怪病，弯腰站在我身边，满脸的担忧。女儿可不懂这些，站在甲鱼背上，一个劲儿地喊着："甲鱼快跑！甲鱼快跑！跑得快了吃嘎嘎，跑得慢了吃草草！"

就在一家人围着甲鱼说这说那的时候，我们这个小山村所在的山坡上，突然响起一阵奇怪的声音，像一声声沉雷从山体内传出。紧接着，整个山坡轰隆隆向下滑动。

"山体滑坡！是山体滑坡！"我高喊着，一手拉着妻子，一手抱着女儿，手足无措。仅仅一眨眼的工夫，山坡上的一座座房屋就像听到统一口令似的，一齐向下倾斜、坍塌，各种建筑材料混合着山石、树木、泥土滚滚而下。

我家这座破旧的小平房，只剧烈抖动了两三次，便被夷为平地，房屋的大梁"咔嚓"一声断成两截，其中一截就滚落在距离我们一米多远的地方。就在这时，我家的小院一阵晃动，竟然向前滑动了四五米，我们一家三口都摔倒在了地上。

大地终于平静了下来。妻子紧紧攥着我的手说："要不是我们刚才及时离开屋子，就是有两条命也没了……"我们感激地看着甲鱼，甲鱼那双绿豆眼也在温情脉脉地看着我们。

我不知道甲鱼有没有感知和预测自然灾害的本能，也弄不明白那天甲鱼"出逃"是不是有意把我们一家带离险境以示感恩。但我总是朴素地认为，生命与生命之间是需要彼此尊重和用心呵护的，至少，当你敞开慈爱与悲悯的情怀的时候，这个世界就多了一分和谐与安好，你收获善果的几率可能就多一些。

● 路长青，作家、诗人，《读者》签约作家，在北京报刊界工作近20年，现专事写作。迄今在《人民日报·大地副刊》《读者》《北京晚报》《解放日报》《青年文摘》等报刊发表诗歌、散文、报告文学、纪实文学作品200余万字。部分作品被《读者》《青年文摘》《中外文摘》《特别关注》《中华活页文选》等报刊转载，其中有两篇文章被列入中学生试卷，先后荣获中央级报刊二等奖2次，省级报刊一等奖2次、二等奖2次。

> 命由己作，相由心生，祸福无门，惟人自召。
>
> ——［明］袁了凡《了凡四训》

一只送上门的獾

路长青

这是发生在三年困难时期的故事。

刚入冬，我家就揭不开锅了。好不容易盼来救济，却只有高粱面和红薯干。那时我刚刚六岁，却患有严重的胃病，吃红薯干，胃里反酸、烧心，老吃高粱面，大便干燥。三番五次折腾，我的胃病就更厉害了，每天肚子饿得难受，可就是咽不下一点东西。不过半月，我就瘦得皮包骨头了。村里的医生说我营养严重不足，又患上了厌食症，得赶紧吃有油水的东西调养，最好是肉，否则我的小命就难保了。

妈妈当时就哭了："家里连一两白面都没有，又到哪里找有油水的东西？"一天夜里，我梦见自己进了县城的大饭馆，一大锅牛肉冒着热气，厨师一手握大勺不停地搅动，一手对着锅里翻滚起伏的肉块指指点点，像音乐家指挥他的乐队。我就情不自禁地喊了起来："肉！肉！"我一激灵醒了，推醒身边的母亲，撒起泼来："妈，我要吃肉，哪怕只吃一口，我就是死了也不冤枉。"我的话让母亲一愣："我的孩子啊，你这么小怎么想到死啊！"接着，就撩起被角不停地抹泪。

突然，妈妈有些兴奋地对我说："青子，你还记得栖霞岭上咱家自留地对面那个獾洞吗，明一大早妈带你把那只老獾熏出来，煮了给你吃好不好？"我一下子来了精神。

两年前我就见过那獾。那是秋天的一天夜晚，爸妈带着我一起去护秋，刚到自留地边，就见一个动物往对面的小山包上逃，那模样有点像短腿花狗，但要肥得多。妈妈对我说："看见了吧，那就是獾，在这一带住了好多年了。"爸爸举起猎枪就要开火，妈妈说："它可是咱们的老邻居了，你就放过它吧，反正我们家粮食再缺也不缺它这一口。"时隔一年，父亲突患急症辞世。母亲和我护秋时，我又两次看到过那獾。或许看到只有我和母亲，手里又没拿什么家伙，那獾不慌不忙地啃完一个玉米穗，才又叼起一个玉米穗慢腾腾离开。母亲笑着对我说："你看那獾多么可爱，它还十分地爱清洁呢，连'解手'都要到洞外的'便所'去。"母亲心地特别善良，一辈子连只鸡都不敢杀，可眼下，为了我这个独根苗能活下来，竟然想到了捉獾和吃它的肉。

第二天，母亲用大号篓子背着麦糠和工具，手牵着我来到那个獾洞旁。我不抱希望地对母亲说："现在人都找不到东西吃，那头老獾是不是已经被饿死了？"母亲说："这有可能，但还是要试试啊，只是，逮不到獾你可别哭，就算妈妈带你出来玩儿了。"獾是有冬眠习性的动物，秋季积累大量皮下脂肪，每年11月就进入洞穴闭门不出了。

当地人常常用烟熏的办法逼它出来，将其捕获。母亲在獾洞旁笨拙地点燃麦糠，把明火吹灭之后，就用芭蕉扇子不停地往獾洞里扇，呛人的浓烟顺着洞道直往洞里灌。妈妈身边放着一只麻袋，只等被熏得晕头转向的獾刚一出洞，就把它紧紧罩住，装进袋子。不一会儿，一阵急促的咳嗽声从洞里传出来。母亲兴奋极了，自言自语地说："今天运气好啊，我家小青子有肉吃了，命能保住了……"就在这时，只听唿一声，那只老獾猛地从洞口蹿出去好几米远，母亲手中的袋子竟没来得及将它罩住。

想不到的是，这只獾并没夹着尾巴逃窜，而是龇着牙，围着母亲一边转一边怒吼。这样折腾了一会儿，它又忽然变招猛地朝我扑来，紧紧咬住我的裤脚不放，我竟被它拖了个仰八叉，吓得哇哇大哭。母亲手拿铁锹准备把它制服，它则边吼边往远处退，毫不畏惧。母亲就这样被它一步步引到距离獾洞四五十米远的地方。

这时候，只见獾洞里依次探头探脑地走出五只小獾。老獾面对獾洞凄厉悠长地叫了一声，那些小獾立即一路狂奔至一个长满野草的陡坡前，而后一个个抱紧脑袋，像皮球似的滚了下去，如此，谁对它们也奈何不得。"天哪，这只老獾什么时候又生出了一窝小崽子啊？"等到母亲反应过来的时候，那只老獾像完成了此生一大夙愿似的，其神态也从容镇静多了，它不紧不慢地钻进酸枣丛，而后掉转屁股盯着母亲目不转睛地看，眼神中有惊恐，有紧张，似乎还有几分得意。

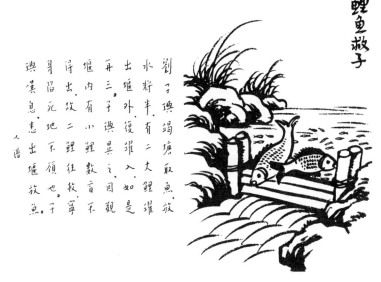

《护生画集》之鲤鱼救子

刘子玙竭塘取鱼，放水将半，有二大鲤跃出堰外，复跃入，如是再三。
子玙异之，因观堰内有小鲤数百不得出，故二鲤往救，宁身陷死地不顾也。
子玙叹息，悉出堰放鱼。（《人谱》）

几天后的一个晚上，母亲透过窗户，隐隐约约看到一只活物在院子里转来转去，打开屋门一看，竟是从自己手下逃脱的那只老獾。当时母亲没有理睬它，只顾忙自己手头的针线活。奇怪的是，第二天、第三天，那獾还是在这个时间，照常来到院子里，像在乞求什么。

母亲猛地意识到獾是饿得走投无路了，才冒死来求助人。"这年月，人都有被饿死的危险，一只老獾带着五个獾崽子生活也不容易啊！"母亲自言自语地说着。我连忙牵着母亲的衣袖说："是不是约上邻居把它堵在院子里，活捉它。"母亲想了一会儿，说："现在逮住它不成问题，可它的五个孩子从此就没娘了啊！"

母亲对老獾动了恻隐之心，她把蒸馍笼里仅有的两个玉米面窝头，拿在手里掂了又掂，而后拿起一个，跑到离獾四五米远的地方，一甩手，扔给了它。那獾抬头望望母亲，犹豫着，往窝头处挪了几步，又盯着母亲看，确定没有危险后，才叼起窝头一步一回头地走远了。

之后，这只獾便隔三差五地来我家院子里求食，母亲则根据家里的情况，有时给它一个高粱面窝头，有时给它一串红薯干。那獾看上去比一年前老了许多，一走一晃。母亲有些疼怜地说："唉，年景不好，你连自己都顾不了，干吗还要生那么多孩子啊！"六岁的我，只是觉得好玩，笑母亲和獾说那些话。

一个月后，家中依然粮食短缺，我依然在死亡线上挣扎。一天凌晨，天要亮没亮的时候，突然听到房屋门板被什么东西撞了一下。母亲胆小，没敢去瞅，直到天大亮，母亲才去开门。刚出门，母亲险些被脚下一个软乎乎的东西绊倒。低头一看，竟是那只老獾。母亲连忙退后一步。见老獾没反应，母亲便小心翼翼地伸出手，轻轻推了它一下，它还是一动不动。老獾死了。它的头部和门框上有大片血迹，还没完全凝固。

"这到底是怎么回事啊？"母亲站在原地，百思不得其解。正好邻居张爷爷来我家借东西，看到这情景，顿时惊讶不已，他说："獾感觉自己快要死去的时候，总会选择一个干净又隐蔽的洞穴作为长眠之地，而后，悄悄离开原先栖身的洞穴，像冬眠一样死去。"张爷爷还说，他打了一辈子的猎，还没有见过老死在外边的獾，而自己送上门来的事情，他也是第一次看到。

母羊自杀

宋真宗祀汾阴日，见一羊自触道左，怪问之。对曰：「今日尚食杀其羔，故尔如此。」真宗闻之惨然，自是不杀羊羔。

《护生画集》之母羊自杀

宋真宗祀汾阴日，见一羊自触道左，怪问之。对曰："今日尚食杀其羔，故尔如此。"真宗闻之惨然，自是不杀羊羔。（《人谱》。"尚食"者，司食官名。）

母亲似乎明白，又似乎不明白。她抱起这只足有30斤重的獾说："难道你是故意撞死在我家门前的？你是把你的肉身当作礼物来报恩的吗？"母亲哭了，无论如何也舍不得把这只獾吃掉。

在獾死去的第二天，舅舅悄悄把这只獾剥了皮，取了肉，为我家留出一半后，把余下的一半一锅炖了。我和邻居吃得满嘴流油，母亲却始终避着，连一口汤都没喝。

第二年，我们那一带获得了几十年不遇的大丰收。母亲精选了一堆籽粒饱满的麦子，一把一把装进獾皮里。因为装得太满，看上去像是一只待产的獾妈妈。

这个故事装在我心里已经有几十年了。"与人为善，悲悯为怀"成了我的座右铭。试想，付出真诚和爱，连动物都能被感动，何况我们被称为万物之灵的人类。

> 舜之为君也，其政好生而恶杀，其任授贤而替不肖，德若天地而静虚，化若四时而变物。是以四海承风，畅于异类，凤翔麟至，鸟兽驯德。无他也，好生故也。
>
> ——《孔子家语·好生第十》

大兵与梅花鹿与灰鹤

路长青

浩瀚无际的内蒙古大草原，宛如向天边从容流去的大海，然而仿佛也有小起波浪之时，一凝固，便形成眼前这些馒头状的小山包。一顶特大号军用帐篷，就镶嵌在其中一个"馒头"上。我是这里的主人，担负的任务是：守住这些留着无大用、弃之又可惜的废旧物资。由于位置处在连队与施工工地之间，前不着村后不着店的，日子单调又寂寞，每天除了读读报纸、看看流行杂志，就是呆呆地仰望千篇一律的蓝天白云。不过，或许也正是因为身处这一远离人群的荒漠地域，我才有幸与这里的一些可爱动物结缘，共享一段充满诗情画意、令人终身难以忘怀的生活。

一天中午，我刚睡眼惺忪懒洋洋地爬起床，忽听"砰！砰！"两声沉闷的枪响，不一会，又听到跌跌撞撞的蹄声由远而近，"嗵"一声重重撞在帐篷左侧。

"有情况！"我嘀咕了一句冲出门去。呃！是一头小鹿，一头受了枪伤的小鹿。这头小鹿好可爱，两耳如春笋，两角如蕾朵；全身呈毛栗色，既亮丽又典雅；尤其是背部白色的斑点，宛若凌寒绽放的朵朵梅花；而细长又笔挺的四肢，又使人油然想起那些亭亭玉立的青春少女。只是，脑海中摄入它的形象仅用了一眨眼的工夫，因为我面对的是一个伤者呵！我连忙把它藏到床下，并用雨衣作了伪装，它很懂事，极力压抑着喘息和呻吟。猎人很快追来了，问我："可看到一只被击中的麅子？"狡猾的猎人，硬把鹿说成麅子，无非是怕人指摘他猎杀这么善良的动物。我胡乱一指，说早跑到四五里地外的那座小山包后面去了。

猎人被诳走后，我小心翼翼把小鹿抱出来。我发现它是多么的恐惧与不情愿，舌头僵在唇外，脖子一伸一伸的，还在为逃生尽着最大努力，不过也仅仅是愿望而已。鲜血直冒的两条前腿，已不听使唤，靠后腿支撑吃力地站起来，紧接着又重重跌倒了。拍拍它汗湿的额头，我说："别怕，我又不是黑心的猎人。"并用最温和的目光表示我人类的友好，然而对方弄不懂这个意思，始终用戒备的、黯然失神的目光盯着我，稍有风吹草动，则绝望地把头尽量缩回去。犀利的弹丸把它两条前腿的肉咬去了好几大块，露出白生生的骨头，右腿骨分明齐唰唰断了。这样下去，小鹿准会因失血过多而死去。我略懂草药，迅速采来一些马疙泡（一种可以止血的野生植物），敷在伤处。随后，我以最快速度从运输第一线找来卫生员和卫生队一名骨科医生，为其接好骨头，并用木板和石膏做了定型处理。

小鹿需要补养，一日五六餐，我用的是自己食用的大米、馒头和内蒙古特有的玉米茬子，可小鹿，每次稍稍舔上几口，就无力地垂下头去；递上家乡辗转捎来的巧克力、高级饼干什么的，竟也无动于衷，好像还挺委屈的样子。查遍有限的书刊，才突然明白：粮食非鹿类主食，它要吃草，吃又鲜又嫩的胡木叶。这样一来，我每天又成了辛勤之至的"采桑女"了。

过了一段时间，为了帮助它迅速恢复体能，我扶着它断腿一侧，一日六七次地"散步"，有时我不禁可笑得出了声：想当初，侍候女朋友住院也不过如此！

转眼间十多天过去，小鹿好像终于发现，我这个两条腿的叫作"人"的家伙，并没有丝毫伤害它的意思，看我时，眼睛里便多了一些感激的成分，由此愈加显得温驯可爱。又过了些日子，起初吃食时的拘谨早飞到爪哇国了，喂得稍慢一些，就直打响鼻；待吃饱喝足，不是伸出粉红色的小舌头舔我手脚或脸，就是用它刚刚露头的犄角蹭我的肋。

小鹿伤口愈合后，体力恢复得更快，待去掉木板石膏，稍稍活动了下四肢，差不多即可自由行走了。自此，小鹿整日与我追逐嬉戏，使我原本枯燥冷清的生活，顿时变得五彩缤纷起来。当我"吱扭"着水桶去泉畔打水，或迎着晚霞到仓库后的山包顶端吟咏放歌，或一路打着"草漂儿"往返于连部、岗点之间汇报工作，只要轻轻打个嗯哨，它准会比我还积极地蹦跳于身前身后，给我带来了无限乐趣……在朝夕相处的日子里，我发现鹿还是一种非常乖巧的动物，它每每在我伸懒腰、打哈欠的当儿，用嘴衔来衣袜、皮带和鞋子，自然常常是不分新旧和左右。可每当我狠狠"挖苦"它时，它则高高仰起脑袋调皮地乜斜我，好像我是一位混蛋透顶的长官似的。

只是，它的胆子实在是太小太小了，一遇生人，总是探头探脑地躲在我身后，颤抖不已。有一次，我在它脖子上挂了挎包去连队办事，遇见一帮战士正同几位探亲的"军嫂"说笑。连长太太与我们是同龄人，其调皮泼辣的劲儿，同她姣好的脸蛋、窈窕的身材一样"出类拔萃"。她以戏弄的口气问我："小同志，你身后的这位是男孩呀还是女孩？"我也不是省油的灯，揶揄她道："你是嫂子辈的人了，啥事不知道，不会自己看？"大伙简直要笑疯了。谁知，趁我说话的当儿，这位兴致陡增的"军嫂"猛地骑到小鹿身上。刚刚痊愈的小鹿哪里承载得起，"嗯嗵"一声倒在地上。我急眼了，哪里还顾得入党提干、军民关系和受处分的事儿，提着她"嗯"地掷到几米远的干牛粪垛上。这位连里的"皇后"见我火成这样，屁股被跌出两三个拳头大的包居然都没敢吭上一声（事后卫生员悄悄告诉我的）。再说小鹿，意外地遭此惊吓，早已逃得不知去向。我一路打着嗯哨四处寻找，却未发现一丝踪影。"完了！"我心想它一定逃到了很远的地方，再也不回来了。

心情颓丧睡到半夜，忽听得床下微微作响，连忙来看，乖乖，原来正是我心爱的小鹿！短暂的惊喜之后，我猛地忧伤起来：它终归是属于大自然母亲的，总有一天会离我而去的呀！

　　果然，在一个平静得有些阴郁的早晨，它情绪不宁地频频朝远处的林子张望，那里有几只鹿正在此起彼伏地呼唤着它，声音焦灼而凄切。是它父母双亲？还是它的兄弟姐妹？抑或是它"君子好逑"时节的知己恋人？我不得而知。它神情低迷而矛盾地望着我，犹犹豫豫绕我兜几个圈儿，但还是一步一回头地走了。尽管我十分地不情愿，却也没有理由拒绝放行呵——它毕竟有自己的天地和生活。那天，我食不甘味，腹内像一下子被谁掏空了似的……

《护生画集》之母鹿随啼

孟孙猎得麑，使秦西巴载之持归。其母随之而啼，秦西巴弗忍而放之。（《韩非子》）

　　或许，大自然母亲是特别宠爱我的吧，就在我又回到了无生气的生活环境不到两星期，我被调到最为紧张热闹的炊事班。没几天，我身边又发生了一个更有意思的故事。

　　8月份，是科尔沁草原金子一样的季节。那是一个夏雨初霁的黎明，天空晴朗得就像刚刚擦拭过的蓝宝石玻璃，水汪汪的大草甸子上，到处都是肥肥胖胖的地耳和高撑着雪白小伞的蘑菇，就连大兵们的梦境也是那样轻盈而抒情……"鸟！鸟！仙鸟！"外边忽然传来哨兵的欢呼。我自小就特喜欢鸟和其他小动物，此刻听人喊叫来了仙鸟，没顾上穿外套就急忙跑出帐篷。

这是全连官兵只在画面上见过、却无幸亲眼目睹的吉祥名禽，总共九只，好吉利的数字！它们挥动灰而亮泽的飞羽，在帐篷群落的上空盘绕着，鸣声响亮而犀利，大有破竹裂帛之势；它们的颈一直那么挺拔着，仿佛永远都在引吭高歌……鹤——多么动听又飘逸的名字，给全连官兵带来节日一般的气氛。

当水淋淋的太阳从草原深处大气球样弹出地面，鹤们缓缓落于距军营200多米远的沼泽里。那里有虾、蚌、泥鳅、螺蛳和长着扎人胡须的怪鱼，且蛙类繁多、水草茂密，可谓是它们的洞天福地。它们边觅食边小心翼翼盯着战士们集合站队。出完操，吃过早饭，随着连首长一声令下，100余部军用卡车几乎在同一时刻雷鸣般吼了起来。鹤们哪里见过这等场面，猛一激灵，旋即振翅逃离了"险区"，落于远处的一个小山包上。

几天后，它们感觉这种怪异的"雷鸣"并没给自己带来任何危险，也就镇静多了。我和一帮战士，先对它们诱之以米粒，继而又投之以馒头、水果等，甚至不惜献出半个月难得吃上一回的松花鱼和海米什么的。物质的力量是巨大的，渐渐，它们得寸进尺，一步一步地朝我们的"领地"靠近了。在我们眼皮底下又互相"审视"了几日，它们中间有位胆大的，开始尝试着到我手里讨食儿了。其他几位见自己同类捡着了便宜，也不甘落后，致使我们每次准备的食物都被啄食得渣末不剩。我当时心里那个高兴呀，直在草地上"竖蜻蜓"。

草原如砥，风，自然是狂放无羁，一扫千里。遇有这种天气，鹤们低鸣一声算是喊了"报告"即挑帘而入了。这里的天气好怪，有时百日干旱，有时却大雨如泼，鹤们就与我们同吃同住了。

鹤是知恩善报的灵禽，又颇具仙风道骨，每每小住几日，自不忘衔来一些鱼蛙之类回赠朋友，可叹我们实在消受不得。逗人的是，"礼"没送出去，它们倒也不觉尴尬，稍作小议，即守着一大帮客人按鹤"界"的规矩堂而皇之地九分天下了。

《护生画集》之鹤语

晋太康二年冬，大寒。南洲人见二白鹤语于桥下，曰："今兹寒不减尧崩年也。"于是飞去。（《异苑》）

随着彼此了解的不断深入，这九只灰鹤名副其实地成了军人大家族中的一个特殊"班种"：我们晨练，它们晨歌；我们启程，它们觅食；周末联欢，我们歌咏，它们则跳起优美无比的远古舞蹈。试想一下：上有蓝蓝的天空白云飘，下有草青水绿车儿跑，威武潇洒的汽车兵一个个边按喇叭、边探出窗外挥手致意，道旁一群仙鹤以鸟语"拜拜"飘然相送，这该是多么令人心旷神怡的自然画卷啊！

其间，也发生过令人气愤的事儿：一些黑心的走私贩子，许以万元巨款，妄图借我之手把这些珍贵的野生动物贩到国外，遭到我严厉痛斥，灰溜溜地走了。钱对我们这些月津贴只有几十元、一二百元的清苦战士来说，无疑是太重要了，但若把它和人类的进步事业放在一个天平上，其分量之比就如同鸿毛之于泰山。

有天下午，绝大部分官兵都赶往运输第一线突击任务，整个连队只剩下几个哨兵和我这个炊事值班人员。我十分疲劳，正躺床上打盹，忽觉脚心痒得要命，坐起一看，原是两只小鹤在捣蛋。不过，我从它们异常的神态中预感到一定是发生了什么事，就尾随它们出了帐篷。天哪！原来还是那帮走私犯趁机作案，四只灰鹤已被他们捉住装进口袋，这两个小家伙是专来为我报信的。我怒不可遏，提起班里的冲锋枪大声喝令：“请你们立即放下，否则我就开枪了！”（其实，一般情况下枪里是没有子弹的），此时哨兵也适时地赶来了，罪犯们见势不好，骑上摩托车没命地逃走了。

这年9月中旬，女朋友来部队与我完婚。结婚典礼这天，战士们都闹疯了，那九只鹤分明也受到喜庆诱惑，又是欢鸣又是舞的，直逗得新娘忘了羞怯，笑得像个孩子。

第二天，我陪同妻子到安扎废旧仓库的那个山包散步。触景生情，不由想起那只可爱的梅花鹿来，鬼使神差，我打了一个长长的唿哨。从前，小鹿一听到这个信号，就会飞快来到我的身边，而此刻，眼看一个多月过去了，也不知它到底生活得怎样了……忽然，妻子搂紧我胳膊让我往身后看。呃！那只小鹿——是那只小鹿——那只犄角现又长高许多的小鹿，正跟在身后痴痴地盯着我们，并且还轻轻打着响鼻，提醒它的到来。老友相逢，其激动、其兴奋自不必说——也难以言说呵！我们依偎了好久，又手携妻子随它走进胡木林中。我不知该为它做些什么，默默采来一大抱鲜嫩树叶，想让它当着我的面饱餐一顿。可小鹿只是象征性地吃了几口，就一直用饱含水分的眼睛默默地看我。双方无疑都有着诉说不尽的眷恋，但谁也无法表示这种情感。临别，难以握手，只能握握它不停踱着的四蹄……妻子瞪大眼睛望着我：“你到底是人还是仙？怎么什么动物见了你都这般亲热？”我说：凡是有生命的东西，都是一座可以发出回声的山谷，真心对她喊一声“我爱你！”，得到的回应也将是一声接一声的“我爱你……”“我爱你……”妻子似懂非懂，但她分明被我真挚的情感深深感染了，紧紧依偎着我一步一步走下山来。

可是，当我和妻子临近连队我们新房的时候，发现小鹿依然不声不响地跟在身后。顿时，我觉得自己脚步有些踉跄，鼻子酸酸的，喉头像塞着什么东西。还能说些什么呢？轻轻挥挥手，我一头扎进帐篷里的军用床上……

善待生灵，就是善待自己。时隔多年，在铜臭弥漫、友谊贬值与感情冷漠的今天，我常不由自主地想念起远在北疆的那群灰鹤和那头小鹿——那头大概已长出美丽犄角、身姿愈加矫健的梅花鹿。但愿它们每一位都生活得平安幸福，永远不受伤害……

> 同体共生、相互包容，是对生命的尊重与生存的态度。
>
> ——星云大师（高雄佛光山开山宗长）

极乐家乡两篇

释慈惠法师

极乐家乡

冬季，日子依偎着长夜。老尼每天撒些小米在屋前树下，一群群麻雀儿叽叽喳喳，倏地飞上寒瘦的树枝上，摇曳如枯叶，又倏地不见了踪影。万物释放生命的禅意，如画之景，寂静淡定，默然欢喜。

清晨，远天近树静寂无边，落地生根的佛号开遍心谷。梦中的小尼听见春天回归的脚步，打开门窗，迎接春光探进头来，呢喃的经声，笃笃的木鱼，催开春天的花蕾。

流浪的狗儿，无路可逃，溜进寺院，与僧人为伍，吃饱喝足后，巡视每个角落，或者卧在树下的土坑里，晒着午后暖暖的阳光，与落地觅食的雀儿们惬意地相安而居。小草在枯叶下睁开了惺忪的眼，听懂了犬吠与鸟语。

新建的大殿，庄严，鲜亮。老尼每日撒狗粮于殿外的净地，不只喂狗，野鸽野斑鸠，亦成群地飘落啄食，倏忽飞上檐角，或冲向蓝天。仰望的灵魂，亦如是，翔飞如鸟，任钟声穿越千年，停泊于心岸。

瘫痪的狗儿，被主人遗弃，尝遍世态炎凉，仍然不会伪装，仍然单纯善良，幸运地苟延残喘在老尼的臂弯，却从不用稀疏的泪水去化释惧怕和怯懦，两年的光景，日日夜夜的晨钟暮鼓，唤醒狗儿的佛性，最后的时刻安详满足地倒在老尼的怀中，如秋叶一般静美，当慧命在红尘历尽劫难之后，终于回归佛国净土。当晚狗儿脚踏莲花托梦而来：在红尘的最后一生，终于超凡入圣……

无家的猫咪，每晚披着夜衣，顺着墙角，准确地停留在树下白天鸟儿们喧嚣的地盘，一碗猫粮，一碗净水，天涯孤旅，远离打杀，没有恐怖。淳朴的泥土上，纯洁净爽的风儿抚慰白天和夜晚，让一切健康结实的日子神采奕奕，默然欢喜。

恩人

盐官县庆善寺明义大师，退居邑人邹氏庵。一日春晨起行径中，见鸠雏堕地，携以归，躬自哺饲，两月乃能飞。日纵所适，夜则投宿屏几间。是岁十月，其徒惠月复主庆善寺，迎其师归。逮暮鸠返，则阒无人矣。旋室百匝，悲鸣不已。守舍者怜之，谓曰："吾送汝归老师处。"明日笯以授师。自是不复出，驯狎左右，以手摩拊皆不动。他人近之，辄惊起。呜呼！孰谓畜生无知乎？（《夷坚志》）

《护生画集》之恩人

盐官县庆善寺明义大师，退居邑人邹氏庵。一日春晨起行径中，见鸠雏堕地，携以归，躬自哺饲，两月乃能飞。日纵所适，夜则投宿屏几间。是岁十月，其徒惠月复主庆善寺，迎其师归。逮暮鸠返，则阒无人矣。旋室百匝，悲鸣不已。守舍者怜之，谓曰："吾送汝归老师处。"明日笯以授师。自是不复出，驯狎左右，以手摩拊皆不动。他人近之，辄惊起。呜呼！孰谓畜生无知乎？（《夷坚志》）

蜂 冢

蜂儿如同花仙，与百花相约一起盛开一个春天！

在草之茎，花之蕊，一片清风托起蜂儿的翅膀在春梦里飞翔，飞旋的舞步，旖旎着漂泊的馨香，在万紫千红的阳光深处停泊，小小的花仙子，用生命酿出的甘露，醇香甜美！

然而生命的热望无法抗拒命运的规则，薄翼嗡嗡震颤起季节的变幻，秋的小手稍稍一挥，花仙已不堪凉风的涟漪，寺院的大殿里每天都有几十只蜂儿横卧遍地，而且只有大殿里有蜂儿的芳踪，很奇妙哦，在最后的时光，蜂儿来这里来躲藏。我用镊子轻轻地夹起那小小的身体，存放在纸盒里，这飘雨的清秋，只剩下一片落寞，两翼清泪。然而它们是有福的，冥冥中感应佛光的摄受，不然为何离去之前匆匆赶来倾听僧人们的吟唱？只有个别的还有余力急急地向玻璃窗上冲撞，挣扎与彷徨，执著与凄伤，如冰的心事全部付与佛光。

大殿庄严，佛像肃穆，佛号声声曳过心房，菩萨含笑的目光照耀着花仙温暖且悠长，一度的欢歌，一生的馨香，在佛号中徐徐落幕。

我收起花仙，埋葬在无人知晓的地方，立一个小小的蜂冢，祈愿那不灭的神识紧握菩萨的目光，在没有寒冷的乐园谱写绝世的乐章。

《护生画集》之寻香

行遍江村未有梅，一花忽向暖枝开，黄蜂何处知消息，便解寻香隔舍来。

（宋 翁卷诗）

● 释慈惠法师，大学毕业后于2006年在河北剃度出家，从事佛教慈善活动。2008年在五台山普寿寺学习期间，论文获得无锡第二届世界佛教论坛菩提奖（一等奖）。2012—2015年，效仿虚云老和尚徒步拜四大名山，历经艰辛，磨砺心志。现为河北志公寺住持，阅藏薰修，栖心净土。长年从事佛教慈善事业，推动动物保护及护生救助活动。

> 动物是我们的家人，值得我们以爱和尊重对待它们，就像对待其他家人般，它们对人类和动物都用情至深。动物为我们带来无数欢乐笑声，它们是我们最亲爱的家人和最好的朋友，因此，很多人在心爱的动物去世时，都难以承受锥心之痛。
>
> ——［美］卡罗·葛尼《动物的语言：与动物沟通的七个步骤》

怀念一只陪伴了23年的家猫

詹希美

几天前，猫猫病逝，享年23岁，按照猫的岁数与人的岁数1∶5算，它已经是一百多岁高龄。

猫猫是只普通的家猫，20世纪80年代，女儿很喜欢猫，经常到邻居家玩猫，我因此萌生了自己养一只猫陪我们的念头。1987年年底，同事家的母猫生下了三只小猫，送给我一只小母猫，我用手掌托着小小的它带回家，自此它便落户我家。

猫猫的到来，给家里平添了不少热闹，猫猫还没断奶，女儿便用小塑料瓶吸牛奶一滴一滴喂它。到了冬天，它钻到女儿的被窝里睡，又钻到我们的被窝，睡在我们夫妇之间，还要求我们平躺或面向它，如果背对着它，它会轻咬你背部让你翻身，搞得我们难以安睡。

家里有了猫猫，一切称呼因此发生变化，女儿自称猫姐姐，儿子为猫哥哥，称我为猫爸爸，妻为猫妈妈，全家人都变成一窝猫，真有点庄周梦蝶的感觉。我们都有点迷惘，是猫变成了我们还是我们都变成了猫？

猫猫卫生习惯极好，它小时候有过两次随地小便，当把它带到"犯罪现场"教育时，它马上知错并求饶，此后，它每次都会到它专用的厕位上方便，为我们省了很多事。

它最怕洗澡，我们抱起它走到脸盆边，它见到热水就哀叫、求饶。为了不让它逃跑，我们只能用各种方言说给猫洗澡的话，但它听力极强，后来，我们用普通话、广州话、潮州话说"洗澡"，它都能听懂，马上找个地方躲起来。

它一岁多的时候，开始发情，晚上嗷嗷乱叫。我想，哪只母猫不叫春呢？这生理现象不能怪它，把本已忍痛送出去的它抱回家，给它阉割。我曾当过外科医生，也曾为朋友阉过公猫，但母猫没阉过，只好求助我的同学周医生。

经过两次手术，猫对周医生产生惧怕心理，周医生每年到我家，他一来，猫就马上躲起来，如是十多年，一直记住周医生的模样。

日子久了，猫猫自认为是我家的领导者，不许我们睡觉时关房门，因它每晚要经常巡视；我们出差，要向它"请假"，否则晚上会叫上几个小时，希望把人叫回来；节假日我们要到邻居家串门，它则坐在家门口叫，直到把我们叫回家为止，邻居都觉得我们家的猫"管得太宽"。

"管得太宽"的猫猫自然有它的威严所在，自它入住我家，老鼠从此绝迹。

猫的妒忌心很大，小姨生了个儿子，大家都争着抱小孩玩而冷落了猫，猫看着心里极不舒服，又找不到机会发作。终于有一次，小姨骂儿子，猫瞅准机会，全身毛发竖起，大声吼叫，作拼命搏杀架势，吓得小孩哇哇大哭。我们深知猫的妒忌性，我女儿生小孩后，妻抱着小外孙与猫说情，猫因此认可了家里多一名新人，对小外孙呵护有加，即使小孩的手碰到猫，它也不会反感。猫能与小外孙友好相处，我们都很高兴。后来我们又添了小孙女，猫也对她很友好，人猫相处，其乐融融。

猫的生物钟很准，到了晚上11点，如果我们还在看电视，它一定叫到我们关电视睡觉为止，早上6点半准时叫我们起床，但它缺乏休息日的概念，即使是节假日，也照样叫我们起床，弄得我们哭笑不得。

猫还很懂礼貌，客人来了，它都会出来问好，并打几个滚示好。自家人一进门口，它第一个上来打招呼。岳母住我家时，不论老人家出门干啥，哪怕只是出去几分钟，猫照样会在门口迎接，把岳母乐开怀。

《护生画集》之中秋同乐会

朗月光华，照临万物，山川草木，清凉纯洁。

蠕动飞沉，团圞和悦，共浴灵辉，如登乐国。（即仁补题）

猫猫给我们留下很多美好的回忆，日月如梭，一转眼，猫在我家已生活了23年。最近一个月来，猫显得老态龙钟，咳嗽，叫声嘶哑，进食或喝水时咳得更厉害，伴有呼吸困难。我虽然对动物有研究，但究竟是呼吸系统疾病还是脑栓塞引起，也不易判别。我给它注射了庆大霉素，症状有所好转，但仍然无法进食。后来，它已经不大会走路了，即便这样，它仍一步一步撑着上厕所，这实在使我们很感动，因为即使人也很难能做到这点。它的脑袋仍然清醒，见到我们时仍然想张口叫，但已发不出声音，我们觉得很悲伤，知道离它大限之日不远。

4月26日早上，我们看到它仍像以往的睡姿，但已停止了呼吸和心跳，看起来走得很安详。

猫的一生，见证了我家的发展与变化。我们搬了几次家，从36平方米搬到72平方米，再搬到现在的98平方米。我家送走了我母亲、岳母、岳父三位老人，迎来了两个小宝贝：外孙与孙女，女儿、儿子则从学生到公务员。

它到我家时，我刚获得博士学位，之后又成为副教授、教授、博导、国家级优秀名师。妻从医生转到行政，从区卫生局副局长、区人大副主任、副区长再到市政协副主席。不久前，妻刚退下政协副主席，原以为还有猫做伴，但猫却走了，呜呼！世事无常。谁都懂得，天下没有不散的筵席，人聚人散，猫来猫去，皆循自然。但落到自己身边，却颇为伤感。谨借此文纪念，也呼吁社会：众生皆有灵性，善待动物吧！

● 詹希美，1945年出生。1970年毕业于中山医学院，1981年获中山医科大学硕士学位，1987年获博士学位，1991年赴英国威尔士大学进修分子生物学。从事寄生虫学教学、研究20多年，发表论文130多篇。现任中山大学中山医学院教授、博士生导师、教学督导专家，广东省动物学会副理事长，第四届高等学校"教学名师"称号获得者。

> 如果没有我的猫咪等我的话，什么样的天国都不是天国。
>
> ——［韩］尹曒领《猫咪满屋——关于与猫同居的一切》

埋 猫 人

邱华栋

一个朋友的猫死了，它跟了他11年。

他告诉我说他把猫送到医院之前猫实际上已经死了，但这只传说有九条命的猫似乎感觉到自己来到了一个陌生的环境，在医院里它就是不肯咽下最后一口气，是回到家里才彻底僵硬的。

一只猫跟了一个人11年，猫的突然离去，你想一想，这对这个人会是什么样的打击？

我很少想到和看到动物与人之间的感情，但我从这个朋友身上看到了。那一天，在他的猫死的那一天，他成了一个埋猫人。

那天夜里，他的猫变得僵硬的夜晚，他似乎整夜都没有睡觉。他要去埋猫。第二天大早，他搭了两个小时的公共汽车，来到了北京近郊的香山。

他在山上走来走去，选好了地点的时候，时间已是下午了。他开始挖猫的墓穴，他选择的是一处风景优美而略带感伤的地方，他把猫的尸体放在一个纸盒子里，并用白布包裹好猫。

在埋葬猫之前，在最后的诀别时刻，他拿出了一张纸，上面写了很多他想说给猫的话，并且念给它听。

我每次去这个朋友家时，那只猫怕见生人，总是要躲在床底下，我从未见过它，只有在我离开时，它才会从床底下爬出来。

朋友把猫埋了。等他回到家里，接到我给他打的电话时，已是夜里12点了。

　　这个埋猫人激烈地抨击着当地的宠物医院，他说具有11年生命的猫相当于人的五六十岁，而五六十岁的人难道说死就会死吗？所以，宠物医院简直毫无用处。

　　我知道他很伤心，后来在一些聚会场所开玩笑时，他对已婚夫妇说："你们一定要争取超过11年婚龄，要不然连猫和人的感情都不如。"

　　在他想念猫的时候，他就去香山那只猫的墓地。

　　他没有给我讲述他和猫有着多深的感情，但他的行动，已经说明了一切。

《护生画集》之"敝衣不弃，为埋猪也"
敝帷埋马，敝盖埋狗，敝衣埋猪，于彼南亩。（学童补题）

　　还有一天，一位父辈年龄的作家给我打电话，开口第一句就是："我家的猫去世了。"他语调低沉，十分悲痛。他家的这只猫是一只大波斯猫，我见过的，雪白的毛，蓝色的眼睛，走起路来十分雍容华贵。它也在他家生活了好多年。我去他家时看到过沙发上摆放着这只波斯猫的照片。

　　但是它也死了。

在那一天，这个作家的一家人都成了埋猫人。

他们把猫的尸体装好，驱车几十公里，来到了北京北郊的一处绿油油的农田边，埋下了那只猫。尘归尘，土归土，猫的身体也还给了大地。

失去猫的悲伤好长时间笼罩在这个埋猫人一家的气氛中。

我是从两个埋猫的人与事中体会了他们与猫、与动物的感情。人，作为个体生命，很大程度上是孤独的，他们和动物也许能建立起比人与人的关系更持久、更隐蔽也更亲密的关系。

我们平常看不见这种关系，在猫去世的时候，我看见了。

埋猫人埋去的也许是他们自己生命与情感的一部分，所以他们悲伤。在人与人的爱之外，我通过埋猫人，又看到了人与异类更为宽广的爱，更为独立、亲密、隐形的爱。

● 邱华栋，当代实力派作家。1969年生于新疆昌吉市，祖籍河南西峡县。16岁开始发表作品，18岁出版第一部小说集，1988年被破格录取到武汉大学中文系。毕业后在《中华工商时报》工作多年，曾为《青年文学》杂志执行主编，《人民文学》杂志副主编，鲁迅文学院常务副院长。现任中国作家协会第九届全委会委员、书记处书记。

水陆空行，莫非历劫善眷；飞禽走兽，尽是多世良朋。

——常辉法师

小狐狸的灯

杨如雪

一个小孩子迷了路，找不着家，坐在路边，哇哇大哭。

哭声惊动了一只小狐狸，它有雪白的身子，火红的耳朵，金黄的四蹄……

它跑过来，对孩子说："别急，我背你回家。"

孩子爬到狐狸的背上。

小狐狸张开嘴巴，吐出柔软的小舌头，小舌头上有一盏小灯。

回家的路一下子就亮了。

就这样，嘴里叼着灯的小狐狸，背着迷路的孩子，到家了。

"当当当"敲门。

妈妈正急得没办法，把门一开开，欢喜地看见自己的孩子，揉着眼睛坐在门槛外。

月光下，还有一个一溜烟远去的小影子。

哎呀，这个影子怎么那么眼熟啊？

三年前的半夜里，有敲门声很急。

妈妈开开门，是一只马上要生产的母狐狸。

也是雪白的身子，火红的耳朵，金黄的四蹄……

它冲着妈妈哀哀地叫唤，摸着自己鼓起来的大肚皮，妈妈马上明白了："你要生小宝宝了？"

于是，妈妈烧开一大锅热水，准备好盆子、毛巾、剪刀，狐狸宝宝很快就生下来了，是一个很健康可爱的宝宝。妈妈用消过毒的剪刀把脐带剪断。

这个小狐狸，就是三年前那个母狐狸生的孩子啊。

所以，几乎每个做了妈妈的女人，看到上门求助的待产的孕妇，不管是人还是动物，即便是一只狐狸，二话不说，就去帮忙。所以，每个迷路的孩子，都会有一个嘴里叼着灯的小狐狸送回家。如果梦里迷了路，也会有一个小狐狸叼着灯，直到你醒来。那年月，狐狸可真多啊。虽然一个也没见过。几乎每个村子里，隔三差五都会来一只狐狸，向当了妈妈的女人求助。狐狸很聪明，但是，她们不会自己生宝宝。在生命危险的时刻，她们会跑进村子向做了妈妈的女人求助，这是她们的聪明的一部分。

这样就有了很多小狐狸，嘴里叼着灯的小狐狸，蹲在路边，拐角处，小树林里，小河边，一听到迷路的孩子哭声，就跳出来把孩子送回家。这些孩子是小狐狸的奶兄弟或者奶姐妹。

我一直希望能在半夜里迷一次路，遇到一只嘴里叼着灯的小狐狸——我的奶兄弟或者奶姐妹。可惜，这个愿望一直没实现，而我转眼已经到了不会迷路的年纪。

我很感谢母亲这个狐狸灯的故事，让我梦里从不害怕。比狼故事要好。那些半夜里大哭大叫一头冷汗醒来的孩子，一定是在睡前，听他们的母亲讲了一个狼故事的缘故。

美梦和噩梦，都掌握在母亲们的手里。

《护生画集》之拾遗

钩帘归乳燕，穴牖出痴蝇。爱鼠常留饭，怜蛾不点灯。（宋 苏轼诗）

● 杨如雪，著名女诗人。1965年生于河北行唐，毕业于正定师范学院。做过教师、记者、编辑，曾任《女子文学》主编，《读者》《家庭》等杂志签约作家，教育部课题组专家。现居石家庄，从事写作。出版诗集《家住青州》《爱的尼西亚信经》等。致力于公益慈善事业，写作大量心灵环保文字，并在全国各地举行传统文化讲座。

亲近动物，与之发生更多的交流，这种可能却一定是存在的、并不十分困难的。这些事情看似简单，却真的是我们生存中最大的一项幸福工程。

——张炜（作家）

放鹿归山

王宗仁

毫不夸张地说，这季节在我的家乡八百里秦川，遍地的迎春花早就开得金灿灿的了，可这昆仑山里呢，却是风搅雪雪卷风，让人连路都难分辨清楚。我在不冻泉下了汽车，步行到山水村去，这是昆仑山中的第一个文明村，我要去那里采访。

我走进一片山洼里，风头变小了，顿觉暖和了许多。我看到不远处有一个藏族少年，戴着鸭舌绒帽，一条像岩石似的黑红黑红的胳膊，露在藏袍外面。他不紧不慢地走着，嘴里似乎还在叨叨着什么。我很快就追上了他，他却站住了。显然他没有发现我，背我而立，一个人在自言自语地说着话。我好生奇怪，这孩子是跟谁说话呀？周围没有一个人嘛！好奇心促使我止了步，悄悄地站在一边听起来。我经常在牧区颠跑，懂得生活中常用的一般藏语。只听那少年在比比画画地说："好朋友，咱们就要分手了，你给我说声再见，好吗？我真是舍不得放你走呀，要是你爸爸妈妈就住在我们村里那该多好！不过……"

我越听越糊涂，越听越纳闷。他跟谁讲话呢？说得有鼻子有眼的。可是，附近除了我，连个人影儿也没有啊！那少年还在继续说着：

"对啦，还有一件事要嘱咐你，千万记着，你腿上的伤刚刚好起来，回去以后休息几天，可不能跟着小伙伴们撒欢地跑，懂吗？要不，那伤口会颠开……"

我这时已经实在憋不住了，便开腔插话问他："小朋友，你是跟谁讲话呀？"他转过头来，打量了一下我，说："跟小鹿呗！"

我这才看见他怀里抱着一只梅花鹿。噢，他是和小鹿谈心呢，我不由得笑了。

"小朋友，你从哪儿弄到这只梅花鹿？又要把它放回到哪儿去？小鹿是怎么受的伤？"我想起了他刚才那番话的内容，便一一问了起来。

小孩又打量了我一番，大概是看到了我军帽上的红五星，放心了，才给我讲起这只梅花鹿的故事。他先做了个自我介绍："我叫贡堆，人都称我胖墩，家就住在前面的山水村。说起这小鹿嘛，还是上个星期天的事……"

那天，也下着雪。小胖墩赶着家里的两只奶羊出村放牧，来到村外的洼地时，他看见雪地上有一行花瓣似的印迹。他跟踪追击，来到了村里饲养场后面的墙根下，这里避风，没有积雪，茅草堆里蜷卧着一只小梅花鹿。它微闭着双眼，一只后腿离开地面颤抖着，来了人也一动不动，只是睁开眼睛看了一下，又闭上了。小胖墩明白了：可怜的小鹿怕是受了伤，走不动了。他上前一看，小鹿的腿弯里正滴着血，地上的雪都染红了。他想，准是哪个挨刀子的猎人伤了小鹿。哼，政府明明白白地规定梅花鹿是国家重点保护动物，这些人的耳朵让小猫吃了，就是不听！

贡堆掏出手绢，轻轻给小鹿包好伤口，把它抱回了家。就这样，小花鹿当了"俘虏"。全家人为此专门开了个会，决定谁也不许虐待"俘虏"，阿妈还让胖墩给小鹿当保姆，负责给它治伤，管它吃喝，等小鹿伤愈后，送它归山。小弟弟巴桑不甘寂寞，一个劲地向贡堆哀求："阿哥，让我给你当个助手吧，我可喜欢这个小花鹿啦！"

这一个星期里，胖墩在小鹿身上操了不少心，白天抱着它到兽医站去换药，还要给它做味美可口的"饭菜"。当然，这些工作只能在他从学校回来后进行。到了晚上，他也难睡个囫囵觉，几次起来"查铺查房"，给小鹿盖"被子"。有一天夜里来了寒流，胖墩把自己的藏袍脱下来，想给小鹿盖在身上。他的藏袍前襟上绣着一只张牙舞爪的老虎，那小鹿见了，吓得乱扑腾，就是不肯盖这个"老虎被"。胖墩给小鹿解释了一番，最后又把藏袍翻了个面给盖上，小鹿才不闹腾了。

今天，小鹿的伤势已基本痊愈，胖墩送它归山。这时，他将小鹿放在雪地上，小鹿站下举目望着，却不肯挪步，看样子它也舍不得离开胖墩呢！胖墩说："你走吧，以后咱们还有见面的时候，你妈妈等你一定等得心急了。"不知是小鹿听懂了胖墩的话还是咋的，它一尥蹄子，飞也似的跑了……

我继续往山水村走去，心中很不平静。今天我还未进文明村，路上遇到的这件事，就足够我回味半天的……

《护生画集》之鹿去不归

博山西关李氏家，畜一鹿最驯，见人则呦呦鸣。其家门外皆山，鹿有时出，至暮必归。属当秋祭，例用鹿。官督猎者急，无所获，乃向李氏求之。李氏不与。猎者固请，李氏迟疑曰："姑徐徐。"其日鹿去，遂不归。（《小豆棚》）

● 王宗仁，当代著名散文家，著名军旅作家，人称"昆仑之子"。1939年生，陕西扶风人。1958年入伍，历任汽车76团政治处见习干事、书记，青藏兵站部宣传处新闻干事，总后勤部宣传部新闻干事、宣传组组长，总后勤部政治部创作室创作员、主任。代表作有《昆仑山的树》《传说噶尔木》《青藏高原之脊》等。散文集《藏地兵书》2010年获第五届鲁迅文学奖。现被推选为中国散文学会名誉会长。

> 猫是唯一最终把人类驯服的动物。
>
> ——马塞尔·莫斯（法国人类学家、社会学家、民族学家）

猫有猫的方向

［美］阿尔·图尔陶

张霄峰 编译

我小时候喜欢猫，喜欢所有的猫。

但是有一个问题，猫们都憎恨我。它们一看见我，听见我的声音，就跑掉了。那时我7岁。

我对心理学很有兴趣，于是决定研究自己和猫之间的问题。一天，我正站在起居室里，家中那只最老的猫漫步走入，一直走到我面前。我抱起它，踱了一会儿，便把它放到沙发上。

霎时间它像是生气了，把我吓了一跳。它甩着尾巴发着无名火。过了一会儿，它跃下沙发，坐到地上，依然怒气未消。接着它走出房间，原路返回，回到了前厅，仍然是气呼呼的样子。

它走到门口，坐下，依然生着气。后来它沿着原路，再次走到起居室，一直走到刚才我抱起它的地方，坐了下来。现在看起来它不再生气了，换上一副迷惑不解的表情。它坐了约一分钟，困惑地四下张望。最后它突然起来，向我抱起它时它正要去的那个方向走去。现在，它看起来心平气和，目标明确。

我吃惊了，这是怎么回事？作为"心理学家"，我得出一个结论：老猫做事是有计划的。它一觉醒来，肚子饿了，知道厨房有食物，于是它出发了。"通往厨房的门关着，没关系，穿过起居室，从餐厅也可以进厨房。谢楠站在起居室，噢，没问题。她把我抱起来，抚摩我，好的。然后她把我放到沙发上干什么呢？唉，该死，让我想想。如果回到那儿也许会想起来。啊，对了，我要去吃饭！哈哈，那么去吧。"这是它的心理活动。

"猫做事也有计划。"我思索着，"啊！如果真是这样，那么如果我抱起它们，爱抚它们，然后把它们放回原先的位置，也许它们会更喜欢我。"

于是我养成一个习惯，把猫抱起来时，记住它们要去的方向，过后再把它们放回原地，朝向原先的方向。你知道这为什么会成为我的习惯吗？因为这很管用。后来，家里所有的猫都喜欢我。

记得，无论谁都有自己的选择，自己的方向，即使是一只猫。只有对他人的选择和方向给予足够的理解和尊重，我们才能赢得他人的喜爱。

另外，要像一只猫一样坚持自己的方向，也许你的路更难走一些，但毕竟你会看到更多风景，有更多不一样的心情。

《护生画集》之窗前好鸟似娇儿

翠衿红嘴便知机，久避重罗隐处飞。只为从来偏护惜，窗前今贺主人归。

（唐 司空图《喜山鹊初归》诗）

> 猫和人一样，渴望别人的陪伴，渴望他人的爱。猫需要我们提供住处、安全和饮食，反过来，它会给我们一生的爱，给我们带来美好的回忆。
>
> ——［美］帕特里夏·米切尔《永远的好朋友——我和我的猫咪》

猫与我——一段道德启蒙的经验

钱永祥

从理论上谈人应该如何对待动物，乃是一个严肃而复杂的道德哲学问题。人与人之间的相互对待方式，应该受到道德规则的节制，大概算是不争之论。可是人类的活动所波及的范围极广；人以外的各种形式的生命，我们应该如何对待呢？从各种动物、植物，乃至于河流溪谷山峰海洋，乃至于层层相套的生态系统，似乎各自都有某种存在的"价值"。有些人认为，"价值"这个概念只有相对于人类的需求才有意义，因此只要人类有需要，尽可以恣意使用这些资源。宰杀动物吃它的肉、砍伐树木夺取木材（君不见台湾大学新建的图书馆，皮藏虽然无足以耀眼，却仍不忘以拥有"原木"书桌为傲？）、推平山丘开发社区、流放污水荼毒海洋，似乎都是人类理直气壮的作为。可是这些做法，是否违反了什么道德规范呢？灾难发生后，"大自然反扑"等等警告，仍只是从人类的利害计算的角度来谈。究竟有没有其他的角度，让我们检讨"人类支配一切"的观点的错误呢？毕竟，让我们承认道德哲学的第一原理：只从第一人称的角度出发的思考，当然不能算是道德性的思考。

把范围缩小一点，动物与人类的关系比其他生物更为密切，因此动物在人类手下的牺牲也最可观。为了人类的口腹之欲，数以亿计的动物日日遭屠杀；为了人类的健康和美容，数以千万计的动物在实验室里累月遭折磨；

为了人类的情绪排遣，数以千万计的动物被迫在扭曲的环境里经年扮演"宠物"的角色。这些庞大的数字直逼到你的眼前，如果你对自己行为的道德涵义还有所关心，你不能不在某个时刻自忖：我对待动物的方式，究竟有没有出问题？我使用动物（例如优雅地咀嚼其尸体残骸）的时候，究竟应该遵循什么道德规范？

《护生画集》之人道主义者

提鸡如提篮，任听鸡倒悬，鸡身苦挣扎，提者如不见。
提入厨房中，杀戮任他便，遗尸登盘上，陈列称盛宴。（缘缘堂主诗）

我是一个还算勤奋的学术工作者，因此我也利用机会，格外努力阅读了不少有关动物伦理学（或者说"人应该如何对待动物"的伦理学）的文献（我还在孟祥森先生的带领之下，翻译了彼得·辛格的《动物解放》一书）。我学到了不少理论、事实材料，还有分析的角度。

坦白说，任何以人类为价值中心的意识形态，大概都经不起这些新观点的挑战和驳斥了。人类对待动物——至少就有感知痛苦能力的动物来说——的方式，不仅应该受到道德原则的规范，并且人类对待动物的原则，与人类彼此对待的原则，其实不应该有太大的差异。只谈道德理论的话，一切以动物为工具（为餍足食欲、学术求知心、商业野心，或者情感需求）而损害动物利益的做法，都是在道德上错误的。这个原则不是没有例外，不过这种例外的情况要成立，需要道德上极为有力的理由。

我的朋友们，绝少有人听得进这样的道德理论。他们可以反驳说，一套这样的理论，即使逻辑上无懈可击，可是由于其结论与我们的道德直觉和道德常识相去太远，太缺乏真实感，这样的道德理论一定有问题。这种反驳，我觉得很有道理。一种道德分析，如果无法与我们的道德感觉有某种接榫、某种契合，当然是不可能成为一种真实的道德理论的。

可是反过来说，我们也得问，人的道德直觉如果扭曲得过头，还有资格构成对道德理论的反驳吗？举个例子来说，如果某个人的道德常识，完全笼罩在男尊女卑的观念之下，或者黑人劣于白人的观念之下，那么任何要求人类平等或者性别平等的道德主张，在他看起来岂不都是背离常识而不真实的吗？这种情况下，应该修正的是道德理论，还是这种人的封闭心灵和贫乏经验？

在我们今天的生活里，动物却正好已经不是一个真实的经验对象了。它们的存在大体不脱食物（在市场、餐桌、麦当劳）、观赏物（动物园、马戏团）或者宠物这三种身份。可是这三种身份，正好使得我们关于动物的观念极度扭曲。我们没有动机，也没有能力把动物看作正在活并且想要活的主体；我们无意去理解动物的心理情绪和身体感觉是怎么一回事；它们的孤独、恐惧、疼痛、绝望，我们也不会设法去想象和体会。换言之，我们与动物是隔绝的，至少在情绪感觉的层面上是隔绝了（试想，若不经过这样的隔绝，我们每餐的食欲如何振作得起来？）。可是既然有了这层隔绝，道德理论如果要求人类"尊重"动物的权利与利益，我们怎么不会觉得莫名其妙？

与三只猫生活在一起，帮我冲破了这层隔绝。它们讨得你的欢心，然后迫使你面对它们的各种需要、迫使你去了解它们，最重要的是去想象它们的感受和希望。当然，理解会失败，想象往往是错误的。可是话说回来，不经过这种努力，人要怎样摆脱自私与成见累积而成的冷酷与麻木呢？所谓设身处地、同情共感的能力，要从何而来呢？没有这种能力、不培养这种道德敏感度，我们又怎么会有动机去跨出自己、关怀他者呢？而若是缺乏道德敏感度，拒绝承认你的对方有它（或者他、她）的利益和感受需要你列入考量，一切道德规范与道德理论，岂不都注定是空洞的公式，缺乏"真实感"吗？

● 钱永祥，台湾"中央研究院"人文社会科学研究中心兼任研究员。1949年生于兰州，1968年入台湾大学哲学系，毕业后曾赴英国。1983年起供职于台湾"中央研究院"。主要研究政治哲学、西方近代政治思想史、道德哲学以及动物伦理学。著有《纵欲与虚无之上》《动情的理性》等书，译有《学术与政治》《动物解放》等书。现任《思想》杂志总编辑，台湾动物保护学院院长。

> 自由思想的人只能这样，他不仅爱人，而且也爱动物。
> ——史怀泽（德国人道主义者、非洲圣人、诺贝尔和平奖获得者）

我怎样走上"动物解放"之路

祖述宪

一些朋友对我养狗、做起保护动物工作，很是不解。若是时光倒流十多年，我也不会料想到今天：关注动物的痛苦，实行素食，翻译《动物解放》，并且参与动物保护的宣传教育工作，建立一种新的精神生活。在常人的心目中，爱护动物是些无所事事、多愁善感的女人们的事情，而我不像是这样的人。

我毕生从事公共卫生教学和研究，可以说专心致志，兴趣至老不衰。青年时代我做过很多令动物十分痛苦的实验，用过蟾蜍、小鼠、大鼠、家兔、狗和猴子，从不考虑动物的感受，也不怜惜他们的生命。就在我的思想发生改变之前二三年，我还在美国一所医学院进行大鼠实验，那里虽有一些缓解痛苦的规定为我们所没有，但无论如何动物实验都是残酷的。在对待人与动物共患的感染性疾病时，我的专业流行病学的律令告诉我，动物是一些病原体的宿主、传染之源，用他们作为研究模型，开发预防疫苗或治疗药物，用处死或者粗暴的方法采取他们的组织作为标本开展调查，而且想方设法来消灭他们，进行预防等，却不反思人类自己种下的祸根。同时，在揭露"特异功能""气功骗术"、批评保健品和其他庸医或"科学"骗术方面，我不遗余力，显示我对科学精神和维护社会大众利益的执着追求。然而，在有些人看来，关注动物、敬畏生命和热爱科学这两种品质似乎是不能系于一身的。

是一件偶然的事情促成我走上关注动物之路。这事得从十一年前说起。一位同事的女儿要分娩，担心家里的小狗会影响出生的婴儿，于是把狗牵到我妻子的办公室，让她带回家暂养。因为他们知道我们住平房，比较宽敞；家里有一只猫养了五六年，尽管与人一点也不亲密，还有不少坏脾气，我们都能容忍，照顾得很好。

这是一只雄性杂种小牧羊犬，刚一岁，体重不到10千克，叫德维，是个洋名字。当时城市虽然对养狗稍有开禁，采取高收费注册的办法进行限制，但当时却不办理。德维来家不多久，就遇上"创建文明城市"，卫生检查不准养狗。这时原来的主人也不要他了，叫我们任意处置。我们一时找不着合适的养主，只好东躲西藏，这令我们焦虑不安。不得已，只好把他送到A市的亲戚家。没过几天，外甥来电话说，大门没关紧，德维跑了。春寒料峭，天又下着雨，他们两家人分头找了半天，也没有找到。我们决定自己去找。第二天是星期六，一早我便赶汽车去了那里。首先是发布寻狗启事，但被广播电视台和报社一一拒绝，熟人后门都不行，因为原则事大。我们只好四处张贴，第二天市政府"文明办"来了电话，说是有碍市容，要立即清除。张贴确实不雅，但与许多丑陋的招贴相比，我们这张算得上清新脱俗，只是寻狗犯忌。分散在大街小巷的上百张寻狗启事，贴时唯恐不牢，被风雨剥脱，现在要全部揭净，真是一种不小的折磨。

我带着德维的相片，在这个城市里漫游了两天，没有见到他的踪影。于是我和妻子在周末轮流踏上寻狗之路，足迹遍及这个城市的各个角落，结果都是失望。我们如此坚持不懈，亲戚们的努力就不用提了。在德维出走一个月的那天下午，狗被找到了，大家都非常激动，辛劳终于获得报偿。要是把寻找过程中的趣事写成一篇"寻狗记"，相信读者是不会乏味的。一次我的外甥媳妇在火车上邂逅我的一位同事，聊起这个寻狗故事，令她们一见如故，并在一些熟人中传为笑谈。

找到的第二天，我们便去把德维领回来了，但养狗的合法性依旧存在问题。读书和追根究底的习惯促使我寻求理性的方法去解决，尝试与当地政府打交道。我很清楚，除中国以外，世界上没有任何一个城市是禁狗的，而把狗从养主家里拉走，在众人面前活活打死的做法，更是绝无仅有的。我开始调查外国的养狗状况和管理办法，与做其他研究工作一样，首先是检索文献。向国外著作者发函索取抽印本或著作来收集资讯，是我过去做研究的习惯方法，基本上不会落空。这次也一样，信发出不久便有美国、英国和澳大利亚的好几位专家寄来有关狗的各种书刊，有生物学和生态学的，有文化和历史的，有与人的关系和对养主健康影响的，还有管理和立法的，堆起来约一二尺厚。其中美国宾夕法尼亚大学兽医学院的瑟普尔教授不仅寄来他的著作，而且向1997年第八届国际人与动物关系大会组委会推荐，邀请我赴布拉格与会，并在会上作"中国人对动物的态度及其历史和文化的渊源"的报告。我之所以写信给瑟普尔教授，是因为20世纪80年代初期我曾在他那所大学的医学院进修，有时上班穿过他们兽医院的前庭，经常见到男人和女人们带着猫狗前去就诊，那情景就如同在儿童医院里父母怜爱孩子一般。我们这代人是在闭塞环境中成长的，初次到美国处处觉得新奇，人们对猫狗都如此宠爱，怎不令我印象深刻呢？

《护生画集》之平等

我肉众生肉，名殊体不殊，原同一种性，只是别形躯。（宋 黄庭坚诗）

新中国成立至20世纪80年代，我们社会对狗的敌视和严苛管制有其深刻的社会、文化和经济的原因。因为，狗作为人类的伙伴虽然已有上万年的历史，但狗作为家庭的亲密成员则是工业化社会的产物。所以，养狗长期被我们认为是资产阶级的生活方式，狗是地主富人的帮凶；过去流行"忆苦思甜"，报告人总要想方设法显示"被狗咬的伤疤"。何况那年头人都勉强糊口，哪有东西给狗吃呢。不过，独立电影制片人温普林还另有一番妙解，他说：

"有一次跟一个老头聊天，我终于找到了答案。他说：我们八路军是最恨狗的。抗战那会儿，我们只能夜晚出动，大家饿得前胸贴肚皮，钻到村里想找堡垒户要点粮食，狗一嗷嗷叫，日本鬼子的机枪就扫过来了，这些狗让我们牺牲了多少同志哪！我们进城后的第一个命令就是把所有的狗全消灭掉。我这才明白，八路军对狗的仇恨跟对汉奸是一样的，所以叫汉奸狗腿子。"（《狗人儿》）

20世纪90年代，对待养狗还是一个严重的问题，人们的态度仍然是"宁左勿右"。在讨论养狗的会上，反对养狗者总是大义凛然的样子，持容忍态度的人是很少数。我的一位朋友养狗，也经常为此犯愁，他是市政协常委，我问他为什么不在会上呼吁一下，他说那气氛令养狗人无地自容。究其原因，一是由于长期封闭造成的社会观念落后，二是国人的责任心差和缺乏宽容的一种反映。由于有些养狗人不负责任，使有些不养狗或者天性厌恶狗的人感到不快，在强势的主流意识指引下，他们就咄咄逼人，对异见不能容忍，甚至视同水火。于是，我把从国外获得的资讯介绍给主管部门的主事人员，与他们进行沟通，他们也大都通情达理，采纳了我的建议，下调登记费，给及时办理登记的养主以较大的优惠。同时，我也组织一些养主，开展"做负责任的养主"的宣传活动，要求养主不仅对宠物负责，而且要对社区负责，与邻里和睦相处。不过，真正关注动物福利的人并不主张饲养宠物，除非收容流浪动物。因为不宜把动物当作玩物，同时宠物在繁育、交易和运输过程中，也受到淘汰和残酷对待，而且总有不少结局悲惨。

人们恨狗或者既爱狗又怕狗的另一原因，是狗可以传播疾病。但是，宠物的传病危险性显然被媒体夸大了，充满危言耸听和误解，令大众恐惧。澄清误解便是我的责任。例如，养狗可以使孕妇传染弓形虫病导致胎儿畸形，城市家养的健康狗也带有狂犬病毒，而且比例很高，这些广为流传的说法都是无稽之谈。不幸的是，这些话经常出自一些专业人士或头面人物之口。其实，任何疾病的发生都存在一定的条件，动物传播疾病也不例外。只要养主负责任，给动物接种疫苗，进行去势绝育，圈养在家里，不让他们在外流浪，把传播疾病的条件拒之门外，就很安全。美国的一位儿科专家说："一个儿童受其他儿童传染疾病的机会远比从狗、猫得来的机会大很多。"我的解释不仅消除了大众的误解，也转变了专业人士的许多看法。在"SARS"病流行期间，一些地方的人们一度惊惶失措，听信谣传，无辜的猫狗惨遭屠杀，我的解释通过媒体广为传播，对于遏止非理性行为起了一些作用。

我本是理想主义者，对身陷痛苦的人总是充满同情和怜悯，养狗的经历引导我把对痛苦的感受延伸到所有非人类动物，并对伦理问题进行追问。史怀泽的《敬畏生命》和辛格的《动物解放》[①]对我的思想起了决定性影响。

阿尔贝特·史怀泽是伟大的人道主义者，爱因斯坦称他为"集善和对美的渴望于一身的人"。史怀泽创立了标志西方道德进步的一个里程碑，即敬畏生命伦理学。他身体力行，在非洲为穷苦的人们奉献终身。他指出，要"在自己的生命中体验到其他生命""只有当人认为所有生命，包括人的生命和一切生命都是神圣的时候，他才是伦理的"。就是说只有当我们把所有的生命，不只对人而且对所有动物的生命都视为神圣，产生敬畏时，我们才是有道德的或善的。简单说，善就是不伤害，不杀生，爱人并爱护一切动物。在接受诺贝尔和平奖时，史怀泽说：民族主义在两次大战中起了恶劣的作用，现在"把天真的民族主义当作唯一的理想"，是各国人民相互理解的最大障碍，是危险的。只有通过人道信念超越民族主义，从伦理出发谴责战争，才能解决和平问题。历史证明了他的预言。

美国普林斯顿大学哲学教授彼得·辛格是当今世界上最有影响的伦理学家之一。他继承英国哲学家边沁的效用主义的道德原则，认为人类平等的基础，是因为所有的人都能够感受痛苦。因此，包括人在内的所有动物不分肤色、不分性别、不分族群、不分物种都应当受到一律平等的对待，否则人类的平等也就缺乏逻辑基础。感受痛苦并做出反应的能力，是所有动物保存生命个体、避免物种消灭的一种本能，同时也是人们考虑怎样平等对待不同生命个体的痛苦的一个尺度。我们主张，任何种族、性别和物种的痛苦都应当

---

① 阿尔贝特·施韦泽（也译作史怀泽）. 敬畏生命. 陈泽环译. 上海社会科学院出版社，1992. 彼得·辛格. 动物解放. 祖述宪译. 青岛出版社，2004. 辛格另外两本书的中译本《实践伦理学》（刘莘译）和《一个世界——全球化伦理》（杨立峰等译）也已由东方出版社出版。

加以防止或减少。因此，他的道德哲学贯穿于他的伦理生活，致力于消除世界贫困、保护环境和提高动物的生存条件。如果平等是按人类与非人类动物划界，就是物种歧视，应当像种族或族群歧视和性别歧视一样加以反对。他的著作《动物解放》唤醒了千百万善良的人们，对世界范围的动物运动的兴起起了积极的推动作用。这本书所揭露的残酷虐待动物的现象在世界上无处不在，每时每刻都在我们身边发生。当我对动物与人的了解和思考越来越深入时，我的内心就越来越多地充溢着对生命的惊奇和敬畏。我越是同情痛苦的生命，自己也越是感到痛苦。"同情就是痛苦。"辛格说，素食就是一种抵制物种歧视的行动。

人类是地球上最有智慧的动物，但人与其他动物共同起源于一棵进化树，有着亲缘关系。早在一百多年前，达尔文就在《人类的由来》和《人与动物的情感》[1]中对人与动物的心理能力做了详细的描述，尽管差距很大，但存在共同的本能，包括各种情绪、好奇心、模仿力、注意力、记忆力、想象力和推理能力，乃至一定程度的使用工具、抽象能力、自我意识、语言、审美感觉和对神秘力量的信仰等，而且"这种差别肯定只是程度上，而非种类上的"，即不是本质的差别。现代对动物行为学的研究更加深入细致地证明了达尔文的这些天才发现。因此，我们没有权利主宰非人类动物，更不应该残酷地剥夺他们。我们要善待生命，与其他生灵共享这个星球。爱因斯坦说："我们的任务是一定要解放我们自己，这需要扩大我们同情的圈子，包容所有的生灵，拥抱美妙的大自然。"[2] 他所说的所有的生灵，我以为就是能够感受痛苦和快乐的所有动物。只有这样的伟大胸怀，人类的家园才能有持久的安宁。

如今我们的德维已经12周岁了，健康而快乐地生活着。他对我们的依赖给我们带来一些不便，使我们与远方孩子们的团聚机会大为减少，但我们永远不会嫌弃他，何况他给我们带来快乐，丰富了我们的精神生活。我欣赏

---

[1] 人类的由来. 潘光旦等译. 商务印书馆, 1997. 人与动物的情感. 余人等译. 四川人民出版社, 1999.

[2] 笔者译自爱因斯坦（Albert Einstein）语录：Our task must be to free ourselves by widening our circle of compassion to embrace all living creatures and the whole of nature in its beauty.

作家鲍尔吉·原野的诗意散文，是从《羊的样子》这篇怜惜动物的散文开始的。他送给我一本《羊的样子》散文集，称我是"以科学精神和爱心传达美好的人"。我是愿意朝着这个方向努力的。

后记：德维已于2011年4月8日去世。他在14岁时开始出现眼白内障和耳朵失聪，后来又有类似糖尿病的症状，多吃、多饮和逐渐消瘦，两后肢无力和肌肉萎缩，最后完全失明和耳聋，行走困难和无法站立。4月7日出现呼吸困难，非常痛苦，当时我不在国内，于是我建议老伴请兽医进行安乐死。次日，在她的陪伴下去诊所，药物注入不到三分之一便停止了呼吸，在平静中死去。我们将他埋葬在一个充满阳光的地方。

安乐死是一个非常困难的抉择。在德维死前半年多的时间里，他已不能上下楼梯，全靠我们抱着，在外面大小便也常常跌倒，同时伴有显著的精神压抑和痛苦。我开始考虑为他进行安乐死的问题，但一直下不了决心。在这期间，尤金·奥尼尔的《一只狗的遗嘱》是我们经常阅读和令我们感动的文章。我们觉得德维就是那个叫伯莱明的狗。德维死时正好17周岁，算是终其天年了。

● 祖述宪（1935—2016），安徽医科大学流行病学与社会医学荣退教授。主要研究领域是传染病流行病学、疾病的诊断与治疗评价以及医疗卫生政策。中国动物保护运动的积极倡导者与推动者。近年有《动物解放》（翻译）以及《余云岫中医研究与批判》《思想的果实——医疗文化反思录》和《哲人评中医——中国近现代学者论中医》出版。作家鲍尔吉·原野称他是"以科学精神和爱心传达美好的人"。

> 那些渴望拥有好记忆、美貌、长寿、完美的健康，以及身体、道德与精神力量的人们，应该弃绝动物之食。
>
> ——印度史诗《摩诃婆罗多》

大医精诚之不用生命为药

［唐］孙思邈

编者注：本文原文出自唐朝孙思邈所著之《备急千金要方》第一卷，乃是中医学典籍中论述医德的一篇极重要文献，为习医者所必读。本文论述了有关医德的两个问题：第一是精，亦即要求医者要有精湛的医术，认为医道是"至精至微之事"，习医之人必须"博极医源，精勤不倦"。第二是诚，亦即要求医者要有高尚的品德修养，以"见彼苦恼，若己有之"感同身受的心，策发"大慈恻隐之心"，进而发愿立誓"普救含灵之苦"，且不得"自逞俊快，邀射名誉""恃己所长，经略财物"。从此文中亦可见佛教的思想也渗入中医学之中。

诚心救人

【原文】

凡大医治病，必当安神定志，无欲无求，先发大慈恻隐之心，誓愿普救含灵之苦。若有疾厄来求救者，不得问其贵贱贫富，长幼妍媸，怨亲善友，华夷愚智，普同一等，皆如至亲之想。亦不得瞻前顾后，自虑吉凶，护惜身命。见彼苦恼，若己有之，深心凄怆。勿避险巇、昼夜寒暑、饥渴疲劳，一心赴救，无作功夫形迹之心。如此可为苍生大医，反此则是含灵巨贼。自古名贤治病，多用生命以济危急，虽曰贱畜贵人，至于爱命，人畜一也，损彼益己，物情同患，况于人乎。夫杀生求生，去生更远。吾今此方，所以不用生命为药者，良由此也。其虻虫、水蛭之属，市有先死者，则市而用之，不在此例。只如鸡卵一物，以其混沌未分，必有大段要急之处，不得已隐忍而用之。能不用者，斯为大哲亦所不及也。其有患疮痍下痢，臭秽不可瞻视，人所恶见者，但发惭愧、凄怜、忧恤之意，不得起一念蒂芥之心，是吾之志也。

畜生亦有母子情，犬知护儿牛舐犊。鸡为守雏身不离，鳝因爱子常惴缩。
人贪滋味美口腹，何苦拆开他眷属？畜生哀痛尽如人，只差有泪不能哭。
（慧道人诗 删润）

《护生画集》之"吾儿？！"
畜生亦有母子情，犬知护儿牛舐犊。鸡为守雏身不离，鳝因爱子常惴缩。
人贪滋味美口腹，何苦拆开他眷属？畜生哀痛尽如人，只差有泪不能哭。
（慧道人诗 删润）

【译文】

凡是品德医术俱优的医生治病，一定要安定神志，无欲念，无希求，首先表现出慈悲同情之心，决心拯救人类的痛苦。如果有患病苦来求医生救治的，不管他的贵贱贫富，老幼美丑，是仇人还是亲近的人，是交往密切的还是一般的朋友，是汉族还是少数民族，是愚笨的人还是聪明的人，一律同样看待，都存有对待最亲近的人一样的想法，也不能瞻前顾后，考虑自身的利弊得失，爱惜自己的身家性命。看到病人的烦恼，就像自己的烦恼一样，内心悲痛，不避忌艰险、昼夜、寒暑、饥渴、疲劳，全心全意地去救护病人，不能产生推托和摆架子的想法，像这样才能称作百姓的好医生。与此相反的话，就是人民的大害。自古以来，有名的医生治病，多数都用活物来救治危急的病人，虽然说人们认为畜牲是低贱的，而认为人是高贵的，但说到爱惜生命，人和畜牲都是一样的。损害别个有利自己，是生物之情共同憎恶的，何况是人呢！杀害畜牲的生命来求得保全人的生命，那么，离开"生"的道义就更远了。我这些方子不用活物做药的原因，确实就在这里！其中虻虫、水蛭这一类药，市上有已经死了的，就买来用它，不在此例。只是像鸡蛋这样的东西，因为它还处在成形前的状态，一定遇到紧急情况，不得已而忍痛用它。能不用活物的人，这才是能识见超越寻常的人，也是我比不上的。如果有病人患疮疡、泻痢，污臭不堪入目，别人都不愿看的，医生只能表现出从内心感到难过的同情、怜悯、关心的心情，不能产生一点不快的念头，这就是我的志向。

● 孙思邈（541—682，存议），京兆华原（今陕西省铜川市耀州区）人，唐代医药学家、道士，被后人尊称为"药王"，是中国民间信仰之一。孙思邈十分重视民间的医疗经验，不断积累走访，及时记录下来，终于完成其经典著作《千金要方》。唐朝建立后，他接受朝廷的邀请，与政府合作开展医学活动。唐高宗显庆四年（659年），完成了世界上第一部国家药典《唐新本草》。

> 如果有一天，社会上能有一种道德准则引导我们与海洋以及陆地上的一切生灵和睦相处，那时我最衷心的愿望就算是实现了。
>
> ——雅戈斯·克斯托《未知》

这个世界会变好①

灵山居士

如果你去过伦敦，如果你在伦敦街头看过英国女王伊丽莎白二世排场盛大的出行，你可能会注意到她的皇家卫队——那些头戴黑色熊皮帽骑在高头大马上威风凛凛的家伙。除了女王之外，那些穿着红色制服的皇家卫队可能是这队人马中最耀眼的了。我一直很怀疑这些人是否真的能起到卫队的作用，他们穿成那样，会严重阻碍他们施展拳脚。我一直觉得他们只是起个好看和衬托的作用。

在以后的日子里，你可能还会继续在伦敦街头看到这一幕，还会有出行，但是有些地方已经悄然改变了，那些黑色的熊皮帽——皇家卫队头上戴的那些帽子，可能被相似的替代品所取代。这不能不说是个令人振奋的消息，在充斥着灾难冲突、凌晨堕楼、虐待虐杀的新闻里读到这么一篇象征着人类进步与觉醒的新闻，感觉非常不错。

那则报道称，英国国防部负责采购的官员泰勒本周将会见动物保护组织"人类善待动物"（PETA）的代表，就PETA提出的用合成材料制作的仿制皮帽代替熊皮帽发放给皇家卫队使用的建议进行讨论。他们要讨论的是用哪种人造材质替换目前的熊皮帽，要知道这可不容易，熊皮帽非常耐用，可以淋雨，又不会产生静电（但这不是我们杀死熊的理由）。要找到适当的替代

---

① 本文首发于《禅》2008 年第 6 期。

品需要大家一起努力，但只要我们有这个想法，就不难找到。相信人类的智慧。可以造出原子弹的人类找到一个熊皮的替代品不是很难。

如果你见过那种黑色的熊皮帽，你可能觉得非常漂亮，你甚至希望自己也有一顶，但是如果你知道做出一顶这样的帽子可能要杀死两头美洲黑熊，我不知道你还会不会想要。那是沾着血的帽子。我记得有个美国电影叫《血钻石》，这种帽子可以叫"血帽子"。

作为人类，我们习惯于对其他生命发号施令，我们习惯于索取，只要我们想的话，我们可以不经通知砍掉一片森林，把里面生活了可能长达几百万年的原住民赶走。如果我们想，我们可以不经同意杀死一只鱼，一条蛇或一只猪，然后把它煮熟吃下去。只要我们想，我们可以随意绑架任何动物，然后把它们卖掉获利。几千年来，我们一直对动物们这么做而心安理得，毫无愧疚（除了少数佛教徒不这么做）。

《护生画集》之和气致祥

"刳胎焚夭，则麒麟不至；干泽而渔，则蛟龙不游；覆巢毁卵，则凤凰不翔。丘闻之，君子重伤其类者也。"（《说苑》）

不过目前这种状况已经有所改变，人类中少数人开始对自己的行为感到不安，他们认识到自己无权随意剥夺其他动物的生命，有时候仅仅是为了满足自己的一点私欲。但并非所有人都会这么想，多数人还是安住于传统的想法，不认为自己这么对待动物有什么不对。有的人甚至觉得有的动物天生就是要被我们吃掉的，它们的使命就是成为我们的食物。

要说服这些人认识到自己的想法是错误的并非易事，不过好在已经有人在做这样的工作，在世界各地你都能看到动物保护者，他们可能会举着标语，抗议人们对动物的暴行，有些人会把自己关在笼子里，让人们有机会想想自己被关在笼子里的感受。我见过有个美女把自己赤身裸体装在盒子里（就是超市里卖切好的肉类那种盒子）盖上保鲜膜贴上价签抗议。我非常赞叹她的行为。她让我们有机会设身处地为动物想想。这里面有些人是佛教徒，有些不是佛教徒。但他们都是最可爱的人。

他们的努力没有白费，我们看到在今天，文明国家的人们也开始反思自己的行为，并尝试着做出纠正，所以你才会看到这样的新闻，虽然这个消息来得太晚，但比没有好，还是值得我们为此干杯。就我们所知，日本捕鲸船现在捕鲸也是偷偷摸摸，打着科学研究的名义，不像过去那么明目张胆，这表示他们也开始意识到这是不好的行为，是需要遮盖的行为。美国为动物们立了不少法，"在美国的一些州，不给猫准备早餐是违法的"（加菲猫语）。这些并不只是电影，美国有人曾经因为把自己的狗关在屋子里一整天不闻不问而被拘留，因为这种行为被认为是违法的。这种行为伤害了动物。想想如果有人把你关一整天……

人类总归是在进步（虽然步履蹒跚），这类进步往往是由少数人所推动，如果没有动物保护组织的呼吁抗议，没有大家的努力，我想住在白金汉宫的那一家人可能至今还未认识到自己犯下了什么样的错欠下了多少命债——仅仅为了好看庄严的排场就去杀死为数众多的黑熊。好在他们已经认识到这一点并准备对此加以改正。犯错并不可怕，可怕的是犯错而不知改。坚持错误的人是世界上最没前途的人。

虽然这个世界充满了各种不快和戾气，虽然你每天都能读到各种糟糕的消息，虽然你遇到的人和事总是让你不快，但是好在这个世界上还有这样的人，这样的事，他们让你不会对世界失去最后的信心，让你知道世界是可能变好的，只要我们去努力，只要我们的方法不是错误的。它会改变。没错。
这个世界最终会变好。

● 灵山居士，佛教修行者，作家，佛教理念的介导者与身体力行者。致
力于以最现代幽默的语言带你走进佛陀的世界。

> 有一个地方，那里没有疑虑，也没有悲伤，那里再也没有恐怖的死亡。在那里，树林开满春花，风中飘着"他即我"的芬芳；在那里，心的蜜蜂深深陶醉，不再希求别的欢畅。
>
> ——卡比尔（古印度圣者、诗人）

此女只应天上有，人间能得几回闻

张　丹

"只要上天还需要我照顾这些无助的小生命，那就意味着我使命未了，还须苟延残喘，继续当好铲屎官和仆人；有朝一日他老人家觉得有人照顾它们比我照顾得更好，那我就尽可以解甲归田去也。"

2017年10月26日15时40分，马欣来君在棋子儿等心爱的猫儿们和狗儿乐乐的依偎环绕下与世长辞。

惊闻噩耗以来的日子里，她生前常说的这番话始终在我脑海里萦绕，连同那温柔而坚定的音容笑貌。

关于马欣来君，关于著名剧作家、戏曲理论家马少波先生眼中"颖秀天然重德馨"的这位幼女，世人皆知其冰雪聪明，早慧过人，才貌双全，品业俱佳，16岁时就曾因所撰一文而为红学家冯其庸先生激赏。就读北京大学中文系文学专业后，她参与创建了北大红楼梦研究小组并连任组长，在全国性的研讨会上被专家誉为"红学新秀"。

在短短18年的职业生涯中，她先后担任过中华书局编辑、现代出版社总编辑、中国书籍出版社总编辑、国务院古籍整理出版规划小组编委、大中华文库编委等要职，为中国的出版事业作出了杰出贡献。同时笔耕不辍，著有关于孔子、关汉卿、王维、台湾文化等的多部学术作品。

遥想当年，我们作为同窗学友一起度过了未名湖畔的四年时光，尽管并未过从甚密；多年后，动物为媒，同窗情升华为战友情，携手并肩护生护心，十年如一日。

转折点发生在2007年2月。当时，我随中国小动物保护协会会长芦获教授等人前往天津，将志愿者抢救下来的400余只待宰猫咪紧急接到北京安置。我承担了其中近50只的善后工作，"压力山大"可想而知。就在此时，突然接到平素除互寄贺年卡之外并无任何联系的马欣来君的约见电话，见面第一句话便是："天津救猫辛苦了，感激不尽，一切拜托！"同时递给我一个沉甸甸的信封。不容我推辞与道谢，她便匆匆赶去探望病中老父。

手捧信封，"感动"一词显然不足以表达我当时的复杂感受：她是怎么知道的？她捐款给这些劫后余生的猫咪？有没有搞错？

却原来，这些年来，她一直在做着和我们一模一样的流浪动物救助工作，家里收养了十余只流浪猫和一只名叫乐乐的残疾弃狗，同时还喂养着本小区和附近小区的几十只流浪猫狗，并为其中多只做了绝育手术——只是她从不参加任何动保组织，按自己的方式，独自默默地从事着这一救死扶伤的公益事业！

却原来，她早已于2002年便辞去了公职，表面上看是因病辞职，其实主要原因竟是：她日益意识到人生苦短，她要把所有的时间都留给走进她生命中的喵星人与汪星人！

以我之鄙陋，问她：那咱就不兴边工作边照顾娃儿们吗？救助工作也很需要银两啊？她边微笑边斩钉截铁地回答：

"不可以不可以，等不起等不起。我已经问过自己的心，什么对这颗心来说最重要？回答是，把每一分、每一秒都花在这些吃尽苦头的毛孩儿们身上。己心既明，为何还要苦等上十年二十年工作到退休再来过自己所希望的生活呢？人总是要死的，能在活着的时候过上理想的生活，就是最最幸运的了。孔子曰'朝闻道夕死可矣'，就是说，梦想实现，再活一天就知足了。"

收養

感其言遂許寫。

無仁心也。是以收而養之。

而死非其道也。若見而不收養。

生天殺自然之理。今為人所棄

何用此為將欲更享其性命。若

有生之數莫不重其性命。若

見之即收而養之。其叔父怒曰。

村陌有狗子為人所棄者。張元

周書圖

《护生画集》之收养

　　村陌有狗子为人所弃者。张元见之，即收而养之。其叔父怒曰：
"何用此为？"将欲更弃之。元对曰："有生之数，莫不重其性命。若
天生天杀，自然之理。今为人所弃而死，非其道也。若见而不收养，无
仁心也。是以收而养之。"叔父感其言，遂许焉。（《周书》）

　　那一种闻所未闻、振聋发聩，至今不曾忘怀。

　　从此，再自然不过地，我和这位全班乃至全系所有男女同学心目中的
"女神"越走越近。因均奉行"只进不出"的基本国策（优质领养资源极度
匮乏，万一遇到，我们都会推荐给负担比我们更重的其他战友），我们各自
收养的流浪猫数量与日俱增，我知道她家几十个毛孩儿的名字、来历、性
格、健康状况，她也清楚我家几十个猫娃的点点滴滴。每次去家里看她，中
心话题永远都是孩子们。她热切地向我展示与解说她那老旧相机里的每一张
图片、每一个细节、获救前后的天壤之别，回回如此，从无例外。当然，我
参与的其他动保活动、几本动保书籍的出版，也无一不得到其关注与祝福。
我们一起救动物，一起爱动物，一起哭，一起笑，近4000个日子，生命交
集，心心相印。

　　被遗弃的脑萎缩患儿葫芦、饱读诗书的柳德米拉、亲善大使棋子儿、神
仙眷侣芸豆与美美、自己坐电梯送上门来的元元（她家高居19层且楼道曲折
幽暗）……中华田园犬亦即本地土狗乐乐是小区一户人家的，还是只幼犬时

就因患有帕金森综合征和白内障而被遗弃。欣来收养之，视如己出，每天风雨无阻陪乐乐外出自由行。不是人遛狗，而是狗遛人，路线与速度全凭乐乐决定，欣来悉听尊便，甘当忠实奴仆，从不曾勉强过乐乐一次。从一开始只能走上十几分钟到一趟下来一个多小时，加之每日按摩与用药，乐乐日益好转，而欣来以二级心衰之身竟能一坚持就是10年零15天，我在揪心之余也暗暗称奇，只盼上苍有眼，让欣来恢复健康。

华灯初上，猫约黄昏。这个跟欣来所使用的手机、相机、电脑等物件一样老旧的小区每晚都有这样一道奇特的风景：一位身材修长、面容清秀、挽着发髻、身着印花蓝或豆沙绿中式对襟布衣、黑色长布裙、黑色布鞋的女子出现在15号楼前。只见她手拉一便携帆布购物车，里面装满了猫粮、罐头和一大瓶清水，入冬后还会有若干个一次性取暖片"暖宝宝"（放入她搭建的简易猫窝的棉垫下面），开始她每日例行的巡回喂猫之旅。

十几个喂猫点她不知已走过多少遍。每到一处，猫儿们远远望见她，或跑过来或跳下来或钻出来，喵喵叫着围在她身旁蹭来蹭去，尽情享受着她的温言细语与百般爱抚。"乖孩子们，快来吃饭饭啦，多吃点儿，吃饱饱啊！"有几个喂猫点在居民私建乱搭的违章建筑顶棚上，于猫而言那些地方相对安全。她手端食盘与水盆，左登右攀，熟练地爬上去，踮起脚尖伸长手臂，奋力递将上去，再把空盘空盆取下来带回家洗净备用。

几次全程跟拍她与流浪猫狗温馨互动的画面后，我深感这哪里是简单的喂猫啊，这简直是一场神圣而隆重的护生仪式！欣来就是那救苦救难、有求必应的观音菩萨的化身！

当年既是"因病辞职"，欣来的身体自是我最最关心的。问题是，一旦问到"最近身体如何？浮肿是否减轻？"她要么就"托福托福，一切都好，不劳挂念"，要么就一律用本文开篇的一席话作答。好不容易才了解到，她的肾病已十分严重，可她既不做透析更不换肾——对前者她说不解决问题，对后者她的回答更出人意料：我怎么能占用紧张的肾源呢？那么多人在眼巴巴地等着换肾救命呢。她的腿部浮肿严重，我不知多少次恳求她尽量多躺下休息，但她从未遵此"医嘱"行事。这么多年，因无法久躺，每个后半夜她都是坐在床上度过的，就算换个体位也得喘上老半天。即使如此，她的结论却仍然是："我的病，我知道，医生治不了，我自己治，自己调，不浪费任何医疗资源，活一天赚一天。乐乐还没完全治好，花椒等三个猫娃还在住院，我一时还不能死呢。"

哎，这就是她啊。健康诚可贵，性命价更高；若为护生故，两者皆可抛。

似这般忙碌着盼望着，然后就到了2017年10月。

10月20日傍晚，欣来的一条短信映入我的眼帘："我有一份新的遗嘱急需交你，请速来。"连忙赶到她家楼下，她已在昏暗的路灯下等候多时，我们在一条长椅上并排坐下。原来，19日午后她突然晕倒在地，摔伤了左眼骨与颧骨！即使光线幽暗，仍能依稀看见那明显的淤肿。虽然这并非她首次晕厥，但来势格外凶险，以至她预感到也许"来日无多"，必须加紧处理"后事"，有备无患。我心头和喉头一紧，明知任何安慰之语和求她就医的话都无用，不禁紧紧地握着她冰凉的双手不肯松开，仿佛这就抓住了希望一般。她把那份新遗嘱交给我，看着我缓缓接过放好。不像多年前她交给我的那份我暗自希望永远不必打开的旧遗嘱，这一次，前后不过6天……

欣来尽力控制着自己的气喘吁吁，用明显慢于平常的语速说，她深知自己患有无法治愈与逆转的严重心衰（肾衰所致），随时可能发生意外，要我做好思想准备。值此紧要关头，她一心所系所念的全是她最放不下的猫狗，为此特作如下安排，令我充分意识到了事情的严重性：

她所收养的30多只猫儿中，十几只健康可爱的小猫和少壮猫儿日前已陆续通过与她合作多年的动物医院找到了新家（一家领养一只）；剩下的17只均属老弱病残或问题猫儿，一概委托我来照顾，希望我先接回葫芦与萝卜两只病猫。至于老病狗乐乐，她高兴地说原主人已同意接回抚养到底。她一一历数着这17个猫儿的身世来历、性格特点、猫际关系、是否绝育、最后一次接种疫苗的时间等等，偶有不确定就查看一下手中的笔记本。

鬼使神差，我们坐下不久，征得她同意后，我按下了手机上的录音键，录下了时长为37分53秒的对话；鬼使神差，临走，我向她讨要那个笔记本，她略一迟疑，还是递给了我。事后，我一再为此两举而深感庆幸。

我们破天荒地以拥抱作别。我的动作很轻，生怕弄疼了昨天才出过偌大险情的她。

"天晚了，快回去吧！孩子们还在家等妈妈呢！"

她频频催我上路。我起身离去，边走边回头，她在路灯下对我轻轻挥手，直至渐行渐远看不清她的身影为止……

这一切，难道竟是预见到这是我们的最后一面吗？

当晚打开笔记本，里面夹着一张活页纸，正反两面是她写于今年7月的5篇日记，一读之下方知其已病重如此！

2017年7月14日："一天心衰十几次，下肢浮肿；腹泻，无食欲，坐卧咳嗽，起立则昏厥……好像走到了生命的尽头。此生已多次走在生死一线之地，此身也已不属于自己，后事早已安排妥帖，死则并无挂碍。一日生则一日侥幸，一日尽责，一日慈悲，一日忍耐。一死原为解脱之至乐；但此时还须延命照料好家里家外的猫猫狗狗，并以自身的痛苦代替所有众生的痛苦，还要尽力存活并完善工作。死易而生难，故不敢弃生而求死，不忍弃战友于炼狱而独乐于净土。代众生苦，代战友病，再苦再痛，甘之如饴，此生之大愿也。"

7月16日："感恩今天还活着，感恩完成全部工作，感恩双腿浮肿而未被路上的熟人们发现异常，感恩猫猫狗狗都健康……不能死，不能住院，不能看医生，是因为必须坚持照顾我的宝贝们，不让它们面对困窘和危险，自在如意地尽享天年。"

7月25日："最难受、疲乏的时候，又彻夜不眠照顾一只新捡的小奶猫，坚持完成了所有工作……每看到它们埋头开心进食，每感到它们冰凉健康的鼻头时，便会有一阵丰沛的清凉快乐涌上心头，而消失了身体上的一切不适。"

……

见面次日即10月21日起，为免累她，我强忍住担心每日只发一条问候短信，泣求她就医，问她是否需要我过去代喂小区猫儿……

她发来的最后一条回信的时间是26日下午1点零6分："没有诀别短信，就是我还活着……欣来一息尚存，就一定尽力服侍好宝贝们。等你接到友鸣电话，必是我已辞此世，一切猫娃之事只好全部拜托费心，万分感恩，万分惭愧！欣来百拜！"

看得我既惊心又痛心！

孰料，就在是日傍晚，我便接到了因其上述短信而最不想接到的欣来夫君胡友鸣学长的电话："欣来走了！"

五雷轰顶！

当我呜咽着赶到时，正在填写《居民死亡医学证明（推断）书》的120急救中心出诊医生推断说，她过世的时间应该是在下午3点40分左右。也就是说，在她回复完我上述短信的短短两个半小时之后！

待欣来亲属代表与原单位代表陆续抵达后，我们进入太平间，工作人员将9号冰柜拉出，打开橙色收殓袋的拉链，只见已换上暗红色唐装的她静静地躺在里面！虽已经入殓师化好淡妆，但左眼左脸的伤痕仍清晰可见……

呜呼哀哉！呜呼哀哉！悲莫悲兮生别离！悲莫悲兮生别离！

"欣来欣来，你太累太累了……放心啊！走好啊！"

泪眼朦胧中，我俯身轻声对她说……

回家含泪打开欣来19日写就、20日交我的遗嘱，愕然发现落款日期竟是"2017年10月26日"——也就是她辞世当天！预知时至莫过于此矣！欣来菩萨受我一拜！

27日至29日，我和我的动保战友王寅、张辉连续三次前往欣来家，费尽周折，终将因经此失母巨变而惊恐万状的猫儿们悉数带回张家猫窝，实现了欣来"以最快速度接走所有猫儿"的遗愿。王寅则收养了老病狗乐乐（原主人断然否认其对欣来的承诺）。从最初的震惊悲恸中醒过神来时，想到欣来生前数十年送食送水的十几个喂猫点那一群群嗷嗷待哺的猫儿们，今后可怎么办哪？冥冥之中如有神助，忽记起欣来邻院也爱动物的杨姐，立即分工：由她接手欣来的每日喂猫重任，我们提供猫粮和罐头。这位杨姐（杨正兰）不是别人，正是原中共中央党校党委书记兼校长杨献珍先生的嫡亲孙女，善缘深厚可见一斑，猫儿们有救了。在30日上午的遗体告别仪式现场，王寅、张辉、杨正兰和我四人在欣来遗体前发誓："一路走好，遗孤有我！"

遗体告别仪式后，欣来亲属代表和包括我在内的同学代表又护送遗体前往北京市红十字会首都医科大学北京市志愿捐献遗体登记接受站。早在2004年，欣来便在北京红十字会正式办理了眼角膜等整个遗体的无偿捐献手续，申请编号为"392"。她生前总不忘随身携带该证，给我的遗嘱中也有一份复印件。惜乎因逝世时间超过规定，欣来的眼角膜与各脏器无法按其遗愿移植救人了，遗体"将用于科学研究，促进医疗事业的发展，造福人类"。

她心里有人、有猫、有狗、有天地万物，唯独没有她自己。

除了救助危难中的动物，欣来还常年资助孤寡老人与失学儿童。在她眼里，他们与流浪动物一样，都是这个社会最弱势、最急需帮扶的群体。

一根蜡烛两头燃，烧尽自己，照亮众生。

此生就此别过，欣来！

11月5日，欣来去世第十日，我在北京境内历史最悠久的古刹之一天开寺为她举办往生普佛超度法会，礼请大和尚宽见法师亲自主法，以佛教特有的方式超度逝者，普愿法界众生离苦得乐，所有功德回向欣来。在次日举办的慈悲三昧水忏法会上，宽见法师亦将法会功德回向给功德主与欣来，可谓殊胜之至。欣来欣来，魂兮归来！

欣来溘然长逝后，同学校友、亲朋好友怀念她的诗文佳作在各社交媒体上井喷。其中，同系同级全体同学的挽联曰："欣来此世，施无穷之爱，惠人惠物；倏迁彼土，遗不朽之则，以德以文"。

在遗体告别仪式上，来宾们人手一册的"深切怀念马欣来同志"一文出自同学兼前同事李晓晔手笔："所有和她认识、和她交往过的人，都忘不了她的美，她的智慧，她的爱心，她的慈悲，她的超凡脱俗。"她"是一个真正高尚的人，一个真正纯粹的人，一个有着极高道德水准的人，一个彻底脱离了低级趣味的人，一个不仅有益于他人，更有助于众生的人。她活着，是大家的安慰，代表着俗世还有信念，还有理想。""愿她安息！愿天堂还有她心爱的猫狗和小动物们，陪伴于她的左右！我们相信，她仍然在天堂里，用慈爱的目光注视着这个世界上每一个弱小的生命。"

张大农同学的一条微信则让大家也纷纷伸出援手帮助欣来的遗孤们："欣来同学对她身旁抚养多年的这些小生命的投注，其实是她完美人格不可或缺的一部分，背后掩映着她更多、更深广的对这个世界无以兑现的仁爱。帮助欣来同学把她这些身后遗孤护送到天国的欣来身边，是我们唯一能为她做的。吁请我们这些敬仰欣来、有幸与之在这个世界有过宝贵相伴时光的同学，为她的这些遗孤捐献绵薄。"

自从10月20日与欣来见过最后一面并要来她的笔记本，每天每天，我都会轻轻地翻开本子，一页页、一行行、一遍遍默读着那些显然是她克服着巨大的病痛一笔一画用心写下的笔记：

"无数动物正在受难，我们有责任解救它们。"

"我生命的分分秒秒皆是为它们而活。"

"用一生为一切众生造福，是最高层次的善待生命。"

"你对外界的要求剩下零，你的生命力量就启发出百分之百。"

"记忆中最为可贵的是，面对选择，自己不曾放弃善良。"

"把每一天都当作生命的最后一天，无比珍惜地精勤度过，才不浪费生命。"

"既然'不为自己求安乐，但愿众生得离苦'，那么，世界和平、众生安乐的每一瞬间都是自己梦想成真的时光。纵然自己依然病弱浮肿，也是自由、快乐、满足的。躯体留在炼狱或深入地狱，终不会改变灵魂高扬置于天堂的喜悦、欣慰……"

"奉献者的人生兼济如天，坦荡如地，辉煌如日，明媚如月，巍然如山，浩瀚如海，超越个人的极限，而奏出华美和谐深沉绚烂的生命乐章！"

"不为自己求安乐，但愿众生得离苦。"

"不为自己求安乐，但愿众生得离苦。"

"不为自己求安乐，但愿众生得离苦。"

……

这《大方广佛华严经》里的名句，她在笔记里写了多遍。

还有什么比这更能如实写照出她短暂而绚烂的一生？

惟德动天，无远弗届。

《护生画集》之杨枝净水

杨枝净水，一滴清凉，远离众苦，归命觉王。

> 有两种伟大的事物，我们越是经常、越是执著地思考它们，心中就越是充满永远新鲜、有增无减的赞叹和敬畏——那就是我们头上的灿烂星空与我们内心的道德法则。
>
> ——康德（德国启蒙运动哲学家）

后记与鸣谢

张 丹

2012年初春，由我编辑的文集《动物记》由作家出版社出版。该社的推荐语说："这是一本关于人与动物关系的精选文集，几乎收集了与此主题相关的所有佳作，描写了三十余种动物，篇篇具有打动人心的力量。一篇篇感人肺腑、发人深省的文字配以丰子恺先生的传世名作《护生画集》中的画作，图文并茂，相得益彰，是一部启迪心智、弘扬人性的难得之作。"

甫一出版，该书便受到众多读者与作者的双重欢迎。致力于中国动物保护公益事业的动保人——我亲爱的战友们——尤其喜爱该书：来自全国各地动物保护第一线的志愿者、行动者们一直将之视为激励和培训骨干志愿者、团结和影响相关政府部门工作人员、生命关怀与爱护动物教育的参考书、必读书。世界动物保护协会中国代表处每有新员工入职，也都会建议他们读上一读。迄今为止，我先后给各地动保组织和动保人士捐赠该书数千册。

与此同时，八年来，我读到了更多的动人之作，动保战友们与《动物记》作者们也始终鼓励我编辑出版续集。天时地利人和诸要素于2020年俱备，抱着打造一剂澄澈身心的抗疫良药的初心，历经遴选佳作、作者授权、编辑出版三个环节，于是就有了在新冠肺炎这场人祸浩劫中应运而生的《动物记》增订版《果然万物生光辉——动物记2020》一书。

　　增订版保留了原书的精彩篇章，同时大幅增添了新选力作，新旧作大约各占一半篇幅。在互联网上能够搜到的有关人类与动物的篇章浩如烟海，我始终秉持一个基本标准——动物观正确、故事感人、文情并茂，并优中择优。在此基础上，从地域上看，以中国名家名作为主，辅以国外名家名作；从时代上看，以当代名家名作为主，辅以近现代与古代名家名作；从职业上看，以作家为主，辅以学者、记者、教师、医师、画家、翻译家、科学家、法师、修行者等各界名家名作。这些作品从动物的真善美爱、动物的悲惨命运、动物与人类的关系等诸多角度直击人的灵魂，拷问人类的罪与罚、责任与义务、道德与良知。读者自会从中感受到精神的震撼，找到所需的心灵甘露，进而升华为对所有形态的生命——包括人类动物与非人类动物——的理解与尊重、悲悯与善意、感恩与敬畏。

　　现当代中国大陆名家名作的比例约占全书的四分之三，按收入篇数为序分别是：鲍尔吉·原野的《西伯利亚的熊妈妈》等六篇；王宗仁的《藏羚羊跪拜》等四篇；刘亮程的《龟兹驴志》等三篇；凌仕江的《马的墓碑》等三篇；陈染的《我们的动物兄弟》等三篇；李娟的《离春天只有二十公分的雪兔》等三篇；路长青的《一只送上门的獾》等三篇；张炜的《对不起它们》等两篇；王族的《班公湖边的鹰》等两篇；王开岭的《湮灭的燕事》等两篇；于志学的《仁兽驯鹿》等两篇；杨如雪的《小狐狸的灯》等两篇；周涛的《巩乃斯的马》等两篇；陈一鸣的《老人与老牛》等两篇；海若的《乌鸦姑娘》等两篇；释慈惠法师的《蜂冢》等两篇；收入一篇佳作的有：徐志摩《我的猫是一个诗人》，胡适《狮子——悼志摩》，王鲁彦《父亲的玳瑁》，郑振铎《海燕》，丰子恺《阿咪》，郭沫若《小麻猫的归去来》，巴金《小狗包弟》，老舍《母鸡》，冰心《我喜爱小动物》，施蛰存《驮马》，季羡林《老猫》，韩美林《生命》，易中天《是可忍，孰不可忍——我看南京虐狗事件》，庄礼伟《牛炯炯事件——关怀动物等于伪善？》，王小波《一只特立独行的猪》，周佩红《牲灵》，赵丽宏《致大雁》，韩小蕙《穿皮大衣的囚徒》，匡文立《悲情人之过》，李小龙《哈里》，冯骥才《猫婆》，张煜《大地上最强大的力量——〈西顿动物小说〉序言》，邱宏、同拥军《被恩将仇报的义犬小花》，须一瓜《在春天的空中》，莽萍《老虎雷雷的命运》，林希《泪的重量》，陈祖芬《地球上不是只有人住》，詹希美《怀念一只陪伴了23年的家猫》，邱华栋《埋猫人》，刘心武《在巴黎宠物公墓读诗》，梁晓声《狍子的眼睛》，迟子建《一只惊天动地的虫子》，雷平阳《杀狗的过程》，雷抒雁《燕子还巢》，祖述宪《我怎样走上"动物解放"之路》，灵山居士《这个世界会变好》与张丹《此女只应天上有，人间能得几回闻》等。

增加了重量级中国台港作家的作品：朱天文《短尾黄》，朱天心《我的街猫朋友——最好的时光》，朱天衣《我的猫女们》，钱永祥《猫与我——一段道德启蒙的经验》，吴淡如《樱花树下的爱》，蔡澜《岛耕二先生的猫》。

国外著名作家、诗人的作品亦有所增加：达·芬奇《动物寓言八则》，高尔基《海燕》，左拉《老马》，叶赛宁《狗之歌》《母牛》，萧伯纳《活坟》，威廉·布雷克《无辜者的兆示》，阿尔·图尔陶《猫有猫的方向》，乔治·格雷厄姆·维斯特《狗赞》，吉姆·威利斯《你怎么可以这样？》，尤金·奥尼尔《一只狗的遗嘱》。

古代中外名家看似只三位，收入的作品数量却多达数十篇，均系寓言和小故事，精简凝练。世人皆知达·芬奇乃欧洲文艺复兴运动的集大成者，却鲜有人知他也是一位关爱生命、善待动物的大作家与素食先驱，收入本书的其《动物寓言八则》篇篇撼人心魄。"虽曰贱畜贵人，至于爱命，人畜一也，损彼益己，物情同患，况于人乎。夫杀生求生，去生更远。吾今此方，所以不用生命为药者，良由此也。"唐代药王孙思邈的《大医精诚之不用生命为药》一篇虽为节选，但分量自重，后人尤其是尚处于疫情中的吾辈今人岂可等闲视之？《物犹如此》的编者系清代翰林徐谦，他将散见于各种典籍中关于动物的诸多感人事例辑录成书。细读之下不难发现，这些真实故事正是本书现当代篇章的古代微缩版；反之，讴歌动物人性光辉的现当代作家的作品正是《物犹如此》的现代翻版。难怪印光大师赞叹道："此书专记物类之懿德懿行。""戒杀之书甚多，其感人心而息杀机者，此书可推第一。"动物尚且如此，人何以堪？人之为人，难道不是起码应该做到印光大师所言，"不为天地鬼神所鄙弃，不为一切物类所轻藐"吗？

除上述73位作者的107篇作品外，本书还有一类与上述作品数量相同的特殊作品，那便是位于每篇作品标题之上、关于人与动物的一则则至理名言——字字珠玑，笔笔千钧，悉由古往今来的先贤圣哲、作家学者奉献给今之读者诸君。经由这样的方式，他们亦跨越时空参与到本书的创作中来。哪篇文章适合搭配哪位名家的哪段名言，彼大家与此大家之间的"天仙配"也系缘分天注定。让我们听听这些如雷贯耳的大名吧：伟大的人道主义者/诺贝尔和平奖得主史怀泽，印度国父/圣雄甘地，意大利文艺复兴时期最完美的代表达·芬奇，开创现代科技新纪元的科学家/诺贝尔物理学奖得主阿尔伯特·爱因斯坦，英国剧作家/诺贝尔文学奖得主萧伯纳，法国18世纪启蒙思想家卢梭，英国哲学家休谟，德国哲学家尼采，高雄佛光山开山宗长星云大师，意大利中世纪诗人/欧洲文艺复兴时代开拓者但丁，奥地利动物行为学家/诺贝尔生理学或医学奖得主康拉德·劳伦兹，中国作家张炜，美国发明家托马斯·爱迪生，英国诗人拜伦，英国作家彼得·梅尔，英国哲学家/经济学家杰里米·边沁，英国作家/法学家罗伯特·史蒂文森，南宋诗人陆游，唐朝诗人柳宗元、白居易，英国语言学家威廉·琼斯，第16任美国总统亚伯拉罕·林肯，美国生态伦理学家/早期环保运动领袖约翰·缪尔，德国哲学家叔本华，阿根廷作家胡利奥·科塔萨尔，澳大利亚伦理学家彼得·辛格，民国四大高僧之一印光法师，18世纪法国启蒙思想家/文学家伏尔泰，美国神学家/动物福利教授安德鲁·林哲，德国古典哲学创始人/作家伊曼努尔·康德，法兰西学院院士/作家弗雷德里克·维杜，法国作家/飞行员安托万·埃克苏佩里，美国作家/诺贝尔文学奖得主海明威，英国作家/大英帝国勋章获得者/兽医吉米·哈利，古印度圣者/诗人卡比尔，法国人类学家/社会学家/民族学家马塞尔·莫斯，荷兰心理学家琳达·罗斯鲁特，美国作家帕特里夏·米切尔，美国素食倡导者约翰·罗宾斯，奥匈帝国作家卡夫卡，美国作家/诺贝尔文学奖得主艾萨克·巴什维斯·辛格，美国作家马克·吐温，中国现代画家/作家/教育家/翻译家丰子恺，中国台湾作家/兽医杜白，美国作家卡洛琳·柯奈普，英国作家/诺贝尔文学奖获得者多丽丝·莱辛，美国作家乔·戈尔登，韩国作家尹暻领，日本小说家/画家武者小路实笃与比利时画家嘉贝丽·文生等。

感恩丰子恺先生幼女丰一吟阿姨的授权支持，本书得以延用《动物记》（2012）的体例，为每篇文章配上一幅或多幅《护生画集》中的作品，使全书风格统一。《护生画集》"以艺术作方便，人道主义为宗趣"，系丰子恺先生与恩师弘一大师等合作的系列经典书画作品，呕心沥血46年完成。这6集450幅珍品再一次成了我的案头书，虽不敢言对每幅作品都烂熟于心，但为哪篇文章配哪幅书画却大致了然于胸。无数次，每一次，由衷赞叹二位大师为后人留下的慈悲绿色宝典与这些名家名作堪称绝配。若丰先生与弘一大师尚在人世，我一定会将成书敬奉其前，感恩戴德不尽。

感恩每一位作者（译者）及其入选作品。他们将真情与省思融于笔端，谱写出一曲曲动物的赞歌与悲歌、人类与动物的命运交响乐。

感恩每一位作者（译者）授权本书收入其作品。无论是鲍尔吉·原野、王宗仁、刘亮程、张炜、陈染、陈祖芬、李娟等2012年《动物记》的"老作者"，还是王开岭、凌仕江、王族、梁晓声、台湾朱氏三姐妹、蔡澜、路长青、陈一鸣等2020年此书的"新作者"，每一份授权都是无上的信任与宝贵的支持。

是亦众生 与我体同
应起悲心 怜彼昏蒙
普劝世人 放生戒杀
不食其肉 乃谓爱物
录自护生画集 丰一吟

丰一吟书赠编者（录自《护生画集》之众生）

难忘与德高望重的前辈作家郭沫若之女郭平英、巴金之女李小林、季羡林之子季承、施蛰存之子施莲、老舍之子舒乙、冰心之女吴青、前辈翻译家戈宝权之子戈晓东的联络过程，感恩以上各位分别代表父辈签名授权。

年逾八旬的著名军旅作家王宗仁先生不仅率先寄来了授权书并推荐了他本人的其他几篇大作，而且手书感言："动物是每个人的好朋友，欺侮朋友的人怎么能算是好人呢？你做的是大好的好事！谢谢你把我散文选入出版！"

当代资深诗歌翻译家、北京大学外国语学院俄罗斯语言文学系教授顾蕴璞先生接到我的电话后，当即同意授权我收入其所翻译的苏维埃俄罗斯"伟大民族诗人"叶赛宁的《狗之歌》一诗。三日后，收到年近九旬的顾先生寄来的一封挂号信，内有短笺一封、另推荐收入的叶赛宁《母牛》一诗、作者与译者简介及授权书，四页信笺均为亲笔手书。

新疆著名作家、诗人刘亮程先生2011年就曾以《龟兹驴志》《野兔的路》《狗这一辈子》三篇散文支持过《动物记》，此次又新授权其佳作《共同的家》。"万物有灵而互知相通，一粒虫的死亡亦是人的，一粒虫的鸣叫也是人的。"他在回复我的微信中写道。

台湾著名作家与动保志士朱天心女士是位素未谋面的"老朋友"，她曾与鲍尔吉·原野、尔冬升等联合推荐我2015年出版的《那些刻在我们心上的爪印》一书，还曾为我2018年出版的《我是Lucky99——治愈系萌猫自传》作序。这一次，何其有幸，得以一举收入她与姐姐朱天文、妹妹朱天衣每位一篇大作，由天心女士一并授权。朱氏三姐妹系出名门，父亲为台湾著名军旅作家朱西宁，母亲是著名日本文学翻译家刘慕沙，三姐妹本人均为当代台湾重要作家。除共同的作家身份外，三姐妹亦都长期投身于流浪动物的救助工作——作为作家，她们动手写；作为义工，她们动手救；作为公民，她们鼓与呼——铁肩担道义，妙手著文章，她们堪称台湾之光，举世无双。

不揣冒昧，收入笔者《此女只应天上有，人间能得几回闻》一文并将这本由我们的母校出版社出版的文集敬献给她——我的同班同学与动保战友马欣来，亦作为敬献给母校北京大学建校122周年和中文系建系110周年的一份小小贺礼。

本书书名《果然万物生光辉》来自中国古典文学的巅峰之作《红楼梦》中贾探春所作"万象争辉"一诗（精妙一时言不出，果然万物生光辉），而该诗句想必又来自《汉乐府·长歌行》（阳春布德泽，万物生光辉）。感恩《红楼梦》作者曹雪芹先生与《汉乐府·长歌行》不知名的民歌作者。副标题"动物记2020"乃表明此系2012年出版的《动物记》之最新增订版。英文书名为"Human Brilliance of Animals"（动物的人性光辉）。

谨向联袂推荐本书的六大国际动保组织致以衷心的感谢：世界动物保护协会（World Animal Protection）、世界农场动物福利协会（Compassion in World Farming International）、世界爱犬联盟（World Dog Alliance）、国际爱护动物基金会（International Fund for Animal Welfare）、美国国际人道对待动物协会（Humane Society International）、亚洲动物基金（Animals Asia）。

谨向亲撰推荐语支持本书的各位师友致以衷心的感谢：世界动物保

护协会科学家孙全辉、世界农场动物福利协会中国首席代表周尊国、世界爱犬联盟创始人玄陵、英国皇家防止虐待动物协会国际事务总监李博（Paul Littlefair）、国际爱护动物基金会亚洲区总代表葛芮、美国国际人道对待动物协会中国政策顾问李坚强、亚洲动物基金创办人谢罗便臣（Jill Robinson）。

衷心感谢本书科学顾问、世界动物保护协会科学家孙全辉博士。

衷心感谢提供作者、译者或其后人联系方式的以下各位师友：中国现代文学馆研究员傅光明先生，中国人民大学文学院教授梁坤女士，北京大学中文系教授张颐武先生，成都市文联副主席郭茵月女士，著名媒体人向熹教授，电影编剧与制片人罗雪莹女士，央视《新闻调查》资深编导陈新红女士，中国电影艺术研究中心研究员张卫先生，以及所有为此书的问世给予过各种支持的贵人们。

《护生画集》之叫落满天星

赤帻峨峨玉羽明，篱间新织竹笼成。老人从此知昏晓，不用元戎报五更。

（宋 陆游《鸡诗》）

尽管竭尽全力，尤金·奥尼尔《一只狗的遗嘱》的译者仍未能如愿联系到，本着不错过与读者分享每一篇佳作之初衷，收入以上文章，相信会得到译者的理解与支持，在此预先致谢与致歉。如有缘看到此书，敬请即与本编者/出版社联系（zhangdandongbao@188.com）。

萧冰先生是一位我所尊敬的动保战友，他是厦门市爱护动物教育协会的创办人，毕生坚信爱之教育的力量。2018年春病故前不久他还向我提到，若《动物记》出续集，一定要在封面加上"青少年关爱生命教育读本"的字样——本书实现了萧冰先生十分看重的此愿，聊以告慰其在天之灵。

留待最后感谢的，自然是我们张家喵星人&地球人俱乐部的所有成员。各位猫老师们，是你们陪伴我于庚子年大疫情中开始本书的浩大工程，见证了遴选佳作、作者授权、编辑出版的每一个环节。你们无条件的爱与信赖赋予我无穷的耐心与力量，你们的凝视与关注浸透于每一篇、每一图。元旦后新上任的俱乐部首席清洁官、来自陕西渭南的严洁女士迅速熟悉与爱上了这里的每一个猫儿，很大程度上代替了我这个总干事（总干事儿）、首席铲屎官的工作，使我得以全力以赴地投入到编辑工作之中，在此一并感恩致谢。顺便一提，严洁坚称我家汤圆俊俏的小猫脸上有一对儿小酒窝，说它一笑便愈加明显——对此，我这个资深猫奴至今仍在近距离观察求证之中。

精妙自在翰墨中，果然万物生光辉。

2020年10月4日世界动物日
于张家喵星人&地球人俱乐部
北京木樨地茂林居